西北工业大学精品学术著作培育项目资助出版

# 航天器子级伞降回收
## 系统建模、航迹规划与控制

邢小军 著

U0290674

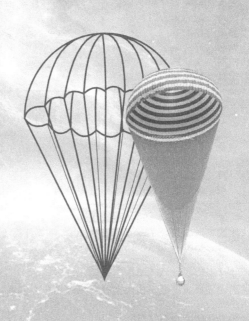

西安交通大学出版社
XI'AN JIAOTONG UNIVERSITY PRESS

## 内容简介

本书针对火箭子级分离体落区可控及可重复使用回收的要求，设计了一种阻力伞、翼伞分时、分域协同驱动的航天器子级伞降精确回收系统，对其中的一子级-多级伞降回收系统设计、动力学建模、航迹规划及姿态、航迹跟踪控制等关键理论与技术开展了深入研究。本书主要内容包括："引导伞＋阻力伞＋可控翼伞"的火箭一子级-多级伞降回收方案设计；一子级-阻力伞组合体气动特性仿真分析及建模；一子级-翼伞组合体气动特性仿真分析及建模；一子级-翼伞离线分段归航最优航迹规划方法研究；一子级-翼伞组合体在线航迹规划研究；一子级-翼伞组合体姿态跟踪控制研究；一子级-翼伞组合体航迹跟踪控制研究；一子级伞降回收系统基于蒙特卡罗法的全流程数字仿真研究；半物理仿真与缩比飞行验证研究等。本书面向研究飞行器建模、轨迹规划、跟踪控制等方向的读者，对研究翼伞回收和翼伞空投的读者有较大参考价值。

### 图书在版编目（CIP）数据

航天器子级伞降回收系统建模、航迹规划与控制 /
邢小军著. —西安 ：西安交通大学出版社，2024.3
ISBN 978 - 7 - 5693 - 3684 - 9

Ⅰ.①航… Ⅱ.①邢… Ⅲ. ①伞降－航天器回收－
系统建模－航迹控制 Ⅳ.①V525

中国国家版本馆 CIP 数据核字（2024）第 048833 号

HANGTIANQI ZIJI SANJIANG HUISHOU XITONG JIANMO、HANGJI GUIHUA YU KONGZHI

| | | |
|---|---|---|
| 书　　名 | 航天器子级伞降回收系统建模、航迹规划与控制 | |
| 著　　者 | 邢小军 | |
| 策划编辑 | 田　华 | |
| 责任编辑 | 邓　瑞 | |
| 责任校对 | 王　娜 | |
| 封面设计 | 任加盟 | |
| 出版发行 | 西安交通大学出版社 | |
| | （西安市兴庆南路 1 号　邮政编码 710048） | |
| 网　　址 | http://www.xjtupress.com | |
| 电　　话 | （029)82668357　82667874(市场营销中心） | |
| | （029)82668315(总编办） | |
| 传　　真 | （029)82668280 | |
| 印　　刷 | 中煤地西安地图制印有限公司 | |
| 开　　本 | 700 mm×1000 mm　1/16　印张 19.375　字数 327 千字 | |
| 版次印次 | 2024 年 3 月第 1 版　2024 年 3 月第 1 次印刷 | |
| 书　　号 | ISBN 978 - 7 - 5693 - 3684 - 9 | |
| 定　　价 | 98.00 元 | |

如发现印装质量问题，请与本社市场营销中心联系。
订购热线：（029)82665248　（029)82667874
投稿热线：（029)82668818
读者信箱：457634950@qq.com

# 前　言

21世纪以来，我国航天事业的发展已经取得了非常显著的成绩，2023年1月中国航天科技集团发布的《中国航天科技活动蓝皮书（2022年）》显示，2022年中国共开展了64次航天发射。然而，由于技术的限制，我国各型火箭发射后分离体的落点目前仍然无法实现自主可控，分离体再入返回地面引起的重大人身、财产损失也引发了社会上的广泛关注。为了保证火箭子级分离体的落区安全，通常需要在发射前投入大量人力和物力开展火箭落区安全性分析，并组织预测坠落范围内众多企业停产及人员撤离。火箭发射后，设计人员还需要根据有限的观察信息依据经验数据计算残骸的预报落点，采取拉网式的方法搜索残骸。显然，这种非自主式的分离体落区控制存在较大的安全隐患，会带来较大的人力、物力成本浪费，航天发射活动的频次和灵活性也会因此受到诸多限制。对分离体残骸坠落过程实行自主控制，实现一子级可控精确回收，已成为当前航天领域的一个热门研究课题。

在这一背景下，火箭子级落区控制与可重复使用回收技术成为当前国际航天界最热门的研究领域之一。该技术通过增加主动控制机构（如动力反推装置、栅格舵、翼伞等），可实现一子级分离后弹道、速度和姿态可控，保证一子级按照预定速度和姿态自主落在指定区域，将一子级自由下落的不可控状态变成具有一定机动能力的可控状态。该技术既可有效缩小落区范围、确保残骸落区安全性、增强发射任务适应性、降低发射成本，又可为一子级分离体和高价值动力装置的多次回收及重复使用奠定重要的技术基础，具有重要的研究价值。

目前国内外鲜有针对火箭子级伞降回收方向的著作，本书结合国内在火箭子级落区控制与回收领域的研究现状以及与国外先进技术的差距，围绕国家重大需求，针对某型火箭一子级落区控制与回收任务，以一子级-组合体高精度建模、自主归航航迹规划、自主精确落区控制和可重复使用为目标，重点开展一子级-多级伞回收系统设计、动力学建模、航迹规划及姿态和航迹跟踪控制等关键理论和技术及其验证研究。

本书共十章。第 1 章主要介绍了火箭回收任务的背景和国内外研究现状，重点介绍了一子级回收"引导伞＋阻力伞＋可控翼伞"的多级伞降回收方案，对回收的整个流程做了详细的分析与介绍。第 2 章设计了面向航天器/火箭子级回收的阻力伞与翼伞的几何构型及参数，为重载伞降回收/空投涉及的阻力伞和翼伞设计提供了参考。第 3 章和第 4 章分别就航天器子级回收中的阻力伞减速段与翼伞控制段进行了组合体协同建模，与现有研究相比，本书所提供模型的气动特性以及运动特性更加符合实际。第 5 章和第 6 章综合考虑了归航风场影响、落区地形环境等因素，分别给出了离线最优航迹规划和在线实时航迹规划方法。第 7 章综合考虑了复杂地形、动态障碍环境情况，提出了一种实时终端航迹规划方法，所得航迹可以较好地满足翼伞的运动约束和环境约束。第 8 章和第 9 章对一子级-翼伞鲁棒姿态控制以及精确航迹跟踪给出了多种方案，可以满足纵向可控、有限时间收敛、精确跟踪等要求。第 10 章针对上述理论研究展开了全数字仿真、半物理仿真与缩比实物飞行验证，佐证了所研究理论的显著成效。本书整体呈"总-分"的章节设计，首先给出了伞降回收整体的方案设计，然后分别给出了"阻力伞/翼伞高精度建模""离线/在线航迹规划""鲁棒姿态控制器设计"以及"航迹跟踪控制"等各章节的概述，在各章节下针对不同内容又进行了分节介绍，内容循序渐进，便于读者快速阅读和理解。本书在写作编排上秉承"理论讲解＋实验验证"的理念，在每个章节理论部分后会添加实验加以佐证，这样编排可以使得读者较为直观地感受到对应章节理论所取得的效果，由此加深读者对理论的理解和掌握。

本书由邢小军著。博士生郭一鸣，硕士生罗一鸣、冯磊、宫千超、李丰浩、陈梦萍、韩逸尘、陈潇然、秦林烽等为本书的撰写做了大量工作，在此一并表示感谢。

由于作者水平有限，书中难免存在疏漏之处，欢迎读者批评指正。

邢小军

**2023 年 10 月**

# 符 号 表

| | |
|---|---|
| $D_w$ | 一子级气动阻力 |
| $v_b$ | 一子级速度 |
| $q_e$ | 一子级伞降回收系统动压 |
| $\psi_b$ | 一子级偏航角 |
| $\theta_b$ | 一子级俯仰角 |
| $\phi_b$ | 一子级滚转角 |
| $\alpha_b$ | 一子级攻角 |
| $\beta_b$ | 一子级侧滑角 |
| $m_w$ | 一子级质量 |
| $m_s$ | 阻力伞/翼伞质量 |
| $m_f$ | 阻力伞/翼伞附加质量 |
| $\gamma$ | 阻力伞安装角 |
| $v_{lz}$ | 阻力伞拉直速度 |
| $m'_{sh}$ | 阻力伞伞绳单位长度的质量 |
| $m^*_{sy}$ | 阻力伞伞衣底边沿伞绳方向单位长度的质量 |
| $L_{xt}$ | 阻力伞系统全长 |
| $D_0$ | 阻力伞名义直径 |
| $(CA)_s$ | 阻力伞总阻力特征 |
| $(CA)_{sk}$ | 阻力伞伞衣收口状态阻力面积 |
| $(CA)_0$ | 翼伞伞衣完全张开状态阻力面积 |
| $v_R$ | 一子级与阻力伞的相对速度 |
| $F_L$ | 阻力伞伞绳靠近伞衣处张力 |
| $F_{sy}$ | 阻力伞伞衣拉出阻力 |
| $m_e$ | 阻力伞伞绳质量 |
| $D_p$ | 阻力伞伞衣投影直径 |

| | |
|---|---|
| $R_0$ | 阻力伞全充满时的半径 |
| $L_s$ | 阻力伞伞绳长度 |
| $L_m$ | 阻力伞连接带长度 |
| $L_1$ | 阻力伞压力中心到质心距离 |
| $L_2$ | 阻力伞质心到伞绳交汇点距离 |
| $L_{cp}$ | 阻力伞压力中心到伞衣底边距离 |
| $h_p$ | 阻力伞伞衣投影高度 |
| $C_T$ | 阻力伞的轴向力系数 |
| $C_N$ | 阻力伞的法向力系数 |
| $\alpha_d$ | 阻力伞攻角 |
| $b$ | 翼伞展长 |
| $c$ | 翼伞弦长 |
| $e$ | 伞衣厚度 |
| $a$ | 翼伞拱高 |
| $\lambda$ | 翼伞展弦比 |
| $S_p$ | 翼伞有效面积 |
| $L_{sh}$ | 翼伞伞绳特征长度 |
| $I_f$ | 翼伞附加转动惯量 |
| $M_{app}$ | 翼伞附加质量力矩 |
| $\Theta$ | 翼伞半圆形角 |
| $\alpha_p$ | 翼伞攻角 |
| $\beta_p$ | 翼伞侧滑角 |
| $v_p$ | 翼伞速度 |
| $A_S$ | 翼伞伞衣参考面积 |
| $R_L$ | 翼伞圆弧半径 |
| $\theta_p$ | 翼伞俯仰角 |
| $\psi_p$ | 翼伞偏航角 |
| $\phi_p$ | 翼伞滚转角 |
| $v_l$ | 一子级-翼伞组合体水平速度 |
| $v_z$ | 一子级-翼伞组合体垂直速度 |

| | |
|---|---|
| $\delta_a$ | 翼伞单侧下偏量 |
| $\delta_e$ | 翼伞双侧下偏量 |
| $R$ | 翼伞转弯半径 |
| $R_{min}$ | 翼伞最小转弯半径 |
| $k_h$ | 翼伞盘旋削高段的盘旋整周数 |
| $R_{ep}$ | 翼伞盘旋半径 |
| $\theta_{ep}$ | 翼伞方位角 |
| $K$ | 翼伞滑翔比 |
| $\psi_w$ | 风向角 |
| $V_W$ | 风速标值 |
| $V_{Mw}$ | 主风水平风速 |
| $V_{Dw}$ | 紊流风速 |
| $\boldsymbol{V}_g$ | 地速矢量 |
| $\boldsymbol{V}_w$ | 风速矢量 |
| $\boldsymbol{V}_a$ | 空速矢量 |
| $C_L$ | 升力系数 |
| $C_D$ | 阻力系数 |
| $C_Y$ | 侧力系数 |
| $C_l$ | 俯仰力矩系数 |
| $C_m$ | 滚转力矩系数 |
| $C_n$ | 偏航力矩系数 |
| $L$ | 一子级-翼伞组合体升力 |
| $D$ | 一子级-翼伞组合体阻力 |
| $\psi$ | 偏航角 |
| $\theta$ | 俯仰角 |
| $\phi$ | 滚转角 |
| $u$ | $X$轴速度分量 |
| $v$ | $Y$轴速度分量 |
| $w$ | $Z$轴速度分量 |
| $p$ | $X$轴角速度分量 |

| $q$ | $Y$ 轴角速度分量 |
|---|---|
| $r$ | $Z$ 轴角速度分量 |
| $g$ | 重力加速度 |
| $\rho$ | 空气密度 |

# 目　　录

# 第 1 章　航天器回收概述

## 1.1　研究背景及意义

根据中国航天战略发展规划,2024年我国将持续推进载人空间站这一重大工程计划。在该年度内,预计完成两次货运飞船、两次载人飞船以及两次返回任务。此外,航天科技集团还将实施宏图一号、吉林一号、微厘空间北斗低轨导航增强系统组网星等发射任务[1]。值得注意的是,多级运载火箭是目前唯一能将各类航天器推向太空的载具,是航天器回收技术中最主要的研究对象,其中的一级火箭分离体(或称一子级、一子级分离体、一子级助推器等)回收也是本书的主要研究对象。

随着航天活动规模逐渐扩大,发射任务频次不断提高,运载火箭子级分离体的无控坠落已经成为一个不可忽视的安全问题。据报道,2012年3月,发射"亚太7号"通信卫星的"长征三号乙"运载火箭残骸坠落在贵州尚寨蜂子坳组附近,导致有毒气体四氧化二氮泄漏;2015年8月,发射遥感二十七号卫星的长征四号丙运载火箭残骸坠落到陕西省旬阳县红军镇一户人家,幸未造成人员伤亡。为了确保人民和财产的安全,我国每年都投入大量资金用于落区安全性分析和群众疏散工作。然而,随着人类活动范围的扩大,地面设施和建筑物的增加,这种方式的安全隐患变得更加明显,并造成了人力和财力的浪费,航天发射频次和灵活性也受到了制约。因此,运载火箭子级分离体的可控回收成为缩小落区范围的有效途径。此外,对回收后的运载火箭子级进行简单维修再使用,能够通过费用均摊而大幅度降低单位有效载荷的发射成本[2]。据SpaceX(太空探索技术)公司透露,通过回收猎鹰9号的一子级助推器和整流罩,即可将复用发射成本降低至一次性发射的30%;未来若能实现二级火箭回收,则可进一步降低边际发射成本至一次性发射的10%[3]。可见,运载火箭子级的可控回收技术是适应高密度、常态化的航天发射需求,发展低成本、高可靠性、可重复使用的运载火箭的必要前提条件。

根据执行机构不同,火箭子级等航天器的可控回收技术可分为带翼飞回技术[4]、动力反推垂直回收技术[5]和多级伞降控制回收技术[6]三类,见图 1-1。带翼飞回技术是指将航天器结构改造成能够自主飞行的升力式外形的技术,其难度最大。据新华社报道,我国自主研发的某型可重复使用试验航天器在轨飞行 276 天后于 2023 年 5 月 8 日成功飞回预定着陆场,标志着我国在该技术上已取得了里程碑式的进展,但该航天器目前仍需长征二号 F 运载火箭驱动升空。动力反推垂直回收技术是通过发动机提供可调的反推冲量对火箭子级减速,到达预定着陆位置后展开着陆腿以实现平稳着陆的技术。显然,该技术仅适用于推力可控的液态火箭。相比于动力反推垂直回收技术,伞降控制回收技术能够同时满足固态火箭和液态火箭的回收需求,且飞行灵活,安全性较高。虽然伞降控制回收技术早于 20 世纪末已被提出并应用于 X-38 原型机[7],但目前发展仍然较为滞后。倘若我国率先在运载火箭子级的伞降控制回收领域取得突破性进展,就能够有力地推进中国航天事业的进步,提升中国对外层空间的利用质量,因而具有重要的战略意义和军事价值。

（a）带翼飞回技术　　（b）动力反推垂直回收技术　（c）多级伞降控制回收技术

图 1-1　航天器可控回收技术分类①②

　　本书设计并研究了一个完整的火箭子级多级伞降控制回收过程(见图 1-2)。根据时序可分为火箭发射、子级分离、开引导伞、开阻力伞、开翼伞以及降落六个主要节点。火箭点火发射后,一子级火箭助推器推动主火箭上升至一定高度后,消耗完推进剂的一子级火箭会脱离主火箭并开始下落;当再入速度降低到伞可介入条件时打开引导伞,通过引导伞的缓冲作用,使得阻力伞顺利展

---

①　图 1-1(a)与(b)来源于:迟惑. 可复用运载器:探索,一直在路上[J]. 太空探索,2022
(2):24-30.

②　图 1-1(c)来源于:YAKIMENKO I. Development of control algorithm for the autonomous gliding delivery system[M]. Faculty Publications,2003.

开;引导伞展开后就会将阻力伞拉出,系统进入阻力伞调姿阶段,该飞行段为进入翼伞控制前的过渡段飞行,通过一级阻力伞调整火箭一子级助推器姿态,同时通过二次充气减速,当其速度、姿态稳定后再开二级阻力伞继续减速;当阻力伞控制一级助推器下滑减速到一定速度后切除阻力伞,进入翼伞滑翔控制段。翼伞在空气中很快充气张满后进入翼伞滑翔控制段,并通过不断调整姿态和航向到达指定落区范围内直至最终着陆[8]。为了表达上的方便,本书后续章节将一子级和阻力伞形成的组合体简称为一子级-阻力伞或一子级-阻力伞组合体;将一子级和翼伞形成的组合体简称为一子级-翼伞或一子级-翼伞组合体。

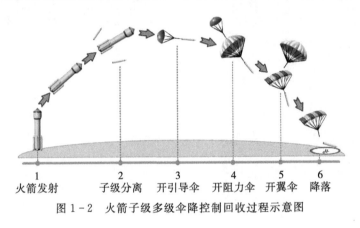

| 1 | 2 | 3 | 4 | 5 | 6 |
| 火箭发射 | 子级分离 | 开引导伞 | 开阻力伞 | 开翼伞 | 降落 |

图 1-2　火箭子级多级伞降控制回收过程示意图

## 1.2　国内外研究现状

### 1.2.1　国外研究现状

近年来,随着美国 SpaceX、Blue Origin(蓝色起源)公司为代表的私人航天企业的兴起,垂直反推式的火箭回收方式引发了越来越多的关注。2015 年 12月,SpaceX 公司率先进行了运载火箭一子级垂直回收试验,同年,Blue Origin公司也成功完成"新谢泼德"(New Shepard)火箭的回收[9-10];2017 年初,SpaceX 实现了人类有史以来第一次一子级火箭重复使用[11]。在垂直反推回收方式快速发展的同时,伞降回收方式因其具有的可靠性高、风险损失小、技术成熟度高等优势,多年来同样取得了较好的发展。最早采用伞降回收方式的是美国航天飞机助推器的回收[12],通过引导伞、稳定伞和主伞的回收方式,助推器最后以 27 m/s 的速度降落至离发射场 240 km 的海面上。本次试验也是迄今为止采用降落伞回收的最大载荷试验,为后续的火箭分离体回收工作奠定了基础。20世纪80年代到90年代,各国运载火箭伞降回收工作取得了长足发展,如美国Kistler(奇石乐)航宇公司[13]开展的两级运载火箭K-1(见图1-3)的回收[14]、俄罗斯的"能源号"大型火箭回收、欧洲航空局与俄罗斯合作的"阿里安5"助推器回收[15-16]以及随后美国进行的"战神Ⅰ-X"运载火箭试验性发射回收[17-18](见图1-4)等,这些均采用降落伞回收方式,虽然在理论或试验方面取得了突破,但在落区精度控制方面能力十分有限。

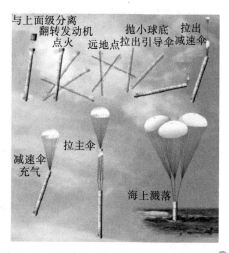

图1-3　K-1运载火箭演示验证试验①　　　图1-4　"战神Ⅰ-X"火箭回收过程示意图②

　　考虑到回收系统需要具备一定的机动可控能力,人们开始把注意力转移到跳伞运动中常用的翼伞(也称可控翼伞)上来。翼伞是在传统降落伞基础上发展起来的,是一种双层结构的柔性翼,其上下伞衣在后缘处缝合,气流由前缘切口进入充满整个伞衣形成类似于翼的形状,从而保持刚度[19]。

　　翼伞自20世纪50年代问世以来,已有60多年的发展历史,其自身的改进和发展十分迅速。新材料技术的出现,使得翼伞在材料以及结构方面有了很大的改进,升阻比已经从2提升到6左右[20];同时,随着数字计算机的发展,翼伞

①　图1-3来源于:TAYLOR A P, SINCLAIR R J, ALLAMBY R D. Design and testing of the Kistler landing system parachutes[C]. 15th Aerodynamic Decelerator Systems Technology Conference, 1999:1707.

②　图1-4来源于:汪小卫,张普卓,吴胜宝,等. 运载火箭子级回收技术研究[J]. 航天返回与遥感,2016,37(3):19-28.

更是结合了先进的数字设备,配备了先进的 GPS、传感器、微处理器等设备的翼伞可以大大提高回收系统整体的落地精度。优良的滑翔性能、较好的稳定性和可操纵性[21],使得翼伞在航天器回收、空降、跳伞等多个领域得到广泛的关注与应用。进入 20 世纪 90 年代后,美国和欧洲一些国家相继将翼伞应用于航天器的回收当中,在翼伞系统归航控制、定点回收等方面进行了大量的试验论证工作。这其中较为著名的案例要数美国的 X-38 原型机的回收[22-24],全尺寸模型的 X-38 救生艇在 7000 m 的高空、从航速为 324 km/s 的 B-52A 飞机上投放,采用引导伞和主伞系统(翼伞)组成定点回收工具,最终救生艇的着陆地点距离预定目标点仅 360 m(见图 1-5),这次试验取得了阶段性的成功,验证了利用翼伞完成高空回收的技术可行性,并说明了其在航天航空领域的重要应用价值。

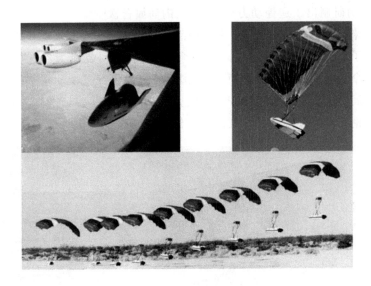

图 1-5　X-38 原型机的回收过程①

## 1.2.2　国内研究现状

我国使用降落伞回收航天器的历史可以追溯到 20 世纪 60 年代,当时通过

① 图 1-5 来源于:陈潇然. 火箭一子级伞控回收系统建模与归航控制研究[D]. 西安:西北工业大学,2020.

降落伞完成了火箭发射后残留物的回收任务[25]。在此之后,我国又通过降落伞逐步完成了卫星、载人飞船返回舱等的回收。这些成功回收实例标志着我国在伞降回收技术上的先进水平。近年来,我国还攻克了无人机伞降回收技术,通过群伞＋缓冲气囊的方式,目前已多次成功完成了回收试验,最大回收重量达到 800 kg。

　　然而直至 2016 年,我国在神舟 11 号返回舱的回收中仍然使用的是传统圆形降落伞,而对高性能可控翼伞回收系统的研究起步较晚,在系统性方案论证及姿态控制技术方面与国外存在一定差距,整体研究尚处于理论到实际应用之中。在 20 世纪 90 年代初,国防科技大学开始了对可控翼伞的研究工作,对翼伞系统运动特性、数学建模、归航轨迹设计以及控制算法等方面展开理论研究。航宇救生装备有限公司是我国从事航空救防及空投空降研制的产业机构,在 2009 年成功研制出了遥控动力翼伞,在国内尚属首次[26]。

　　近年来,国内的可控翼伞技术也得到了进一步发展,越来越多的研究所和高校开展了较为深入的研究工作,对翼伞空投、翼伞回收航天器进行了研制试验。就翼伞系统回收火箭试验而言,中国运载火箭研究院及北京空间机电研究所合作开展了运载火箭分离体安全回收方案设计及演示验证工作,相继进行了系统方案论证和缩比模型的回收试验工作[27-28],见图 1-6。

图 1-6　火箭分离体的缩比模型翼伞回收试验①

① 图 1-6 来源于:黄伟. 运载火箭伞降回收着陆技术概述[J]. 航天返回与遥感,2017,38 (3):1-12.

# 1.3　研究现状简析

结合上述研究现状分析,国内航天器分离体伞降回收技术处于方案论证与演示验证阶段。虽然传统圆形降落伞回收航天器技术经过多次回收验证,已相对成熟,但可控翼伞回收技术目前尚处于验证阶段。运载火箭一子级回收需经历减速以及航迹和姿态控制两个主要阶段,对于"阻力伞＋可控翼伞"协同的火箭一子级精确伞降回收,其研究主要涉及柔性伞衣气动特性研究、刚柔耦合多体数学建模研究、一子级归航航迹规划研究以及航迹跟踪控制等多个方面。

在柔性伞衣气动特性研究方面,国内外学者针对阻力伞和翼伞的气动特性分析展开了大量的研究。Accorsis(阿科西斯)[29]首次提出了一种能够模拟降落伞动力学结构模型的有限元公式,显式表达结构质量和刚度矩阵以及内外力矢量。Cao(曹)[30]提出了一种利用压力关联方程半隐式方法对降落伞流体-结构相互作用问题进行数值模拟的方法,并进行了建模和仿真。Bergeron(伯杰龙)[31]对 C - 17 飞机尾流中单环槽和集群环槽降落伞的计算流体力学(Computational Fluid Dynamics,CFD)研究允许交替确定降落伞气动性能特征,上述方法将柔性伞体简化成了刚体。对此,Takizawa(泷泽)[32]提出了降落伞流固耦合模型中计算三角区率的多尺度方法,使用 NURBS(Non-Uniform Rational B-Splines,非均匀有理 B 样条)网格[33]模拟柔性阻力伞完全打开和卷绕阶段。Takizawa[34]还设计了具有几何孔隙率的降落伞的可压缩流动空气动力学的孔隙率模型,虽然上述方法基于柔性建模取得了一定进展,但所提出的方法是针对某些阶段而设计的,依旧无法完全模拟阻力伞拉直、充气、收口这一系列复杂的气动变化过程。此外,翼伞系统的气动特性在早期往往是通过基于工程修正的涡格法获取的[35],缺乏理论气动模型的推导。为了解决该问题,Tao(陶)[36]采用计算流体力学方法仿真模拟了翼伞刚体模型在风雨环境下的气动特性,并通过最小二乘法获得气动系数;为了进一步考虑翼伞的柔性特征,Zhu(朱)[37]基于流固耦合理论探讨了翼伞冠层膨胀和后缘偏转对空气动力学性能的影响,并建立了高保真升力及阻力库;Zhang(张)[38]基于图形变形和任意拉格朗日-欧拉方法,提出了一种新的折叠冲压式翼伞在风环境中充气的非线性数值模型。

在刚柔耦合多体数学建模研究方面,由于伞体和火箭一子级之间通过弹性伞绳相连接,在实际飞行时不可避免地发生相对运动。如果未对该过程进行精确描述,势必会影响基于模型设计的控制方案效果。近些年围绕该问题,国内外已经有一些研究成果。最初的伞降系统是通过6自由度刚体模型进行描述的,例如Hua(华)[39]、Leylek(莱列克)[40]等基于标准6自由度(Degree of Freedom, DOF)模型,通过在表示关节连接约束载荷的单体运动方程中添加一个额外的项,提出了一种构建多体飞机动力学的方法,然而并未考虑柔性结构部分的变化;基于流固耦合仿真获得的气动参数,Gao(高)[41]针对阻力伞-载荷系统建立了9自由度模型,以模拟多体动力学系统的下降轨迹;Slegers(什莱格)[42]提出采用弹簧模拟伞绳变化,并基于此建立了"两体+弹簧"的经典翼伞-载荷9自由度系统模型;Wu(吴)[43]指出,伞绳和吊带连接两体的方式会影响到系统的变化特性,并基于两点交叉连接方式,设计了一种8自由度系统模型。此外,研究人员也通过其他途径观察相对运动变化。例如,Strickert(斯特里克特)[44]设计了一个基于图像处理算法(跟踪)的定制视频测量系统用于观察伞体和载荷之间额外的自由度变化。

在一子级归航航迹规划研究方面,首要解决的问题就是需要设计出精确到达落区位置的航迹,因此航迹规划算法必不可少。而对翼伞系统设计的航迹规划算法中,面临的最大难题就是无法预估的风场变化。针对此问题,Yu(于)[45]提出了以Elman(埃尔曼)神经网络为核心的深度确定性策略梯度预测模型,通过对高空风场数据进行智能处理来对低空风场进行预测,实现了高精度、低水平精度衰减的预测效果,为翼伞系统航迹规划提供了参考信息;Song(宋)[46]利用气象研究预报模型系统和有效的参数化方案再现了"神舟"系列航天器着陆阶段主要着陆区的风场,并基于数值结果提出了一种适用于高空翼伞航迹规划的风场线性模型。该模型形式简单、准确性高,与六阶多项式模型相比,其观测数据的总体一致性更好。Sun(孙)[47-48]提出了一种基于高斯伪谱法的翼伞航迹规划方法,该方法考虑到翼伞系统复杂的动态约束,基于翼伞系统6自由度动态模型完成了航迹规划,并且考虑了恒定风场对翼伞的影响。与传统的使用3自由度模型的航迹规划方法相比,该方法具有更好的可实现性;此外,Sun[49]将量子遗传算法、风场的辨识方法和地形匹配相结合,对传统的翼伞分段归航方法进行改进,改进后的方法不仅可以规划出大风环境下的最优航迹,而且还保持了分段归航方法可行性强的优点;Leeman(利曼)[50]为了克服翼伞精确着陆能力的限制,提出了一种高效的实时凸优化制导方法。该方法将本质上是非凸的翼伞制导问题转换为一系列凸问题来解决,每一个凸问题都能在多项式时间内收敛到近似的原始问题的可行解。该方法能在翼伞飞行中快速可靠地重新计算飞行时间,并且能规划出新的最优航迹来应对飞行时间的动态变化;Wang(王)[51]提出了一个基于反向传播神经网络(Back Propagation Neural Network,BPNN)的翼伞航迹规划模型,采用不同风场、初始高度、初始切入角和过渡阶段半径下基于遗传算法(Genetic Algorithm,GA)的航迹规划结果和一个由凯恩方程模型验证的数据库对 BPNN 模型进行训练,训练后 BPNN 模型规划出的翼伞航迹的 CEP95 的落点误差为 6.3 m,验证了将 BPNN 应用于翼伞航迹优化的可行性。

在航迹跟踪控制方面,一子级翼伞回收系统快速、精确跟踪规划航迹是实现一子级精确落区控制和回收的关键。由于一子级-翼伞回收系统的欠驱动、气动不确定、易受扰动等综合因素的影响,使得对其进行高精度控制成为难题,研究人员对此展开了大量研究。首先是针对内环设计的姿态或航向控制,Cacan(卡康)[52]提出了一种直接和间接自适应控制策略来解决翼伞回收系统模型的不确定性;Tao[53]则设计了一种带有前馈补偿效应的自抗扰控制(Active Disturbance Rejection Control ,ADRC)方法,能够通过扩张状态观测器(Extended State Observer,ESO)实时估计和补偿复合干扰带来的影响;谢志刚[54]提出了结合预测控制与动态逆的组合飞行控制算法,该算法选取偏航角及其变化速率作为控制回路,使其满足非线性动态逆的设计条件,根据内环线性反馈得到的线性模型作为预测控制模型,设计了组合飞行控制策略;此外,针对外环设计的航迹跟踪控制,Nelson(内尔松)[55]提出了一种矢量场制导跟踪策略,能保证飞行器渐近收敛至期望航迹;基于此理论,Fari(法里)[56]将其拓展到风干扰情况下,同时考虑了输入受限问题,并通过飞行实验进一步验证;然而,这类航迹跟踪测量往往需要直线和圆弧跟踪分开设计,在实际应用中无法避免频繁切换。此后,Tanaka(田中)[57]设计了一种通用表达来解决该问题,并在此后基于平方和的框架设计了有理多项式控制器实现跟踪控制。目前,关于翼伞系统平面轨迹跟踪的研究较多,而对于纵向跟踪控制的研究较少,而且根据研究目标的不同,跟踪控制器设计的重点也有所差异,尚未形成有效统一的设计方法。

# 1.4　本书结构安排

本书主要针对航天器一子级伞降自主精确回收系统的气动特性计算、高精度建模、自主归航在线/离线航迹规划、姿态和航迹跟踪控制等方面开展研究工作。全书共分为十章,各章内容安排如下。

第1章,航天器回收概述。本章主要介绍航天器/航天器子级回收的研究背景和意义、实现航天器回收的技术路径及国内外研究现状分析等。

第2章,航天器伞降回收系统。本章主要完成航天器一子级伞降回收系统的阻力伞＋翼伞多级伞系统总体设计、阻力伞减速阶段系统设计、翼伞控制段系统设计等。

第3章,一子级回收阻力伞减速阶段气动特性分析与建模。本章主要基于LS－DYNA计算流体力学软件开展阻力伞充气过程的流固耦合研究,据此分别建立阻力伞拉直、充气和稳定阶段的数学模型并进行仿真分析。

第4章,一子级回收翼伞控制阶段气动特性分析与建模。本章主要基于Fluent软件对一子级-翼伞组合体进行气动特性分析,然后在此基础上采用多体运动学和动力学原理对组合体进行建模,并据此分析一子级-翼伞组合体在翼伞不同下偏操纵量下的运动和姿态特性。

第5章,一子级回收翼伞控制阶段离线航迹规划。本章针对一子级伞降回收任务的特点开展翼伞控制段离线航迹规划研究,提出一种基于天牛群算法的离线最优分段航迹规划算法和一种基于最优控制的航迹规划算法并进行仿真分析。

第6章,一子级回收翼伞控制阶段在线航迹规划。本章重点研究复杂风场干扰下的风场建模、实时风场测量、实时风场估计、风扰导致的航迹偏差补偿及一子级-翼伞组合体在线航迹规划并进行仿真分析。

第7章,一子级回收翼伞控制阶段终端避障航迹规划。本章重点研究一子级-翼伞组合体低空飞行时面向复杂地形障碍和纵向热力湍流的终端避障航迹规划和航迹优化问题。

第8章,一子级回收翼伞控制阶段鲁棒姿态控制。本章主要针对欠驱动、强耦合、非线性、不确定等因素影响下的一子级-翼伞组合体鲁棒姿态跟踪控制方法开展研究,包括非线性动态逆控制、自抗扰控制、有限时间反步法控制、预设性能反步法控制等。

第9章,一子级回收翼伞控制阶段航迹跟踪控制。本章根据翼伞的位置及偏航角信息,重点采用矢量场理论和视线制导律研究一子级-翼伞组合体的航迹跟踪控制问题。

第10章,一子级伞降回收实验验证。本章重点开展一子级自主归航控制中的蒙特卡洛打靶数字仿真实验、伞降回收全流程数字仿真实验、一子级-翼伞自主归航半物理实验和缩比翼伞飞行实验等研究。

# 参考文献

[1]　刘晓敏. "中国航天科技活动蓝皮书(2023 年)"发布[J]. 国际太空,
　　　2023,530(2):4-5.

[2]　王辰,王小军,张宏剑,等. 可重复使用运载火箭发展研究[J]. 飞航导弹,
　　　2018,405(9):18-26.

[3]　刘洁,丁洁,李翔宇,等. "猎鹰"9 火箭的发射成本与价格策略分析[J]. 中
　　　国航天,2022,536(12):34-37.

[4]　WANG F, EIBERT T F, JIN Y Q. Simulation of ISAR imaging for a
　　　space target and reconstruction under sparse sampling via compressed
　　　sensing[J]. IEEE Transactions on Geoscience and Remote Sensing,
　　　2015,53(6):3432-3441.

[5]　宋征宇,黄兵,汪小卫,等. 重复使用航天运载器的发展及其关键技术
　　　[J]. 前瞻科技,2022,1(1):62-74.

[6]　DEK C, OVERKAMP J L, TOETER A, et al. A recovery system for
　　　the key components of the first stage of a heavy launch vehicle[J]. Aer-
　　　ospace Science and Technology,2020,100:105778.

[7]　BENNETT T, FOX R. Design, development & flight testing of the
　　　NASA X-38 7500 ft2 parafoil recovery system[C]. 17th AIAA Aerody-
　　　namic Decelerator Systems Technology Conference and Seminar,2003.

[8]　GUO Y, YAN J, WU C, et al. Autonomous homing design and follow-
　　　ing for parafoil/rocket system with high-altitude[J]. Journal of Intelli-
　　　gent & Robotic Systems,2021,101:1-15.

[9]　DAWSON L. The politics and perils of space exploration[M]. New
　　　York:Springer,2017.

[10]　胡冬生,郑杰,吴胜宝. "新格伦"火箭简析及其与"猎鹰重型"火箭的
　　　　对比[J]. 国际太空,2017(6):43-48.

[11]　REDDY V S. The spaceX effect[J]. New Space,2018,6(2):125-134.

[12]　LEVY A, ZALESAK J, BERNSTEIN M, et al. Development of tech-
　　　　nology for modeling of a 1/8-scale dynamic model of the shuttle solid
　　　　rocket booster (SRB)[R]. NASA,1974.

[13]　FUHRY D P. Adaptive atmospheric reentry guidance for the Kistler K - 1 orbital vehicle[J]. AIAA paper, 1999: 4211.

[14]　TAYLOR A P, SINCLAIR R J, ALLAMBY R D. Design and testing of the Kistler landing system parachutes[C]. 15th Aerodynamic Decelerator Systems Technology Conference, 1999.

[15]　ASTORG J, FDE BARREAU L C. The Ariane 5 solid rocket booster recovery - A technical and managerial challenge[C]. Aerodynamic Decelerator Systems Technology Conference, 1995.

[16]　BOS M, OFFERMAN J. Post - flight 503 evaluation of the Ariane - 5 booster recovery system[C]. Aerodynamic Decelerator Systems Technology Conference, 2013.

[17]　TARTABINI P, STARR B, GUMBERT C, et al. Ares IX separation and reentry trajectory analyses[C]. AIAA Atmospheric Flight Mechanics Conference, 2011.

[18]　MERRY C, TARPLEY A, BEATY J, et al. Ares IX range safety trajectory analyses and independent validation and verification[C]. AIAA Atmospheric Flight Mechanics Conference, 2011.

[19]　顾正铭. 翼伞技术研究的最新进展[J]. 航天返回与遥感, 1998, 19(1): 5 - 14.

[20]　BERGERON K, SEIDEL J, MCLAUGHLIN T. Wind tunnel investigations of rigid ram - air parachute canopy configurations[C]. 23rd AIAA Aerodynamic Decelerator Systems Technology Conference, 2015.

[21]　冯云明. 翼伞设计及其气动性能研究[D]. 南京航空航天大学, 2014.

[22]　SMITH J, BENNETT B, FOX R. Development of the NASA X - 38 parafoil landing system[C]. Proceedings of the 3rd AIAA Workshop on Weakly Ionized Gases Workshop. 1999.

[23]　吴兆元. 美国 X - 38 计划与翼伞返回系统[J]. 航天返回与遥感, 2000 (4): 7 - 13.

[24]　BENNETT T, FOX R. Design, development & flight testing of the NASA X - 38 7500 ft2 parafoil recovery system[J]. AIAA Paper, 2003: 2107.

[25]　徐仲册. 我国的火箭回收历程[J]. 航空知识, 1996(6): 12 - 13.

[26] 胡兴旺. 动力翼伞气动力特性分析及系统设计[J]. 第四届中国航空学会青年科技论坛文集, 2010.

[27] 滕海山, 李春, 陈旭, 等. 可控翼伞线目标归航控制仿真[C]. 第二届进入、减速、着陆(EDL)技术全国学术会议, 2014.

[28] 张兴宇. 翼伞热气球空投试验技术概论[C]. 第二届进入、减速、着陆(EDL)技术全国学术会议, 2014.

[29] ACCORSI M, LEONARD J, BENNEY R, et al. Structural modeling of parachute dynamics[J]. AIAA journal, 2000, 38(1): 139 – 146.

[30] CAO Y H, WAN K, SONG Q F, et al. Numerical simulation of parachute Fluid – Structure Interaction in terminal descent[J]. Science China Technological Sciences, 2012, 55: 3131 – 3141.

[31] BERGERON K, GHOREYSHI M, NOETSCHER G, et al. Computational study of single and clustered parachutes in the wake of an aircraft [J]. Aerospace Science and Technology, 2022, 127: 107723.

[32] TAKIZAWA K, TEZDUYAR T E, KOLESAR R, et al. Multiscale methods for gore curvature calculations from FSI modeling of spacecraft parachutes[J]. Computational Mechanics, 2014, 54: 1461 – 1476.

[33] TAKIZAWA K, MONTES D, FRITZE M, et al. Methods for FSI modeling of spacecraft parachute dynamics and cover separation[J]. Mathematical Models and Methods in Applied Sciences, 2013, 23(2): 307 – 338.

[34] TAKIZAWA K, TEZDUYAR T E, KANAI T. Porosity models and computational methods for compressible – flow aerodynamics of parachutes with geometric porosity[J]. Mathematical Models and Methods in Applied Sciences, 2017, 27(4): 771 – 806.

[35] HUA Y, LEI S, WEIFANG C. Research on parafoil stability using a rapid estimate model[J]. Chinese Journal of Aeronautics, 2017, 30 (5): 1670 – 1680.

[36] TAO J, LIANG W, SUN Q L, et al. Modeling and control of a powered parafoil in wind and rain environments[J]. IEEE Transactions on Aerospace and Electronic Systems, 2017, 53(4): 1642 – 1659.

[37] ZHU H, SUN Q, LIU X, et al. Fluid-structure interaction – based

aerodynamic modeling for flight dynamics simulation of parafoil system [J]. Nonlinear Dynamics, 2021, 104(4): 3445 – 3466.

[38]　ZHANG S Y, YU L, WU Z H, et al. Numerical investigation of ram – air parachutes inflation with fluid – structure interaction method in wind environments [ J ] . Aerospace Science and Technology, 2021, 109: 106400.

[39]　HUA Y, LEI S, CHENG L, et al. Study on powered – parafoil longitudinal flight performance with a fast estimation model[J]. Journal of Aircraft, 2013, 50(5): 1660 – 1668.

[40]　LEYLEK E, WARD M, COSTELLO M. Flight dynamic simulation for multibody aircraft configurations[J]. Journal of Guidance, Control, and Dynamics, 2012, 35(6): 1828 – 1842.

[41]　GAO X, ZHANG Q, TANG Q. Parachute dynamics and perturbation analysis of precision airdrop system[J]. Chinese Journal of Aeronautics, 2016, 29(3): 596 – 607.

[42]　SLEGERS N, COSTELLO M. Aspects of control for a parafoil and payload system [J]. Journal of Guidance, Control, and Dynamics, 2003, 26(6): 898 – 905.

[43]　WU W, SUN Q, SUN M, et al. Modeling and control of parafoils based on computational fluid dynamics[J]. Applied Mathematical Modelling, 2019, 70: 378 – 401.

[44]　STRICKERT G. Study on the relative motion of parafoil – load – systems[J]. Aerospace Science and Technology, 2004, 8(6): 479 – 488.

[45]　YU Z, TAN P, SUN Q, et al. Longitudinal wind field prediction based on DDPG[J]. Neural Computing and Applications, 2022, 34: 227 – 239.

[46]　SONG Y, MA G, TIAN L, et al. Numerical Investigations of Precise Wind Field in Main Landing Area during the Landing Phase of "Shen Zhou" Series Spacecraft Mission[J]. Aerospace, 2023, 10(1): 37.

[47]　SUN H, SUN Q, SUN M, et al. Accurate modeling and homing control for parafoil delivery system based on wind disturbance rejection [J]. IEEE Transactions on Aerospace and Electronic Systems, 2022,

58(4): 2916 - 2934.

[48] SUN H, LUO S, SUN Q, et al. Trajectory optimization for parafoil delivery system considering complicated dynamic constraints in high-order model[J]. Aerospace Science and Technology, 2020, 98: 105631.

[49] SUN H, SUN Q, LUO S, et al. In-flight compound homing methodology of parafoil delivery systems under multiple constraints[J]. Aerospace Science and Technology, 2018, 79: 85 - 104.

[50] LEEMAN A, PREDA V, HUERTAS I, et al. Autonomous parafoil precision landing using convex real-time optimized guidance and control [J]. CEAS Space Journal, 2023, 15(2): 371 - 384.

[51] WANG Y, YANG C, YANG H. Neural network - based simulation and prediction of precise airdrop trajectory planning[J]. Aerospace Science and Technology, 2022, 120: 107302.

[52] CACAN M R, COSTELLO M. Adaptive control of precision guided airdrop systems with highly uncertain dynamics[J]. Journal of Guidance, Control, and Dynamics, 2018, 41(5): 1025 - 1035.

[53] TAO J, SUN Q, TAN P, et al. Autonomous homing control of a powered parafoil with insufficient altitude[J]. ISA transactions, 2016, 65: 516 - 524.

[54] 谢志刚,陈自力. 基于预测控制和动态逆算法的翼伞飞行控制[J]. 探测与控制学报, 2011, 33(4): 34 - 38.

[55] NELSON D R, BARBER D B, MCLAIN T W, et al. Vector field path following for miniature air vehicles[J]. IEEE Transactions on Robotics, 2007, 23(3): 519 - 529.

[56] FARI S, WANG X, ROY S, et al. Addressing unmodeled path-following dynamics via adaptive vector field: A UAV test case[J]. IEEE Transactions on Aerospace and Electronic Systems, 2019, 56(2): 1613 - 1622.

[57] TANAKA K, TANAKA M, IWASE A, et al. A rational polynomial tracking control approach to a common system representation for unmanned aerial vehicles[J]. IEEE/ASME Transactions on Mechatronics, 2020, 25(2): 919 - 930.

# 第2章 航天器伞降回收系统

本书以固体运载火箭一子级为对象,重点开展火箭发射后一子级再入返回过程的伞降回收技术研究。由于一子级在分离后处于高速不稳定飞行状态,且受到发动机燃料耗尽关机、级间分离、风场干扰等影响,使一子级精确落区控制和回收成为一项极具挑战性的任务。就伞降回收这种高可靠、低成本的技术而言,其核心是通过伞降回收系统的减速和调姿能力高效、平稳降低一子级再入返回的速度,快速、精确调整一子级的姿态和航迹,最终使一子级准确落入指定区域。其中,传统降落伞可作为阻力伞实现对一子级的减速,但因缺乏机动操纵能力易导致一子级落点偏差过大甚至不可控。可控翼伞具有优良的滑翔性能和可操作性,通过操纵电机拉动伞绳可以实现翼伞的姿态调整和空中转弯盘旋,具备较强的机动能力。本章综合阻力伞和翼伞各自的特点,设计一种基于多级阻力伞＋翼伞的一子级伞降回收系统。

## 2.1 一子级多级伞降回收系统

### 2.1.1 一子级多级伞降回收系统组成

一子级在实施级间分离后,由于惯性作用仍处于高空高速飞行状态,通常速度为3~5马赫,并借助子级尾部栅格舵、自身气动外形和重力继续减速飞行。当一子级减速到声速以下,开启伞降回收装置进行减速控制。伞降回收装置采用由引导伞、阻力伞和可控翼伞组成的多级伞回收系统;各部件独立包装,由功能伞、伞包、连接绳、开伞装置等组成,示意图见图 2-1。其中引导伞用于拉出阻力伞;阻力伞用来对一子级进行减速并稳定其飞行姿态;翼伞用来进一步降低一子级的飞行速度,并利用其滑翔性能实现一子级机动飞行至预定着陆点。

一子级分离后飞行轨迹为抛物线形状,先飞行至最高点,然后以弹道式方式再入飞行。由于一子级的重心偏向头部侧,在再入飞行过程中一子级保持头

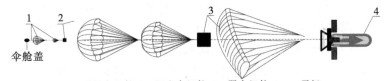

1—引导伞组件；2—阻力伞组件；3—翼伞组件；4——子级。

图 2-1　一子级伞降回收系统示意图

部向下的姿态飞行。因此，从开伞安全性和开伞动作不改变一子级飞行姿态方面考虑，本章将翼伞、阻力伞和引导伞装置放置在一子级的尾段空腔内，布局见图 2-2。图中从内到外依次为翼伞组件包、阻力伞组件包、引导伞组件包。

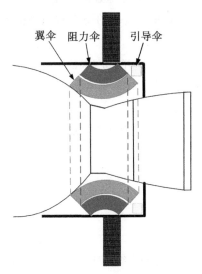

图 2-2　伞降回收系统的多级伞装置布局图

## 2.1.2　多级伞降回收系统工作程序

　　火箭发射升空后，飞行至预定高度后一子级分离坠落，依靠尾部栅格舵及自身的气动外形结构，减速再入飞行。当一子级降落到可开伞条件后，启动伞降回收装置，引导伞通过弹伞器从尾部弹出并牵引出一级阻力伞，阻力伞充气张满并牵拉一子级进行减速，速度减到一定程度后，开启第二级阻力伞使一子级进一步减速；当一子级减速到翼伞开伞条件时，再由脱伞器进行切割分离，抛掉阻力伞并拉出翼伞；翼伞开始充气并完全展开后开始工作，控制单元通过全球导航卫星系统（Global Navigation Satellite System，GNSS）、惯性导航系统（Inertial Navigation System，INS）实时获取翼伞当前位置和姿态信息，按照初始规划好的归航航线,实时调整翼伞的伞衣面和姿态开始自主归航,并通过径向飞行、盘旋削高等过程沿预定航迹飞行,最终携载一子级降落到指定区域。

　　根据一子级降落的时间顺序、空间轨迹及飞行速度的变化,可以把一子级的整个伞降回收过程分解为 3 个阶段,见图 2-3。根据 3 个阶段的不同特性,整个回收过程综合采用"引导伞＋阻力伞＋可控翼伞"的多级伞回收系统。回收控制命令启动后,第 1 阶段的引导伞作为拉出主伞(阻力伞、翼伞)的辅助伞,由于一子级高马赫数的飞行状态,整个开伞过程会在极短时间内完成,其对一子级回收过程的飞行速度和轨迹影响很小,可忽略不计;第 2 阶段为阻力伞减速阶段,可将一子级飞行速度从高马赫数降低至翼伞可开伞速度;第 3 阶段为翼伞控制阶段,可实现一子级回收过程的姿态和轨迹机动可控。

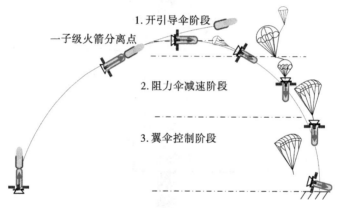

图 2-3　一子级多级伞降回收工作阶段和时序

# 2.2　阻力伞减速段系统设计

## 2.2.1　阻力伞减速段概述

　　一子级重量通常高达数吨乃至数十吨,如果回收过程的阻力伞减速段仅使用单个阻力伞,则必然导致阻力伞面积过大,从而在开伞时带来过大的动载,使一子级的结构、阻力伞伞衣和伞绳强度难以承受。为此采用两级阻力伞实现一子级减速,示意图见图 2-4。图中,首先利用引导伞将阻力伞与一子级间的连接绳拉直;然后通过连接绳拉出阻力伞;接着采用收口技术使阻力伞两次充气张满,即先以收口方式充气至"灯泡"状,待一子级减速稳定后,解除收口,进行第 2 阶段的充气减速,使一子级减速至一定状态。随后二级阻力伞开伞工作,过程与一级阻力伞相同。

（a）引导伞张开　（b）一级阻力伞减速阶段　（c）二级阻力伞减速阶段

图 2-4　两级阻力伞减速过程示意图

## 2.2.2　引导伞的选取

在一子级伞降回收系统中,引导伞的功能是将伞系从一子级尾部空腔内拉出,并将阻力伞伞衣从伞包中拉出、拉直,引导伞的工作好坏,直接影响到阻力伞能否正常开伞。引导伞设计时主要考虑以下要求。

1)开伞快。

2)有充足的阻力,以保证伞系能全部拉直。

3)工作可靠,在较恶劣的气流或较差的开伞姿态下也能正常工作。

目前,引导伞的型式较多,按结构特点可以分为软质带中心绳伞、软质不带中心绳伞和弹簧骨架式伞三种。由于一子级回收的伞系对稳定性要求较高,因此本节选择既能起稳定作用又能起引导伞作用的软质不带中心绳伞。

引导伞的面积与阻力伞的重量和拉直时的速度有关,目前尚无固定的计算方法,实际应用中通常根据引导伞与阻力伞的面积比来确定,两者关系见表 2-1。

表 2-1　引导伞和阻力伞的面积比

| 拉直速度 $v_{lz}$ | 引导伞面积/阻力伞面积 |
| --- | --- |
| 370 km/h 以下 | 3% |
| 370~550 km/h | 2% |
| 550 km/h 以上 | 1% |

### 2.2.3　阻力伞伞形的选取

通常阻力伞伞形选取主要考虑以下要求。

1)具备成熟的工艺,可保证高空复杂环境下开伞的可靠性。

2)无收口时的最大开伞过载在其可工作范围内。

3)静稳定性、动稳定性特征都在允许的取值范围内。

目前常用的伞衣主要有方形伞、圆形伞、导向面伞和带条伞等。在工程应用中,为确保使用安全,通常选择已有的经验伞形。因此,参考国内"神舟"系列飞船返回时采用的降落伞伞形,本节选择图 2-5 所示的锥形带条伞。该伞形阻力系数较小(一般为 0.45~0.55)、结构稳定、透气量大、开伞动载较小且伞衣应力分布均匀,适合应用于高空高马赫数飞行条件下的一子级回收。另外,在平面圆形伞基础上发展出一种底边延伸伞的伞形,结构上是在圆形伞的底边圆周上附加一圈环形延伸部,稳定性更高,也可作为阻力伞伞形的选择之一。图 2-6 给出的是延伸部分长度占平面圆直径 10% 的底边延伸伞。

图 2-5　锥形带条伞　　　　　　　图 2-6　10%底边延伸伞

### 2.2.4　阻力伞尺寸的确定

选定阻力伞的伞形后需要确定伞衣尺寸。通常,阻力伞的主要结构参数见图 2-7。

图中,点 $o$、$c$ 分别为阻力伞的质心和压力中心;$D_p$、$R_0$ 分别为伞衣投影直径和全充满时的半径;$L_s$、$L_m$ 分别为伞绳长度和连接带长度;$L_1$、$L_2$、$L_{cp}$、$h_p$ 分别为阻力伞压力中心到质心距离、质心到伞绳交汇点距离、压力中心到伞衣底边

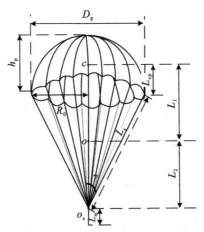

图 2-7　阻力伞主要结构参数

距离和伞衣投影高度;$\gamma$ 为阻力伞的系统安装角。

本书涉及的火箭一子级质量约为 2 t,一子级阻力伞阶段减速目标为 $v \leqslant$ 40 m/s,则由式(2-1)可推算一子级减速阶段阻力伞的面积应不小于 160 m²。

$$(CA)_s \geqslant \frac{G_w}{q_e} \tag{2-1}$$

式中,$G_w$ 为系统质量;$q_e = \frac{1}{2}\rho v^2$ 为一子级伞降回收系统的动压。

通常情况下,当伞衣面积较小时,阻力系数随面积的增大而增大,但伞衣面积增大到一定程度后,伞衣的阻力系数变化很小。阻力伞的阻力系数与伞衣面积关系见图 2-8。

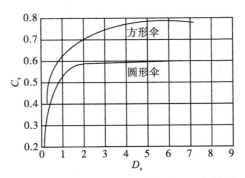

图 2-8　阻力伞的阻力系数与伞衣面积关系

根据风洞试验数据[1],取阻力系数 $C_s$ 为 0.75。则由式(2-2)可以计算出阻力伞的伞衣展开名义面积为 213 m²、名义直径为 16.46 m。

$$A_s \geqslant \frac{(CA)_s}{C_s} \qquad (2-2)$$

显然,面积为 213 m² 的阻力伞在接近声速的情况下展开是难以实现的,一子级及伞衣织物均难以承受该条件下的开伞动载。因此,本章采用两级阻力伞减速,每个阻力伞具体伞衣面积、直径将在后文给出。

### 2.2.5　阻力伞的收口设计

阻力伞工作时一子级仍具有较高的飞行速度,面积较大的阻力伞一次开伞,容易造成开伞过载过大,伞衣破损,致使一子级回收系统失效。目前大型航天器回收试验中普遍采用降落伞收口法来解决该问题,如美国的航天运输-100、龙飞船和我国载人飞船所用的降落伞均采用了收口技术[2]。

收口技术是使阻力伞按照设定程序逐级打开,达到改变阻力特征的一种方法。通常,伞衣收口程度以收口阻力面积比来表示。阻力面积比为伞衣收口状态阻力面积 $(CA)_{sk}$ 与完全张满伞衣阻力面积 $(CA)_0$ 之比,即 $(CA)_{sk}/(CA)_0$,本节阻力伞收口比取 0.1。

对于一子级回收系统中的阻力伞,采用多级收口技术可有效降低开伞动载、提高系统稳定性,同时可确保各伞之间的充气一致性,从而便于试验计算。

### 2.2.6　阻力伞的伞绳设计

考虑结构设计的延续性,通常取阻力伞伞绳的数量与伞衣边幅数相等。同时,为了确保阻力伞结构对称,在与一子级连接带的交汇点处分出的伞绳数量应该是偶数。根据图 2-2 给出的阻力伞装置的安置位置,以 4 点形式与一子级连接带连接从结构上讲更合理,同时也增加了阻力伞工作的稳定性,即将伞绳数量分为 4 组,每组交汇于连接带。

阻力伞的伞绳长度也会影响到一子级减速过程的稳定性,工程应用中常按照阻力伞伞衣的名义直径 $D_0$ 的大小等比例设计伞绳长度 $L_s$。由于一子级回收减速阶段采用两级阻力伞,伞绳长度设计可按照 $L_s/D_0 = n^{0.5}$ 的关系来设计,其中 $n$ 为阻力伞的个数。

### 2.2.7　多级阻力伞总体设计

综上所述,两级阻力伞的总体设计参数见表 2-2。

表 2-2　阻力伞的主要参数

| 参数名称 | | 数值 |
|---|---|---|
| 一级锥形带条伞 | 名义面积/m² | 10 |
| | 一次收口面积/m² | 0.9 |
| | 二次收口面积/m² | 6 |
| | 伞绳长度/m | 5 |
| | 伞绳数目/根 | 20 |
| 二级减速底边延伸伞 | 名义面积/m² | 55 |
| | 一次收口面积/m² | 9.8 |
| | 二次收口面积/m² | 44 |
| | 延伸率/% | 14.3 |
| | 伞绳长度/m | 7.5 |
| | 伞绳数目/根 | 24 |

# 2.3　翼伞控制段系统设计

## 2.3.1　翼伞控制段概述

翼伞控制段为一子级伞降回收系统的机动控制阶段。在该阶段,当阻力伞将一子级减速到一定速度后分离并拉出翼伞,见图 2-9(a);翼伞充气张满后进入翼伞滑翔控制段,见图 2-9(b),此后一子级的飞行姿态控制、航迹跟踪控制

（a）切阻力伞过渡段控制　　　（b）下落航迹控制　　　（c）逆风着陆切伞

图 2-9　一子级伞降回收翼伞滑翔控制段

由翼伞完成;当一子级接近地面一定高度时,翼伞分离,一子级落入指定区域,完成一子级的落区控制与回收,见图 2-9(c)。

## 2.3.2 翼伞的几何参数

图 2-10 为翼伞的正面视图和侧面视图,图中各项参数意义如下。

1)展长 $b$:伞衣两侧边之间沿 $Y$ 轴方向的测量长度。

2)弦长 $c$:伞衣前缘和后缘之间沿 $X$ 轴方向的测量长度。

3)厚度 $e$:伞衣上表面和下表面之间沿 $Z$ 轴的测量长度。

4)拱高 $a$:展向伞衣顶端到两侧边连线的距离。

5)展弦比 $\lambda$:翼伞展长和弦长的比值,即 $\lambda=b/c$。

6)有效面积 $S_p$:指气动力作用于翼伞上的面积大小,$S_p=bc$。

7)安装角 $\mu$:翼伞横截面参考弦线与水平面间的夹角,由伞绳长度来选定。

8)伞绳特征长度 $L_{sh}$:翼伞完全充气张满后,伞绳交汇点和下翼面之间沿 $Z$ 轴的测量距离。

9)半圆形角 $\Theta$:翼伞完全展开后可近似看作圆弧,圆弧的一半记为 $\Theta$。圆弧对应的半径定义为 $R_L$,半圆角对应的弧度定义为 $\Omega$。

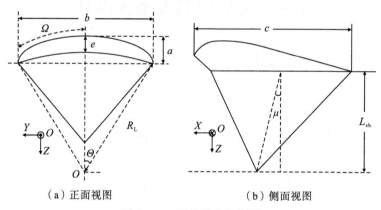

(a)正面视图          (b)侧面视图

图 2-10  可控翼伞结构图

## 2.3.3 翼伞翼型的选择

翼伞的翼型会直接影响翼伞的各项气动性能。翼型按速度可分为低速翼型、亚声速翼型和超音速翼型。其中,在低速和亚声速状态下,翼型通常设计为圆头尖尾形以提高升力系数;而在超音速状态下,翼型一般设计为尖头尖尾形以提高阻力发散马赫数、减小激波阻力。

　　由于一子级伞降回收过程中翼伞工作在低速状态,所以本节选用低速翼型,即翼型形状为圆头尖尾形。常见的圆头尖尾翼型见图 2-11。

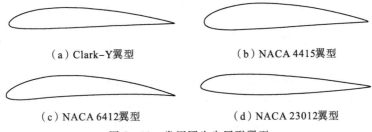

（a）Clark-Y翼型　　　　　　　　　（b）NACA 4415翼型

（c）NACA 6412翼型　　　　　　　　（d）NACA 23012翼型

图 2-11　常用圆头尖尾形翼型

　　麻省理工学院 Mark Drela(马克·德雷拉)博士开发的独立软件 Xfoil[3] 中给出了各类翼型的气动参数(包括升力系数 $C_L$ 和阻力系数 $C_D$)变化,见图 2-12。NACA 6412 翼型虽然升力比较大,但下表面内凹,不便制造,俯仰力矩大,一般很少使用;NACA 23012 翼型虽然综合性可靠,常用于商务飞机,但升力系数不如其他翼型;与 NACA 4415 翼型相比,Clark-Y 升阻比性能更好,且下表面平坦,易于加工制造,在翼伞的设计中使用比较多,故确定 Clark-Y 为一子级翼伞回收的基准翼型。

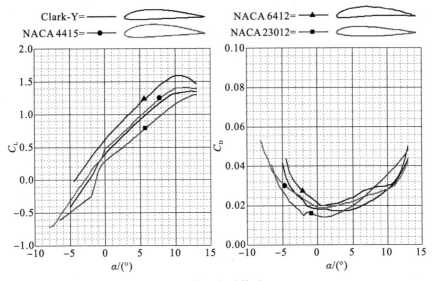

图 2-12　4 类翼型升阻力系数对比（$Re=100000$）

Clark‐Y 翼型最大厚度为 0.12，最大弯度为 3.4％，在翼伞中属于中等弯度，薄翼型结构。Clark‐Y 翼型坐标数据见表 2‐3。

表 2‐3　Clark‐Y 翼型坐标数据

| X | Y+ | Y− | X | Y+ | Y− | X | Y+ | Y− |
|---|---|---|---|---|---|---|---|---|
| 0.001 | 0.0026 | −0.0049 | 0.069 | 0.0526 | −0.0282 | 0.537 | 0.0827 | −0.0178 |
| 0.002 | 0.0061 | −0.0082 | 0.076 | 0.0552 | −0.0287 | 0.556 | 0.0808 | −0.0171 |
| 0.003 | 0.0073 | −0.0092 | 0.083 | 0.0577 | −0.0291 | 0.575 | 0.0787 | −0.0163 |
| 0.004 | 0.0097 | −0.0114 | 0.091 | 0.0602 | −0.0295 | 0.595 | 0.0764 | −0.0156 |
| 0.005 | 0.0110 | −0.0124 | 0.098 | 0.0626 | −0.0298 | 0.614 | 0.0740 | −0.0148 |
| 0.006 | 0.0124 | −0.0134 | 0.122 | 0.0693 | −0.0303 | 0.633 | 0.0715 | −0.0141 |
| 0.008 | 0.0138 | −0.0145 | 0.139 | 0.0733 | −0.0306 | 0.652 | 0.0688 | −0.0133 |
| 0.009 | 0.0152 | −0.0155 | 0.156 | 0.0769 | −0.0306 | 0.671 | 0.0659 | −0.0126 |
| 0.011 | 0.0168 | −0.0164 | 0.173 | 0.0800 | −0.0304 | 0.691 | 0.0629 | −0.0118 |
| 0.012 | 0.0184 | −0.0174 | 0.199 | 0.0839 | −0.0301 | 0.720 | 0.0582 | −0.0111 |
| 0.014 | 0.0201 | −0.0183 | 0.216 | 0.0859 | −0.0296 | 0.739 | 0.0550 | −0.0103 |
| 0.016 | 0.0220 | −0.0191 | 0.234 | 0.0875 | −0.0290 | 0.758 | 0.0516 | −0.0096 |
| 0.018 | 0.0239 | −0.0199 | 0.252 | 0.0887 | −0.0283 | 0.777 | 0.0481 | −0.0089 |
| 0.020 | 0.0260 | −0.0207 | 0.280 | 0.0901 | −0.0275 | 0.797 | 0.0445 | −0.0081 |
| 0.023 | 0.0281 | −0.0214 | 0.299 | 0.0908 | −0.0268 | 0.816 | 0.0408 | −0.0074 |
| 0.026 | 0.0304 | −0.0221 | 0.318 | 0.0913 | −0.0260 | 0.835 | 0.0370 | −0.0066 |
| 0.029 | 0.0327 | −0.0228 | 0.337 | 0.0916 | −0.0253 | 0.854 | 0.0331 | −0.0059 |
| 0.033 | 0.0350 | −0.0235 | 0.356 | 0.0917 | −0.0245 | 0.873 | 0.0292 | −0.0051 |
| 0.037 | 0.0374 | −0.0242 | 0.375 | 0.0916 | −0.0238 | 0.893 | 0.0251 | −0.0044 |
| 0.041 | 0.0399 | −0.0250 | 0.394 | 0.0914 | −0.0230 | 0.912 | 0.0209 | −0.0036 |
| 0.046 | 0.0424 | −0.0257 | 0.413 | 0.0909 | −0.0223 | 0.931 | 0.0167 | −0.0029 |
| 0.051 | 0.0449 | −0.0265 | 0.432 | 0.0901 | −0.0216 | 0.949 | 0.0125 | −0.0022 |
| 0.057 | 0.0475 | −0.0271 | 0.451 | 0.0892 | −0.0208 | 0.967 | 0.0083 | −0.0015 |
| 0.063 | 0.0501 | −0.0277 | 0.470 | 0.0881 | −0.0201 | 1.000 | 0.0006 | −0.0006 |

## 2.3.4　基准翼型气动性能分析

翼型的气动特性是指叶片展向为无限长的等剖面叶片的空气动力特性，包括升力、阻力、俯仰力矩以及气动中心等。气流流过翼型上、下表面产生的对翼型的作用力，其中垂直于来流方向的力为升力，平行于来流方向的力为阻力。本节采用计算流体动力学对翼伞的气动性能进行评估，根据数值结果和试验结果的比较来验证分析方法的合理性。

### 1. 流场评估

翼伞的工作速度远低于声速，在外流场的计算过程中可以把空气当作不可压缩流体来简化计算。应用计算流体力学工具对二维翼型进行流场计算，采用有限体积法求解不可压雷诺时均 Navier - Stokes（纳维-斯托克斯）方程，湍流模型采用航空航天领域广泛使用的单方程 Spalart - Allmaras（斯帕拉特-奥尔马拉）模型，空间离散采用二阶迎风格式，流场数值求解方法为 SIMPLE（Semi-Implicit Method for Pressure Linked Equation，压力耦合方程组的半隐式方法）。翼型表面为无滑移边界条件，采用速度进口、自由出流出口为进、出口边界条件，流域上、下边界采用自由滑移边界条件，收敛残差设置为 $10 \times 10^{-4}$。

为了有效地描述流场流动的均匀性，设计包含计算对象且足够大的远场，创建轴对称二维流场，大小为 16 倍弦长乘以 10 倍弦长的长方形均匀流场，使用 Gambit 软件划分网格，因结构网格描述边界层流动比较准确，故在靠近翼型部分采用结构化网格，外部采用非结构化网格，见图 2 - 13 和图 2 - 14。

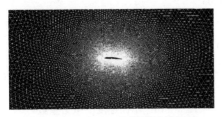

图 2 - 13　Clark - Y 翼型计算网络

图 2 - 14　Clark - Y 翼型计算网络局部

为了评估流场计算域对于结果的影响，对比不同网格数对于计算结果的影响，并与风洞试验进行对比，见表 2 - 4。

表 2-4 不同网格数量下的数值仿真气动参数

| 网格数量 | 升力系数 | 阻力系数 |
| --- | --- | --- |
| 45905(网格一) | 0.9093(误差率 7.7%) | 0.0239(误差率 28.5%) |
| 110880(网格二) | 0.9431(误差率 4.3%) | 0.0166(误差率 10.75%) |
| 参考值 | 0.985 | 0.0186 |

在同一迭代步下,网格二的升、阻力系数误差均小于网格一。可见,在相同的工况下,网格划分越精密,仿真结果与真实试验越接近,但同时网格绘制过于精密会带来运算量大、仿真速率降低等问题。因此应根据不同的模型及求解的需要,确定合适的网格划分方法和网格数量。

**2. 流速评估**

以 Clark-Y 翼型为研究对象,采用上节中网格二的划分方法,建立绕 Clark-Y 翼型的网格模型,以不同流速做二维翼型绕流流场的数值计算,评估流速及攻角($\alpha$)变化对流场和升阻力的影响。计算分别在 15 m/s、30 m/s、35 m/s 流速下,攻角在 $-6°\sim16°$ 进行,见图 2-15 和图 2-16。

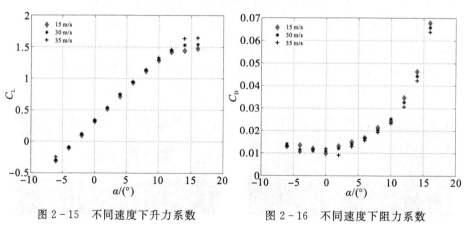

图 2-15 不同速度下升力系数
随攻角的变化

图 2-16 不同速度下阻力系数
随攻角的变化

由图可知,翼型的升力系数和阻力系数受空气流速的影响不大,在 $-6°$ 到 $16°$ 的攻角范围内,升力系数随攻角的增加而先增大后减小,零升攻角出现在 $-3°$ 左右,失速攻角在 $12°$ 左右;阻力系数随着攻角增加呈现先下降后上升的趋势。低攻角范围内不同流速下翼型的阻力系数变化很小,当攻角为 $0°$ 时,阻力系数最小;当攻角大于 $8°$ 时,阻力系数快速增加。

### 3. 翼型改制设计

翼伞是由上、下两翼面组成的柔性结构，为了维持理想的翼型，需要在上下翼面之间做一定数量的翼型骨架（翼型肋片）联结，为了能较快速地展开，前缘需开有切口，气流进入翼伞并形成稳定的气动外形，因此需要对初选翼型进行改制设计，见图 2-17。

图 2-17　翼型改制设计参数

Clark-Y 翼型的下翼面接近平直，考虑到提高升阻比、加工方便、连接挂肋几个方面的因素，下翼面与弦线的夹角为 3.096°。

一般工程设计时，切口角度常取 40°～70°。根据图 2-12 可知，Cark-Y 翼型在大约 6°攻角状态下，升阻比最大，但是翼伞由于柔性变形，最佳攻角会发生改变，为此分别选定 50°、60°、70°作为切口计算角度。

切口高度越小，翼型的气动性能越好，但对充气性能不利，一般翼伞的切口高度为最大厚度的 40%～50%（以 $h/t$ 表示），这里选取 40%、45%、50% 来计算，研究改制后翼型的气动性能，来改制翼伞不同切口高度、切口角度的交点坐标数据，见表 2-5。

表 2-5　改制翼伞不同切口高度、切口角度的交点坐标数据

| 切口角度 | 翼型交点 | $h/t=40\%$ | | $h/t=45\%$ | | $h/t=50\%$ | |
|---|---|---|---|---|---|---|---|
| | | X | Y | X | Y | X | Y |
| 50° | 上 | 0.0134 | 0.0191 | 0.0214 | 0.0262 | 0.028 | 0.03165 |
| | 下 | 0.0542 | −0.0263 | 0.0731 | −0.0279 | 0.08486 | −0.0286 |
| 60° | 上 | 0.0145 | 0.0205 | 0.0217 | 0.0265 | 0.0293 | 0.0321 |
| | 下 | 0.0453 | −0.0255 | 0.0558 | −0.0262 | 0.0673 | −0.0276 |
| 70° | 上 | 0.0142 | 0.0202 | 0.0253 | 0.0290 | 0.0174 | 0.0231 |
| | 下 | 0.046 | −0.0254 | 0.0744 | −0.0274 | 0.0631 | −0.0260 |

　　改制后翼型采用与基准翼型数值仿真相同的流场域,仍选用 Spalart - All-maras 模型进行计算。图 2 - 18 和图 2 - 19 分别表示攻角范围为 −4°～14°时,切口高度对升力系数和阻力系数的影响。由图可见,升力系数随攻角增加先增大后减小,攻角为 8°时升力系数达到最大值;在 −4°～8°范围内,升力系数呈直线增长,且切口高度越小,直线斜率越大;当攻角大于 8°时,升力系数缓慢减小;在相同攻角下,开口高度越小,升力系数越大。阻力系数随攻角增加先减小后增大,在 0°时达到最小值;当攻角大于 0°时,阻力系数随切口高度增加迅速增大,且开口高度越大,阻力系数越大。

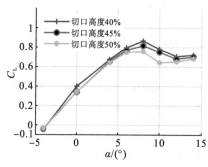
图 2 - 18　切口高度对升力系数影响

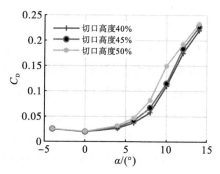
图 2 - 19　切口高度对阻力系数影响

　　比较不同切口高度下升阻力系数变化与基本翼型的升阻力系数,可以发现,当翼型的前缘开口时,升力系数有所减小,阻力系数有所增大,同一攻角下的升阻特性变差。

　　图 2 - 20 和图 2 - 21 为切口高度一定的情况下,升力系数和阻力系数随切口角度变化的曲线。由图可见,切口高度一定时,升力系数随攻角增大呈先上升后下降趋势,在 −4°～8°范围内,升力系数呈直线增长,在 8°～10°达到最大值;当攻角大于 10°时,升力系数缓慢减小;同时,切口角度对升力系数的影响不大。阻力系数随攻角增加先减小后增大,在 0°时达到最小值。当攻角大于 0°时,阻力系数随攻角增加而迅速增大,且切口角度越大,阻力系数越大。

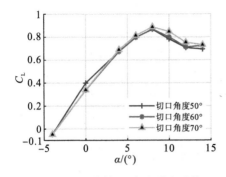

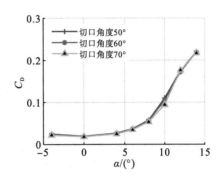

图 2-20 不同切口角度升力系数
与攻角关系

图 2-21 不同切口角度阻力系数
与攻角关系

综合以上切口角度和切口高度对翼型升、阻力系数以及气动性能的影响,表明随着切口高度以及角度增加,升力系数有所下降,阻力系数有所增加,因而会降低滑翔比。然而,切口高度和角度增加有利于翼伞在飞行过程中迅速充气,保持刚性形状。在基础翼型的前缘开口,是以损失气动性能来完成伞衣充气。

考虑到上述诸因素,在保证翼伞良好的滑翔性能前提下,为达到在设计攻角下实现垂直充气效果,确定翼型的前缘切口角度为 $60°$,切口高度为 $h/t=0.45$,此时改制翼型的升阻比较高,符合高滑翔比翼伞设计的条件。

## 2.3.5 翼伞展弦比的确定

翼伞的展弦比即翼伞展长与弦长的比值,展弦比的大小直接关系到翼伞的气动性能。Lingard(林加德)[4]总结出升、阻力系数以及升阻比在不同展弦比下随攻角的变化曲线,见图 2-22 和 2-23。

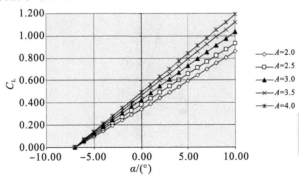

图 2-22 升力系数与展弦比的变化曲线

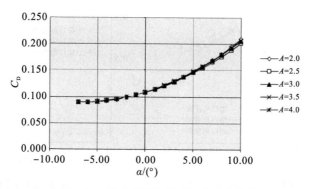

图 2 - 23　阻力系数与展弦比的变化曲线

可以看到,当攻角一定时,展弦比越大,升力系数越高而阻力系数越低,升阻比随展弦比增大而增加,故展弦比越大,翼伞系统的滑翔性能也越优越。但展弦比太大会降低翼伞的刚性,增加吊挂系统的尺寸。对于小型翼伞,展弦比的取值范围通常为 1.5～2.5,而对于滑翔性能要求比较高的中大型翼伞,展弦比的取值普遍在 3 左右。由于大吨位的火箭一子级回收需要翼伞具备较大的滑翔能力,因而翼伞展弦比选定为 3。

### 2.3.6　翼伞滑翔比的确定

翼伞滑翔比是可控翼伞滑翔能力与操纵能力的一个重要体现。完全充满的翼伞在无动力稳定滑翔状态飞行的水平距离与垂直距离的比值即为滑翔比,其数值等于此状态下的升阻比。一子级-翼伞组合体受力示意图见图 2 - 24,其中,$L$、$D$、$G$ 为一子级-翼伞组合体所受到的升力、阻力和重力,$\xi$ 为飞行航迹角,$v$ 为速度,$v_1$,$v_z$ 分别为 $v$ 在水平和垂直方向上的分量,即水平速度和垂直速度。

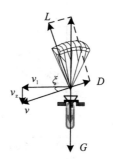

图 2 - 24　一子级-翼伞组合体受力示意图

将一子级-翼伞组合体受力按水平和垂直方向分解得

$$L\sin\xi - D\cos\xi = 0 \tag{2-3}$$

$$L\cos\xi + D\sin\xi - G = 0 \tag{2-4}$$

飞行过程中,$L$ 和 $D$ 不易得到,但可根据速度的水平分量和垂直分量来表示滑翔比,即滑翔比 $K$ 为

$$K = \frac{L}{D} = \cot\xi = \frac{v_1}{v_z} \tag{2-5}$$

型号确定的可控翼伞滑翔比是固定的。通常,滑翔比在 3.5 以上的翼伞称为高性能滑翔翼伞,目前翼伞的滑翔性能可达 4.8,但高于此值则实现起来比较困难,如在一定攻角或一定速度下的山坡型滑翔伞,其滑翔比可达到 7 以上[5]。然而,由于织物透气性、鼓包等因素影响,折叠类高空充气型翼伞的滑翔比一般取值 1.5~3.2。

## 2.3.7　翼伞伞衣尺寸的确定

翼伞充气瞬间的动压 $q$ 和气动力较大,因此在确定伞衣尺寸时需要考虑开伞瞬间翼伞能够承受的最大动压。假设一子级回收体重量为 $m_w$,可得

$$q = \frac{\rho v^2}{2} \tag{2-6}$$

$$A_S(C_D^2 + C_L^2)^{0.5} = \frac{m_w}{q} \tag{2-7}$$

式中,$A_S$ 为翼伞伞衣面积;$\rho$ 为空气密度;$(C_D^2 + C_L^2)^{0.5}$ 为瞬时气动力常数。由于开伞时瞬时升力几乎为 0,因此只需考虑瞬时阻力,设为 0.1020 N。

本书涉及的一子级和翼伞总负载约 2 t,且翼伞在 7000 m 高空进行开伞,开伞瞬时速度约 40 m/s。

则由式(2-6)计算开伞时的瞬时动压为

$$q = \frac{\rho v^2}{2} = 0.5 \times 0.5895 \times 40^2 \text{ kg/(m·s}^2) = 471.6 \text{ kg/(m·s}^2)$$

因此,根据式(2-7),伞衣有效面积为

$$A_S = \frac{m_w}{q(C_D^2 + C_L^2)^{0.5}} = 41.577 \text{ m}^2$$

故可得用于一子级回收的翼伞实际伞衣面积应不小于 41.577 m²。而具体的伞衣面积还需要通过翼载来最终确定。

**1. 翼载的确定**

翼载为一子级回收重量与翼面面积之比。在一定条件下,稳定攻角随着

翼载的增加而增加,翼伞的滑翔速度也随翼载的增加而变大。如果翼载过高,其雀降过程中减速幅度将变小,制动性能变差;如果翼载过低,翼伞的动稳定性将降低。

目前在国内外各类风洞实验中,翼伞翼载已超过 48.82 kg/m²。空投实验中,翼伞最大翼载可达 29.296 kg/m²。目前国内较为成熟的大型翼伞回收系统载荷总重可达 4.5 t,展长为 19 m,弦长为 7.5 m,伞衣参考面积为 142.5 m²。本书中翼伞有效载荷应大于 2 t,可见上述翼伞有效面积满足需求,因此本节设计的翼伞结构将该伞型作为基础伞型,然后其余具体参数依据要求进行设计。

### 2. 下反角

下反角会影响翼伞的气动性能和飞行稳定性。过小的翼伞下反角会导致翼伞在低载荷情况下横向稳定性下降,横风条件下容易失稳而引发事故;而较大的翼伞下反角会使翼伞的气动性能下降。工程上对于展弦比较小的传统翼伞而言,所选取的下反角一般较小,在 10° 以内。而对于展弦比较大的翼伞,下反角选取可以达到 30° 以上。

工程上可以通过如下公式计算带有下反角翼伞的升阻比:

$$C_L = C_{L0} \cos^2 \beta_1 \tag{2-8}$$

式中,$\beta_1$ 为下反角;$C_{L0}$ 为升力系数常数。

可以看到,当下反角达到 30° 时,升力系数下降到原来的 3/4。但考虑到伞绳的布置,若翼伞的展弦比很大而下反角很小,那么必然使伞绳的长度急剧增大。如果此时不增加伞绳长度,伞绳平面和承载肋片平面会产生一个夹角,这对材料为柔性织物的翼伞而言十分不利,可能使伞衣发生扭曲变形。参考已有的高性能翼伞设计,最终选定下反角 $\beta_1 = 30°$。

根据几何关系可知,弦切角和展向角之间的关系为

$$\varepsilon = 2\beta \tag{2-9}$$

式中,$\varepsilon$ 为展向角;$\beta$ 表示弦切角。根据两者的关系以及弧面下反角的大小,可以求得翼伞的展向角为 60°。

### 3. 翼伞气室设计

对于柔性伞衣面,较大的展弦比会降低三维翼面的刚性。为维持较好的刚性,应采用较多数量的肋片将翼伞隔成一个个气室。翼伞肋片又分为承载肋片和非承载肋片,承载肋片下连伞绳,一般翼伞设计均采用承载肋片和非承载肋片间隔设计方案。但肋片数量不宜过多,否则会造成伞绳数量增多,从而带来

如下问题。

1)翼伞重量显著增加,对翼伞包装及伞载系统飞行性能均非常不利。

2)伞绳对气动阻力影响很大,较多的伞绳数会大大降低翼伞的滑翔性能。

为此,本书采用 1 : 2 设计方案,即 1 个承载肋片间隔 2 个非承载肋片进行设计。其中共设计有 21 个气室,气室 1 被中轴线平分,其左右各布置 10 个对称的气室,编号为 2～11。肋片一共 22 片,左右对称分布。以左侧肋片为例,肋片的编号与其右边的气室编号相同。其中肋片 2、5、8、11 为承载肋片,下端连接辐射加强带与伞绳,其余肋片为非承载肋片。根据上述伞衣面积及展弦比设计,得到各个气室的宽度为 0.9048 m,见图 2-25。

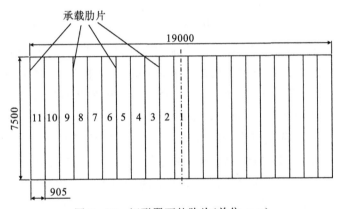

图 2-25　矩形翼面的肋片(单位:mm)

#### 4. 翼伞肋片设计

本小节根据前面所确定的翼伞改制翼形结构进行翼伞肋片的设计。翼伞在空气中运动时,气流从翼伞前缘充入伞衣内部,因为伞衣的后缘是封闭的,气流不能从出口流出,从而在伞衣内部形成稳定的压强。然而各个气室之间由肋片分割开,会因为压强分布不均匀导致伞衣变形,因此在翼肋上设计数量合适的小孔,便于各个气室之间气流流动,维持压力均衡并保持翼伞形状。一般肋片通气孔为 2～4 个,此处选取 3 组通气孔。具体设计位置见图2-26。

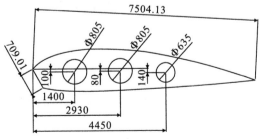

图 2-26　翼伞肋片设计尺寸(单位:mm)

## 2.3.8　吊挂系统设计

### 1. 攻角和安装角的设计

滑翔角由翼伞升阻比决定,选择翼伞最大升阻比时的攻角可以获得最大的滑翔性能。攻角和滑翔比随安装角的增大而减小,当安装角较小时滑翔比和攻角较大,在理论上可以选择一定安装角将翼伞配平到最大升阻比的状态以追求最佳滑翔性能。

翼伞的攻角 $\alpha$、安装角 $\mu$ 和滑翔角 $\phi$ 之间存在数学关系,即

$$\phi = \alpha + \mu \tag{2-10}$$

$$\tan\phi = \frac{1}{K} = \frac{v_1}{v_z} \tag{2-11}$$

式中,$v_1$ 为滑翔时翼伞水平速度;$v_z$ 为垂直速度;$K$ 为设计翼伞滑翔比,由 $K=3$ 可知 $\phi = 18.4°$。从改制翼型的气动参数,即图 2-18 和图 2-19 可知,当攻角为 8° 左右时,翼型的升阻比达到最大值,翼伞的滑翔性能此时取得最优,因此将翼伞的稳定工作攻角选在 8°,故计算安装角为 $\mu = \phi - \alpha = 18.4° - 8° = 10.4°$。

但此时攻角往往接近于滑翔的失速状态,一旦受到风的干扰,翼伞就会处于接近失速状态,翼伞受扰动后极易进入大攻角稳定状态导致抗风性能很弱。因此设计时必须选择合适的安装角使翼伞的攻角保持在安全范围内以远离失速区,并保证翼伞有较高的升阻比。对于一子级-翼伞回收系统而言,安全性、稳定性是一切设计的前提,牺牲一部分滑翔性能来提高安全性是很有必要的。因此,取翼伞安装角小于 5°,可使翼伞具有一定的抗干扰能力,而且在操纵时有较大的控制范围。需要指出的是,翼伞开伞充气后,往往处于大攻角状态,而翼伞稳态滑翔时的攻角一般较小,从大攻角过渡到稳定攻角的过程中,会对一子级产生一定的冲击作用。如果安装角可变(如开伞后处于大安装角状态,然后将其逐渐减小到设计安装角),则可有效地减小冲击载荷,提高系统的动稳定性。

### 2. 伞绳设计

翼伞系统长度取决于伞绳设计长度和吊带长度,其中的主要部分是伞绳设计长度。长度变化对翼伞系统的滑翔和雀降性能影响很小,但是对转弯运动的影响较大。合适的系统长度一般应为翼伞展长的 70%～100%。但对大型翼伞而言,伞绳长度与展长的比值一般设计在 0.6 左右。伞绳特征长度增加不仅会减弱滑翔性能,而且不利于纵向稳定性。因此,为了兼顾两者,此处取翼伞连接

前缘的伞绳长度为 10 m、连接后缘的伞绳长度为 12 m。

此外还需确定翼型压力中心(气动中心)的位置。根据经验,取压力中心在翼型前后缘的连线上,并距离前缘为 $0.35c'$($c'$ 指翼型的下翼面整个弧长)。安装角上节中已经确定。由伞绳特征长度、压力中心以及安装角可以确定伞绳节点 $O$ 的位置。

根据工程经验并参考已有实例,伞绳设计见图 2-27。图中伞衣左右两侧布置两股伞绳。为了减少伞绳数量,伞绳分布采用叉联结构。叉联结构包括展向叉联结构和弦向叉联结构两种,这里采用弦向叉联结构,伞衣前视图见图 2-28。

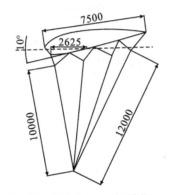

图 2-27　翼伞伞绳设计(单位:mm)

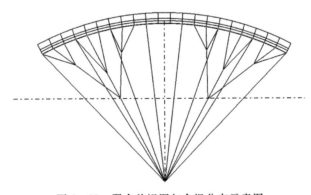

图 2-28　翼伞前视图与伞绳分布示意图

### 3. 挂肋与稳定幅设计

挂肋是指冲压式翼伞下翼面与伞绳之间的过渡元件,其上边缘与翼肋下边缘相连,下端点与伞绳相连。通常情况下,根据与肋片连接的伞绳的数量,几个三角幅组成一组挂肋,见图 2-29,在翼伞展向边缘设计稳定幅,边缘宽度为 4.920 m,确定稳定幅为倒梯形结构,具体尺寸见图 2-30。

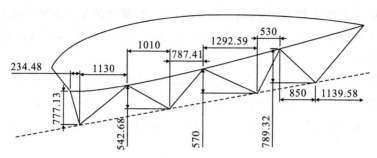

图 2-29　挂肋示意图(单位:mm)

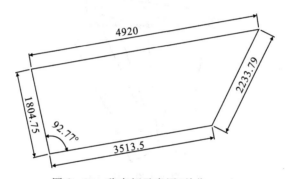

图 2-30　稳定幅示意图(单位:mm)

## 2.3.9　翼伞总体设计

基于上述理论和分析,本节设计的伞衣三维结构示意图(忽略伞绳的结构形式以及载荷外形)见图 2-31。

图 2-31　翼伞三维结构示意图

翼伞的具体外形参数及相应火箭参数见表 2-6。表中的参数将在后续章节的一子级-翼伞组合系统建模中使用。

**表 2-6　翼伞尺寸参数**

| | 参数 | 数值 |
|---|---|---|
| 翼伞 | 展长 $b$/m | 19 |
| | 弦长 $c$/m | 7.5 |
| | 安装角 $\mu$/(°) | 10 |
| | 翼伞面积 $S_p$/m² | 142.5 |
| | 厚度 $e$/m | 0.90 |
| | 下反角 $\beta_1$/(°) | 30 |
| | 翼伞质量 $m_s$/kg | 100 |
| | 伞绳长度 $l_p$/m | 前 10,后 12 |
| 火箭 | 理论长度 $h$/m | 7.78 |
| | 轴向质心 $O_r$/m | 4.56 |
| | 箭体半径 $d$/m | 1.40 |
| | 栅格舵翼展 $d_s$/m | 3.02 |
| | 一子级质量 $m_w$/kg | 1917 |
| | 吊带长度 $l_b$/m | 6.38 |

# 2.4　本章小结

本章设计了一种基于"引导伞＋两级阻力伞＋可控翼伞"的一子级伞降自主回收系统,该系统将阻力伞作为减速机构实现对一子级的高效、平稳减速,将可控翼伞作为操纵机构实现一子级回收过程中的姿态调整和航迹跟踪控制。阻力伞减速系统设计方面,本章完成了阻力伞伞形选取、尺寸确定、收口设计和伞绳设计等;翼伞调姿控制系统设计方面,确定了翼伞的 Clark-Y 翼型、展弦比、滑翔比、伞衣尺寸、吊挂系统设计等,并完成了基准翼型的气动性能分析。

# 参考文献

[1]　王利荣. 降落伞理论与应用[M]. 北京:宇航出版社,1997.

[2]　王立武,雷江利,吴卓,等. 降落伞收口绳载荷计算方法研究[J]. 航天返回与遥感,2019,40(4):22-29.

[3]　胡德鹏. H-VAWT 翼型的抛物线翼型理论及气动特性研究[D]. 北京:华北电力大学(北京),2023.

[4]　LINGARD J S. Precision aerial delivery seminar:ram-air parachute design[C]. 13th AIAA Aerodynamic Decelerator Systems Technology Conference,1995.

[5]　ALTMANN H. Numerical simulation of parafoil aerodynamics and dynamic behavior[C]. 20th AIAA Aerodynamic Decelerator Systems Technology Conference and Seminar,2009.

# 第 3 章　一子级回收阻力伞减速阶段气动特性分析与建模

一子级回收中阻力伞减速作用过程可分为自由坠落、拉直、充气、稳定下降、着陆几个阶段,其中充气过程的力学行为较为复杂,涉及柔性织物的弹性变形与气动力的耦合作用,是典型的流固耦合问题。由于伞衣结构的透气性和大变形等力学特性,作用于伞衣表面的气动力分布较为复杂,内外流场呈现出极度不规则性,仅依靠传统的经验理论方法难以对伞衣和周围流场的动力学行为进行准确预测。为了获得阻力伞减速阶段的实际气动特性,本章采用 LS - DYNA 计算流体力学软件对阻力伞充气过程的流固耦合进行研究,并建立阻力伞拉直、充气和稳定阶段的数学模型。

## 3.1　LS - DYNA 流固耦合计算

### 3.1.1　LS - DYNA 软件简介

LS - DYNA 软件是著名的显式有限元动力分析程序,具有强大的精确有限元仿真性能,拥有大量不同种类的单元模型、材料模型和算法选择,能够方便地处理各种高度非线性问题,是显式动力学程序的鼻祖和先驱,也是目前为止开展阻力伞充气仿真的最优秀的软件之一。其主要特点如下。

1)以拉格朗日算法为主,兼有任意拉格朗日-欧拉(Arbitrary Lagrange - Euler,ALE)算法和欧拉算法。

2)以显式求解为主,兼有隐式求解功能;以结构分析为主,兼有热分析、流体-结构耦合功能。

3)以非线性动力分析为主,兼有静力分析功能(如动力分析前的预应力计算和薄板冲压成型后的回弹计算)。

4)具有军用和民用相结合的通用结构分析。

### 3.1.2 LS - DYNA 工作流程

LS - DYNA 的一个完整的显式动力分析过程包括前处理、求解以及后处理 3 个基本操作环节,见图 3 - 1。

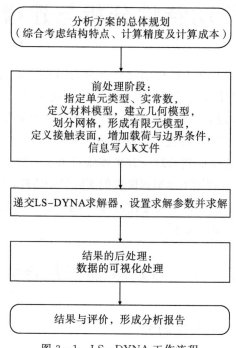

图 3 - 1 LS - DYNA 工作流程

LS - DYNA 程序中采用关键字" * CONSTRAINED_LAGRANGE_IN_SOL-ID"实现固体与流体间的耦合。采用流固耦合算法模拟问题时,往往要对拉格朗日算法中的固体结构进行约束,将固体结构的相关参数传递给流体单元。

# 3.2 阻力伞流固耦合

### 3.2.1 控制方程

基于 ALE 算法对前面设计的阻力伞充气进行模拟,首先设置流场控制方程以及结构控制方程。

**1. 流场控制方程[1]**

$$\begin{cases} \dfrac{\partial \rho^{\mathrm{F}}}{\partial t} = -\rho^{\mathrm{F}} \dfrac{\partial \boldsymbol{v}_i}{\partial \boldsymbol{e}_i} - (\boldsymbol{v}_i - \boldsymbol{\omega}_i) \dfrac{\partial \rho^{\mathrm{F}}}{\partial \boldsymbol{e}_i} \\[2mm] \rho^{\mathrm{F}} \dfrac{\partial \boldsymbol{v}_i}{\partial t} = \boldsymbol{\sigma}^{\mathrm{F}}_{ij,j} + \rho^{\mathrm{F}} \boldsymbol{f}_i - \rho^{\mathrm{F}} (\boldsymbol{v}_i - \boldsymbol{\omega}_i) \dfrac{\partial \boldsymbol{v}_i}{\partial \boldsymbol{e}_i} \\[2mm] \rho^{\mathrm{F}} \dfrac{\partial E}{\partial t} = \boldsymbol{\sigma}^{\mathrm{F}}_{ij,j} \boldsymbol{v}_{i,j} + \rho^{\mathrm{F}} \boldsymbol{f}_i \boldsymbol{v}_i - \rho^{\mathrm{F}} (\boldsymbol{v}_i - \boldsymbol{\omega}_i) \dfrac{\partial E}{\partial \boldsymbol{e}_i} \end{cases} \qquad (3-1)$$

式中，$\rho^{\mathrm{F}}$ 为流场密度；$t$ 为时间；$v_i$ 为流体速度；$e_i$ 为欧拉坐标；$\omega_i = \Delta e_i / \Delta t$ 为网格节点速度；$f_i$ 为体积力；$E$ 为能量；$\sigma^{\mathrm{F}}_{ij} = -p\delta_{ij} + \mu(v_{i,j} + v_{j,i})$ 为流场应力张量，$p$ 为压强，$\mu$ 为动力黏度，$\delta_{ij}$ 为克罗内克 $\delta$ 函数。

ALE 网格运动方程：

$$\frac{\partial f(\boldsymbol{L}_i, t)}{\partial t} = \frac{\partial f(\boldsymbol{e}_i, t)}{\partial t} + (\boldsymbol{v}_i - \boldsymbol{\omega}_i) \frac{\partial f(\boldsymbol{e}_i, t)}{\partial t} \qquad (3-2)$$

式中，$L_i$ 为拉格朗日坐标。

**2. 结构域控制方程**

$$\rho^{\mathrm{S}} \frac{\mathrm{d}^2 \boldsymbol{x}^{\mathrm{S}}_i}{\mathrm{d} t^2} = \boldsymbol{\sigma}^{\mathrm{S}}_{ij,j} + \rho^{\mathrm{S}} \boldsymbol{f}_i \qquad (3-3)$$

式中，$\rho^{\mathrm{S}}$ 为结构密度；$x^{\mathrm{S}}_i$ 为结构节点位移；$\sigma^{\mathrm{S}}_{ij,j}$ 为结构的应力张量。

## 3.2.2　流固耦合

根据 3.2.1 节可知，流场控制方程和结构控制方程是典型的偏微分方程，可采用数值差分求解其近似解。本节采用显式中心差分法计算离散函数的导数。中心差分法可提供二阶时间精度，其结构和流场的速度 $\boldsymbol{u}$、位移 $\boldsymbol{x}$ 更新式为[1]

$$\begin{cases} \boldsymbol{u}^{n+1/2} = \boldsymbol{u}^{n-1/2} + \Delta t \cdot \boldsymbol{M}^{-1} (\boldsymbol{F}_{\mathrm{ext}} + \boldsymbol{F}_{\mathrm{int}}) \\[2mm] \boldsymbol{x}^{n+1} = \boldsymbol{x}^n + \Delta t \boldsymbol{u}^{n+1/2} \end{cases} \qquad (3-4)$$

式中，$\boldsymbol{F}_{\mathrm{int}}$ 为内力矢量，$\boldsymbol{F}_{\mathrm{ext}}$ 为外力矢量，它们与体力和边界条件相关联；$\boldsymbol{M}$ 为质量对角矩阵。采用罚函数进行结构与流场的耦合，根据耦合点距离 $d$ 计算界面力 $\boldsymbol{F}_c$（$F_c = kd$，其中 $k$ 为刚度系数），将 $\boldsymbol{F}_c$ 作为外部力 $\boldsymbol{F}_{\mathrm{ext}}$ 的一部分，对耦合区域的速度、位移进行调整，从而实现耦合。

# 3.3　阻力伞气动数值计算

## 3.3.1　研究对象

根据 2.2.7 节可知,一子级伞降回收减速段共设计有两个阻力伞,即名义面积为 10 m² 的带条伞以及名义面积为 55 m² 的底边延伸伞。对两者进行气动数值仿真的具体参数见表 3-1。

**表 3-1　阻力伞尺寸参数**

| 序号 | 伞型 | 质量/kg | 伞包体积/L | 名义面积/m² | 绳数/根 | 绳长/m |
|---|---|---|---|---|---|---|
| 1 | 带条伞 | 16 | 40 | 10 | 16 | 5.7 |
| 2 | 底边延伸伞 | 5 | 11 | 55 | 24 | 7.5 |

采用 LS-DYNA 进行完全充气后得到的带条伞见图 3-2,底边延伸伞见图 3-3。

图 3-2　完全充气的带条伞　　　　图 3-3　完全充气的底边延伸伞

## 3.3.2　数值仿真

### 1. 基本假设

为进行阻力伞气动特性分析,采用 ALE 描述下的有限元方法建立阻力伞结构和周围流场的动力学计算模型。考虑到阻力伞开伞充气的复杂性,为简化分析,对计算模型做以下假设。

1)开始充气前伞衣织物处于轴对称状态,且预应力为 0。

2)开伞过程为无限质量情况,忽略重力影响。

3)伞衣流体域入口进气速度不变。

4)低速流动,流体为不可压缩流体。

5)流场为来流速度恒定的准定常流场。

**2. 计算域与网格**

为避免壁面反射应力波对计算结果造成影响,对照阻力伞的尺寸和位置适当加大流场尺寸,同时在流出截面设置无反射边界条件。同时为了节约计算资源,并避免伞衣结构对流体的扰动影响,采用渐变流场计算域,对靠近伞衣结构的流体网格进行局部细化,以获得比较精确的计算结果。计算域流场范围为 30 m×30 m×80 m,见图 3-4。

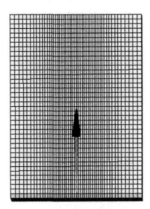

图3-4　阻力伞计算域范围

# 3.4　数值计算结果分析

由前面的一子级伞降回收总体设计可知,阻力伞起始工作阶段为栅格舵控制段的末段。因此,本节将阻力伞来流速度设置为栅格舵控制段的末速度,即 302 m/s,且切入倾角为 $-67°$。由于栅格舵阶段至阻力伞阶段切换时的海拔高度为 10610 m 左右,该高度对应的大气密度为 0.3811 kg/m³。

为了在一子级下降至 6000 m 前将速度降低到 40 m/s,上一章已经设计两级阻力伞进行减速。下面分别对两种伞进行气动仿真计算和评估。

### 3.4.1　一级带条伞气动仿真分析

为了加强减速效果并减小开伞动载，一级带条伞采用收口技术进行两次开伞，其阻力特征变化见图 3 – 5。

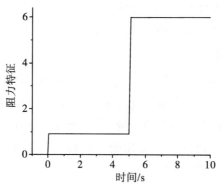

图 3 – 5　一级带条伞阻力特征变化图

基于该设置，采用 LS – DYNA 得到伞衣外形情况见图 3 – 6。

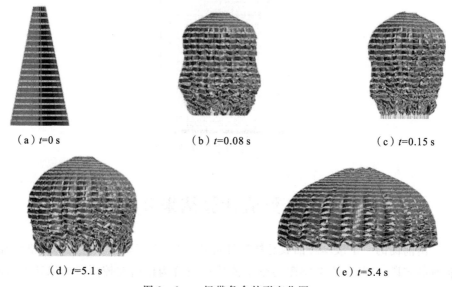

（a）$t$=0 s　　　　（b）$t$=0.08 s　　　　（c）$t$=0.15 s

（d）$t$=5.1 s　　　　　　　　　（e）$t$=5.4 s

图 3 – 6　一级带条伞外形变化图

同时，速度变化及位置变化见图 3 – 7 和图 3 – 8。

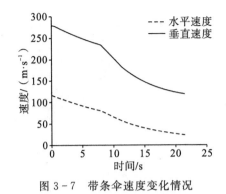

图 3 - 7　带条伞速度变化情况

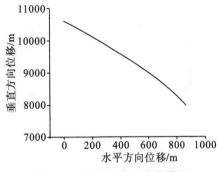

图 3 - 8　带条伞位移变化情况

## 3.4.2　二级底边延伸伞气动仿真分析

当带条伞将一子级速度降低至 100 m/s 左右时,海拔高度约为 8000 m,此时进行二级底边延伸伞的拉直、充气。同样采用收口技术进行两次开伞,其阻力特征变化见图 3 - 9。

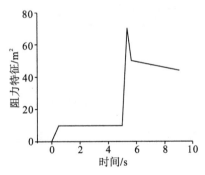

图 3 - 9　底边延伸伞阻力特征变化图

采用类似的配置,基于 LS - DYNA 得到的伞衣变形情况见图 3 - 10。

同时,速度变化及位置变化见图 3 - 11 和图 3 - 12。

根据上述分析可知,上一章设计的两级阻力伞可以满足一子级的减速要求,即海拔 6000 m 以上可将一子级减速至低于 40 m/s。值得注意的是,采用经验公式获得的阻力伞状态量变化曲线与采用 ALE 方法获得的结果相差较小,因此在精度要求不高的情况下,可采用经验公式进行阻力伞开伞动态计算,详见下一节。

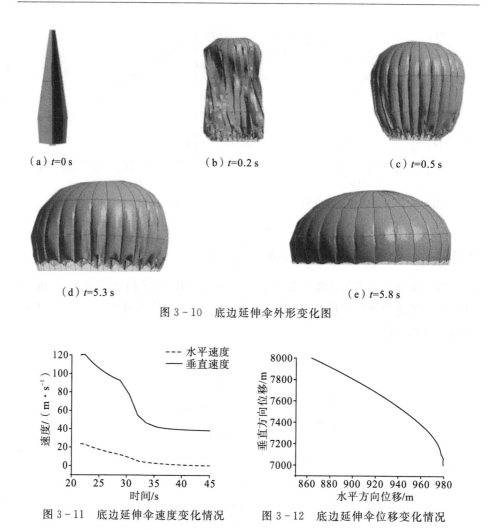

（a）$t=0\,\mathrm{s}$        （b）$t=0.2\,\mathrm{s}$        （c）$t=0.5\,\mathrm{s}$

（d）$t=5.3\,\mathrm{s}$               （e）$t=5.8\,\mathrm{s}$

图 3-10　底边延伸伞外形变化图

图 3-11　底边延伸伞速度变化情况      图 3-12　底边延伸伞位移变化情况

# 3.5　一子级-阻力伞组合体数学建模

本节根据运动学和动力学原理结合经验公式对阻力伞减速过程（包括拉直阶段、充气阶段和稳定下降阶段）进行建模和分析计算。

## 3.5.1　阻力伞拉直阶段建模

### 1. 拉直过程分析

阻力伞的拉直过程是指从阻力伞离开一子级尾部开始直到其伞衣连接带完全伸开的过程,主要涉及一子级与阻力伞之间的相对运动。由于一子级仍处于高速飞行状态,拉直过程将在极短时间内完成。

阻力伞拉直过程可采用一般的直线拉出模型予以描述,涉及拉直轨迹计算及拉直力计算[1],且都与一子级采用的拉伞方法相关,常用的有先伞衣拉直法(顺拉法)和先伞绳拉直法(倒拉法)两种。由于倒拉法可有效减小一子级与阻力伞之间的拉直力,故一子级回收中采用倒拉法。拉直过程中,当伞衣拉出瞬间,转移到一子级上的阻力伞质量变化剧烈。由动量定理可知,阻力伞的伞绳变化过程中会出现一个拉直载荷的跃升,因此拉直阶段伞绳的最大拉直力出现在伞衣底边被拉出的瞬间。

### 2. 阻力伞拉直过程运动方程

阻力伞拉直过程中伴随着一子级、阻力伞两者间质量的转移。因此,拉直过程中一子级和阻力伞不能当作质点考虑。为简化计算,做如下假设。

1)拉伞过程中,一子级、引导伞和阻力伞任意瞬时的运动遵循同一条轨迹,轨迹角 $\theta$ 按照一子级进行计算。

2)不考虑风的影响,一子级-阻力伞组合体没有升力,仅进行平面运动。

3)拉直过程中伞绳无弹性,不可延长。

4)忽略阻力伞微元的重力。

5)引导伞、一子级、拉直中的阻力伞微元均看作质点处理。

阻力伞倒拉法开伞示意图见图 3 - 13。

图中,$m_w + m_e$ 为一子级连同已拉直主伞的质量;$m_{ys} + m_v$ 为引导伞质量、伞包连同未拉出的阻力伞质量;$dm$ 为拉直中的阻力伞微元质量;$F_{sh}$ 为伞绳拉出阻力;$F_L$ 为伞绳靠近伞衣处张力,最大值即为拉直力;$\theta$ 为一子级阻力伞组合体的轨迹角;$v_w$ 为拉出的微元质量运动速度;$L$ 为阻力伞系统拉出长度。

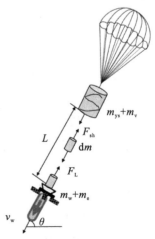

图 3 - 13　阻力伞倒拉法开伞示意图

由图 3-13 可知,阻力伞拉直过程实际为一子级、阻力伞、拉直中的阻力伞微元三个变质量体的相对运动。

由此可建立一子级、阻力伞、拉直中阻力伞微元三个质点运动的微分方程组为[2]

$$\begin{cases} \dfrac{\mathrm{d}v_w}{\mathrm{d}t} = g\sin\theta - \left(\dfrac{D_w + D_e + F_L}{m_w + m_e}\right) \\[2mm] (v_w - v_{ys})\mathrm{d}m = (F_L - F_{sh})\mathrm{d}t \\[2mm] \dfrac{\mathrm{d}v_{ys}}{\mathrm{d}t} = -g\sin\theta - \left(\dfrac{D_{ys} + D_d - F_{sh}}{m_{ys} + m_v}\right) \\[2mm] \dfrac{\mathrm{d}\theta}{\mathrm{d}t} = -\dfrac{g\cos\theta}{v_w} \\[2mm] \dfrac{\mathrm{d}x}{\mathrm{d}t} = v_w\cos\theta \\[2mm] \dfrac{\mathrm{d}y}{\mathrm{d}t} = v_w\sin\theta \end{cases} \tag{3-5}$$

式中,前 3 个方程分别为一子级与已拉出阻力伞在一子级坐标系上的运动方程、拉直中的阻力伞微元质量 $\mathrm{d}m$ 的动量方程以及引导伞在一子级坐标系上的运动方程;后 3 个方程为拉直阶段的轨迹方程;$D_w$、$D_e$、$D_{ys}$、$D_d$ 分别为一子级的气动阻力、阻力伞已拉出部分的气动阻力、引导伞阻力以及伞包阻力;$v_{ys}$ 为引导伞速度;$g$ 为重力加速度;其他变量定义同图 3-13。

拉直过程中,阻力伞的伞绳质量为

$$m_e = \begin{cases} m'_{sh}L & 0 \leqslant L \leqslant L_s \\[2mm] m'_{sh}L_s + m^*_{sy}b + (m_{sy} - m^*_{sy}b)[1 - 4(L_{xt} - L)/D_0] & L_s < L \leqslant L_{xt} \end{cases} \tag{3-6}$$

式中,$m'_{sh}$ 为阻力伞伞绳单位长度的质量;$m^*_{sy}$ 为阻力伞伞衣底边沿伞绳方向单位长度的质量;$L_s$ 为阻力伞伞绳长度;$L_{xt}$ 为阻力伞系统全长;$D_0$ 为阻力伞名义直径;$b$ 为伞衣底边宽度。

**3. 拉直力的计算**

伞衣从伞包中的拉出过程示意见图 3-14。图中,$v_R$ 为一子级与阻力伞的相对速度,$v_p$ 为阻力伞从一子级尾部中拉出的速度,$\mathrm{d}m_{sy}$ 为拉动的伞衣微元质量,$F_{sy}$ 为伞衣拉出阻力,$\delta$ 为伞绳拉出微元的线性位移,$x$ 为伞绳剖面坐标。

拉直阶段伞绳的最大拉直力出现在伞衣底边被拉出瞬间,所以只要计算拉动伞衣底边时(即伞绳拉直瞬间)的 $v_w$ 和 $v_{ys}$ 即可求得拉直力。此时必须考虑伞

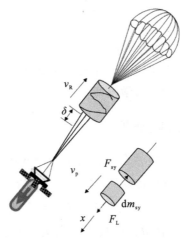

图 3-14　阻力伞伞衣从伞包中拉出示意图

绳弹性的影响,此处假定伞绳为弹性无质量弹簧。忽略伞绳内的阻尼及一子级加速度对伞绳内张力分布的影响,则意味着伞绳的弹性纵波在伞绳中的传播速度 $c_v$ 为常数,其张力传播为一个典型的一维波动方程,即

$$\frac{\partial^2 \delta}{\partial t^2} = c_v^2 \frac{\partial^2 \delta}{\partial x^2} \tag{3-7}$$

为求解上述方程的特解,需确定伞绳拉直瞬间的初始条件和边界条件。其中将伞绳拉直瞬间作为起始瞬间(即 $t=0$),伞绳与伞衣底边交接处(即 $x=0$)作为固定点。则初始条件可写成

$$\begin{cases} \delta(x,0)=0 \\ \dfrac{\partial \delta}{\partial t}(x,0)=0 \end{cases} \quad 0 \leqslant x < \infty \tag{3-8}$$

如果在时间 $t$ 内,伞绳端点($x=0$)处,$v_R$ 不变,且等于伞绳拉直瞬间的相对速度,则边界条件可写成

$$\begin{cases} \delta(0,t)=(v_p - v_R)t \\ \dfrac{\partial \delta}{\partial t}(0,t)=v_p - v_R \end{cases} \tag{3-9}$$

根据上述初始条件和边界条件,解式(3-7)可得

$$\delta(x,t) = \frac{v_R - v_p}{c_v}(x - c_v t) \tag{3-10}$$

对上式微分得到贴近伞衣底边处伞绳的弹性伸长率,再代入胡克定律[3],则拉直力为

$$F_L = n_P \xi \left( \frac{v_p - v_R}{c_v} \right) \qquad (3-11)$$

式中，$\xi$ 为绳弹性模数；$n_P$ 为伞绳数目。

根据前面所建立的阻力伞拉直过程微分方程组，结合阻力伞拉直力的计算可以建立阻力伞拉直阶段的动力学模型。

### 3.5.2　阻力伞充气阶段建模

阻力伞充气阶段是指从伞系全长拉直起到伞衣第一次充满为止的整个工作工程。目前阻力伞充气过程特性的研究方法主要有试验研究法[4]、半试验半理论研究法[5-6]和全理论研究法[7]三种。试验研究法是通过试验确定开伞动载、充气时间和伞衣形状变化等。全理论研究法即流固耦合计算方法，需要同时考虑伞衣变形和周围流场的变化。但对于高空高马赫数下的一子级回收而言，上述两种方法计算量大、试验成本高、不易实施。因此，本节采用半试验半理论方法，结合已有试验数据，对现有阻力伞充气理论进行适当推导来构建充气阶段的数学模型。

**1. 一子级-阻力伞的数学模型**

充气过程中阻力伞伞衣外形、气动参数等均会改变，为精确描述充气阶段一子级-阻力伞的运动特性需要建立高阶数学模型，模型计算的复杂度将大幅度增加。一种简单的近似方法是采用充气时间法[2]建立一子级-阻力伞的平面模型，不仅便于实时分析一子级回收过程中参数变化情况，而且最终得到的充气过程飞行速度及开伞动载与模型数据差异较小[8]。

为了简化分析，建立阻力伞充气模型时做以下假设。

1）一子级、阻力伞的运动轨迹处于同一平面内。

2）忽略一子级与阻力伞间伞绳的弹性效应。

3）一子级和阻力伞的运动为双质心运动。

4）忽略一子级和阻力伞的升力，忽略风的影响，全部外力作用于垂直平面内，组合体运动为平面运动。

一子级-阻力伞组合体在阻力伞充气过程的受力见图 3-15。图中，$m_w$、$m_s$ 分别为一子级、阻力伞的质量，$F_s$ 为开伞载荷，$D_w$、$D_s$ 分别为一子级、阻力伞阻力，$\theta$ 为一子级阻力伞组合体的轨迹角。

由图 3-15 可建立一子级-阻力伞充气阶段的模型为[9]

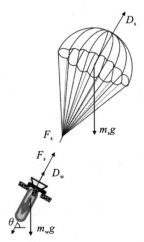

图 3 - 15　一子级-阻力伞系统充气过程示意图

$$\begin{cases} (m_{\mathrm{w}}+m_{\mathrm{s}}+m_{\mathrm{f}})\dfrac{\mathrm{d}v_{\mathrm{w}x}}{\mathrm{d}t}+\dfrac{\mathrm{d}m_{\mathrm{f}}}{\mathrm{d}t}v_{\mathrm{w}x}=-(D_{\mathrm{w}}+D_{\mathrm{s}})\cos\theta \\[2mm] (m_{\mathrm{w}}+m_{\mathrm{s}}+m_{\mathrm{f}})\dfrac{\mathrm{d}v_{\mathrm{w}z}}{\mathrm{d}t}+\dfrac{\mathrm{d}m_{\mathrm{f}}}{\mathrm{d}t}v_{\mathrm{w}z}=-(D_{\mathrm{w}}+D_{\mathrm{s}})\sin\theta-(m_{\mathrm{w}}+m_{\mathrm{s}}+m_{\mathrm{f}})g \end{cases}$$

$$(3-12)$$

式中，$m_{\mathrm{w}}$ 为一子级质量；$m_{\mathrm{s}}$ 为阻力伞的质量；$m_{\mathrm{f}}$ 为阻力伞的附加质量；$\mathrm{d}m_{\mathrm{f}}/\mathrm{d}t$ 为阻力伞附加质量变化率；$v_{\mathrm{w}x}$ 和 $v_{\mathrm{w}z}$ 分别为组合体的水平速度和垂直速度；$g$ 为重力加速度，且

$$D_{\mathrm{s}}=\frac{1}{2}\rho(v_{\mathrm{w}x}^{2}+v_{\mathrm{w}z}^{2})(\mathrm{CA}) \qquad (3-13)$$

式中，$\rho$ 为大气密度；(CA) 为阻力伞的阻力特征。

**2. 阻力伞充气阶段开伞动载计算**

开伞动载主要由阻力伞的气动阻力产生，会随着组合体速度和伞衣阻力特征变化而发生变化。而最大开伞动载是衡量阻力伞充气性能的一个重要指标，对阻力伞伞衣材料的选择有重要影响。由式(3 - 12)和式(3 - 13)联立得到开伞动载为

$$F_{\mathrm{s}}=D_{\mathrm{s}}+\frac{m_{\mathrm{s}}+m_{\mathrm{f}}}{\cos\theta}\cdot\frac{\mathrm{d}v_{\mathrm{w}x}}{\mathrm{d}t}+\frac{v_{\mathrm{w}x}}{\cos\theta}\cdot\frac{\mathrm{d}m_{\mathrm{f}}}{\mathrm{d}t} \qquad (3-14)$$

**3. 阻力伞阻力特征**

阻力伞充气过程中伞衣会发生剧烈的变形，而伞衣的阻力特征则呈现一定

的规律,即阻力伞充气过程阻力特征分阶段呈现为时间的线性或幂函数关系,
见图 3-16。

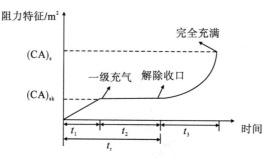

图 3-16　阻力伞阻力特征变化示意图

图中,$(CA)_{sk}$、$(CA)_s$ 分别为阻力伞收口状、全充满状态下的阻力特征,$t_1$、
$t_2$、$t_r$、$t_3$ 分别为阻力伞的一次充气时间、收口状维持时间、收口时间和二次充气
时间。

根据充气阶段阻力特征变化规律,得出阻力伞阻力特征计算公式为

$$(CA)=\begin{cases}\dfrac{(CA)_{sk}}{t_1} & 0\leqslant t\leqslant t_1\\[2mm](CA)_{sk} & t_1<t\leqslant t_r\\[2mm](CA)_{sk}+\left[(CA)_s-(CA)_{sk}\right]\left(\dfrac{t-t_r}{t_3}\right)^\chi & t_r<t\leqslant t_r+t_3\end{cases} \quad (3-15)$$

式中,$\chi$ 为经验参数,通常取值为 2~3。阻力伞的充气时间 $t_1$、$t_3$ 可根据下式进
行计算[9]:

$$\begin{cases}t_1=\dfrac{\lambda_1(CA)_{sk}^{0.5}}{v_{lz}}\\[3mm]t_3=\dfrac{\lambda_3\left[(CA)_s^{0.5}-(CA)_{sk}^{0.5}\right]}{v_{dr}}\end{cases} \quad (3-16)$$

式中,$\lambda_1$ 和 $\lambda_3$ 为经验参数;$v_{lz}$、$v_{dr}$ 分别为阻力伞的拉直速度和收口阶段结束时的
组合体速度。

### 4. 阻力伞附加质量及其变化率

一子级减速过程中阻力伞的展开面积很大,内外空气密度基本一致,因此
需要考虑其运动产生的附加质量。美国"阿波罗"号飞船[10-11]返回时采用阻力
特征计算法求解阻力伞的附加质量,考虑到一子级回收过程与前者有共通之
处,附加质量计算公式为

$$m_f = k_f \rho (CA)^{1.5} \qquad (3-17)$$

式中，$k_f$ 为阻力伞附加质量系数；其他变量定义同前。

阻力伞充气过程中附加质量变化率为[9]

$$\frac{dm_f}{dt} = \begin{cases} 1.5 k_f \rho \left[\dfrac{(CA)_{sk}}{t_1} t\right]^{0.5} \dfrac{(CA)_{sk}}{t_1} & 0 \leqslant t \leqslant t_1 \\ 0 & t_1 < t \leqslant t_r \\ 1.5 k_f \rho \left\{ (CA)_{sk} + [(CA)_s - (CA)_{sk}] \left(\dfrac{t-t_r}{t_3}\right)^{\chi} \right\}^{0.5} \chi [(CA)_s - (CA)_{sk}] \left[\dfrac{(t-t_r)^{\chi-1}}{t_3^{\chi}}\right] & t_r < t \leqslant t_r + t_3 \end{cases}$$

$$(3-18)$$

通过式(3-12)建立的一子级-阻力伞动力学模型，结合式(3-15)、式(3-17)求得的阻力伞阻力面积和附加质量表达式，以及式(3-5)中的三个轨迹方程，可对一子级-阻力伞充气阶段运动情况进行分析。

### 3.5.3　阻力伞稳定下降阶段建模

经过阻力伞拉直阶段和充气阶段两个较短过程后，一子级-阻力伞组合体将以稳定速度降落到预定高度，即稳定下降阶段。该阶段由于伞衣充满后外形和质量可视为不变，其阻力特征不变 $(CA) = (CA)_s$，阻力特征的变化率为 0。稳定下降是阻力伞工作最长的一个阶段，受外界因素影响较大，运动形式也较为复杂。本节将建立一子级-阻力伞组合体的 6 自由度模型。

#### 1. 建模假设

为简化分析，建立稳定下降阶段模型前做如下假设。

1)阻力伞的气动压力中心在其几何中心上。

2)阻力伞与一子级间刚性连接。

3)阻力伞完全张开。

4)采用平面大地。

一子级-阻力伞下降阶段建模主要涉及如下 3 个坐标系，均为右手直角坐标系，见图 3-17。

1)大地坐标系 $O_d X_d Y_d Z_d$：原点 $O_d$ 位于空间一固定点，选择为阻力伞的质心位置，$O_d Z_d$ 垂直指向地心，向下为正方向，$O_d X_d$ 为任意水平方向，$O_d Y_d$ 与其他两个坐标轴之间遵循右手定则构成坐标系。

2)气流坐标系 $O_c X_c Y_c Z_c$：原点 $O_c$ 位于阻力伞的压力中心，$O_c X_c$ 与气流方向相反，$O_c Z_c$ 在阻力伞的对称平面内且指向下伞衣面，$O_c Y_c$ 与其他两个坐标轴

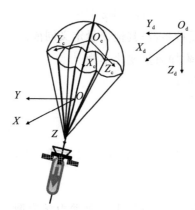

图3-17　一子级-阻力伞组合体坐标系示意图

之间遵循右手定则构成坐标系。

3)体坐标系 $OXYZ$:原点 $O$ 位于组合体的质心,$OX$ 在阻力伞纵向对称平面内且指向伞衣前缘,$OZ$ 由阻力伞质心指向一子级质心,$OY$ 与其他两个坐标轴之间遵循右手定则构成坐标系。

**2. 附加质量计算**

附加质量对阻力伞飞行过程中的开伞动载、飞行稳定性均有影响。因此,建模时要将附加质量考虑在内,定义附加质量为

$$\boldsymbol{M}_F = \begin{bmatrix} \lambda_{11} & \lambda_{12} & \cdots & \lambda_{16} \\ \lambda_{21} & \lambda_{22} & \cdots & \lambda_{26} \\ \vdots & \vdots & & \vdots \\ \lambda_{61} & \lambda_{62} & \cdots & \lambda_{66} \end{bmatrix} \qquad (3-19)$$

式中,$\boldsymbol{M}_F$ 为 $6 \times 6$ 的附加质量矩阵,$\lambda_{ij}$ 为其分量。对于轴对称的一子级-阻力伞系统,附加质量项只存在于表示线速度影响的 $\lambda_{11}$、$\lambda_{22}$、$\lambda_{33}$(其中 $\lambda_{22} = \lambda_{33}$)和表示角速度影响的 $\lambda_{55}$、$\lambda_{66}$(且 $\lambda_{55} = \lambda_{66}$)。因此,构建系统 6 自由度模型时仅考虑 3 个附加质量项。计算附加质量分量时采用的阻力面积计算公式[12]为

$$\lambda_{ii} = k_{ii} \rho \, (CA)^{1.5} \qquad\qquad i = 1, 2, \cdots, 6 \qquad (3-20)$$

式中,$k_{ii}$ 为阻力伞阻力特征的附加质量系数;$(CA)$ 为阻力伞的阻力特征。

**3. 阻力伞气动力和气动力矩计算**

一子级-阻力伞组合体在稳定飞行段主要受气动力和重力作用。其中,气动力作用在阻力伞的压力中心,和阻力伞的气动特性相关。用 $F_x$、$F_y$ 和 $F_z$ 分

别表示组合体沿 $OX$、$OY$、$OZ$ 三轴方向的气动力分量,$L$、$M$、$N$ 分别表示对应的气动力矩分量,一子级–阻力伞组合体的气动力和气动力矩分别表示为

$$
\begin{cases}
F_x = -\dfrac{1}{2}\rho v_c^2 (CA) C_N \dfrac{v_{cx}}{\sqrt{v_{cx}^2 + v_{cy}^2}} \\[3mm]
F_y = -\dfrac{1}{2}\rho v_c^2 (CA) C_N \dfrac{v_{cy}}{\sqrt{v_{cx}^2 + v_{cy}^2}} \\[3mm]
F_z = -\dfrac{1}{2}\rho v_c^2 (CA) C_T
\end{cases} \tag{3-21}
$$

$$
\begin{cases}
L = y_c F_z - z_c F_y \\
M = z_c F_x - x_c F_z \\
N = x_c F_y - y_c F_x
\end{cases} \tag{3-22}
$$

式中,$(x_c, y_c, z_c)$ 为阻力伞压力中心在体坐标系中的坐标;$v_c$ 为阻力伞压心的速度;$v_{cx}$、$v_{cy}$、$v_{cz}$ 分别为 $v_c$ 在 $OX$、$OY$、$OZ$ 三个轴上的分量;$C_T$、$C_N$ 分别为阻力伞的轴向力系数和法向力系数,通常取 $C_T = 0.7$,而 $C_N$ 与阻力伞的攻角有关[11]

$$
C_N = 0.512\alpha_d^3 - 0.2652\alpha_d \tag{3-23}
$$

其中,阻力伞攻角计算公式为

$$
\alpha_d = \arctan\left(\frac{\sqrt{v_{cx}^2 + v_{cy}^2}}{v_{cz}}\right) \tag{3-24}
$$

**4. 一子级–阻力伞组合体动力学方程**

建立描述系统质心三个方向线运动以及角运动的一子级–阻力伞系统 6 自由度方程为

$$
\begin{cases}
\dot{u}_c = \dfrac{F_x}{m} - \dfrac{(m_w + m_s)}{m} g \sin\theta_c - q_c w_c + v_c r_c \\[3mm]
\dot{v}_c = \dfrac{F_y}{m} + \dfrac{(m_w + m_s)}{m} g \cos\theta_c \sin\phi_c + p_c w_c - u_c r_c \\[3mm]
\dot{w}_c = \dfrac{F_z}{m} + \dfrac{(m_w + m_s)}{m} g \cos\theta_c \cos\phi_c - p_c v_c + q_c u_c
\end{cases} \tag{3-25}
$$

$$
\begin{cases}
\dot{p}_c = I_{xx}^{-1}(L + M_{cx} + M_{wx}) \\
\dot{q}_c = I_{yy}^{-1}(M + M_{cy} + M_{wy}) \\
\dot{r}_c = I_{zz}^{-1}(N + M_{cz} + M_{wz})
\end{cases} \tag{3-26}
$$

式中,一子级–阻力伞组合体质量 $m = m_w + m_s + m_f$,分别对应一子级质量、阻力伞质量和阻力伞附加质量;$I_{xx}$、$I_{yy}$、$I_{zz}$ 为系统在各轴上的转动惯量,其中,转动惯量包括阻力伞转动惯量和一子级转动惯量两部分,具体计算方法参考文献

[12]；$u_c$、$v_c$、$w_c$ 及 $p_c$、$q_c$、$r_c$ 表示组合体速度在体坐标系内沿 $X$ 轴、$Y$ 轴、$Z$ 轴的速度分量和角速度分量，下述 $\phi_c$、$\theta_c$、$\psi_c$ 分别为其对应的姿态角。

姿态角与角速度之间关系为

$$\begin{cases} \dot{\theta}_c = q_c\cos\phi_c - r_c\sin\phi_c \\ \dot{\phi}_c = p_c + (r_c\cos\phi_c + q_c\sin\phi_c)\tan\theta_c \\ \dot{\psi}_c = (r_c\cos\phi_c + q_c\sin\phi_c)/\cos\theta_c \end{cases} \quad (3-27)$$

系统质心在地面坐标系 $O_dX_dY_dZ_d$ 中的位置 $(x_{dc}, y_{dc}, z_{dc})$ 为

$$\begin{cases} \dot{x}_{dc} = u_c\cos\theta_c\cos\psi_c + v_c(\sin\phi_c\sin\theta_c\cos\psi_c - \cos\phi_c\sin\psi_c) + \\ \qquad w_c(\sin\phi_c\sin\psi_c + \cos\phi_c\sin\theta_c\cos\psi_c) \\ \dot{y}_{dc} = u_c\cos\theta_c\sin\psi_c + v_c(\sin\phi_c\sin\theta_c\sin\psi_c + \cos\phi_c\cos\psi_c) + \\ \qquad w_c(-\sin\phi_c\cos\psi_c + \cos\phi_c\sin\theta_c\sin\psi_c) \\ \dot{z}_{dc} = u_c\sin\theta_c - v_c\sin\phi_c\sin\theta_c - w_c\cos\phi_c\sin\theta_c \end{cases} \quad (3-28)$$

结合式（3-25）～式（3-28）以及初始状态，通过数值积分即可计算分析一子级-阻力伞系统稳定飞行段运动参数。

### 3.5.4　仿真及结果分析

根据 3.1 节～3.4 节的气动仿真方法设计出的二级阻力伞外形，可通过经验公式进一步验证所设计的伞的外形的有效性。表 3-2 中列举了此处的仿真工况。

表 3-2　阻力伞阶段仿真计算工况

| 名称 | 取值 | 名称 | 取值 |
|---|---|---|---|
| 初始位置/m | 0 | 阻力伞质量/kg | 16/5 |
| 初始海拔高度/m | 11982 | 阻力伞名义直径/m | 10/55 |
| 初始速度/(m·s⁻¹) | 335 | 伞绳的长度/m | 5.7/7.5 |
| 初始轨迹角/(°) | 65 | 开伞时伞绳长度/m | 0.75 |
| 一子级质量/kg | 2000 | 伞绳的数量/根 | 16/24 |
| 引导伞质量/kg | 0.53 | 伞绳弹性模数 | 500 |

#### 1. 拉直阶段仿真

一子级-阻力伞拉直阶段仿真结果见图 3-18。

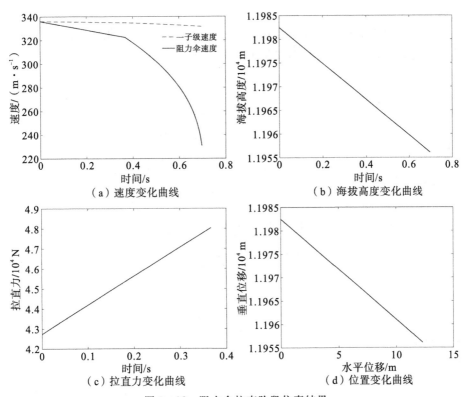

（a）速度变化曲线　　　　（b）海拔高度变化曲线

（c）拉直力变化曲线　　　　（d）位置变化曲线

图 3-18　阻力伞拉直阶段仿真结果

由图 3-18(a)可见,当阻力伞的伞包从一子级尾部拉出后,其速度迅速减小,特别是当阻力伞伞衣被拉出后,减速效果更加明显,最终阻力伞的拉直速度为 230.9 m/s;而一子级的速度基本不变。一子级、阻力伞间的最大拉直力出现在阻力伞伞衣底部被拉出瞬间,由图 3-18(c)可知最大拉直力出现在 0.367 s,对应的最大拉直力为 48040 N。再由图 3-18(d)可知,该阶段一子级的高度下降 22 m,水平位移为 12.31 m,飞行轨迹角由 65°变为 65.04°,可见阻力伞拉直过程对一子级的飞行姿态和飞行轨迹影响较小。结合仿真结果分析,本节设计的拉直阶段模型能够反映一子级回收中阻力伞拉直过程的基本情况,数学仿真数据可用于后续的伞降回收系统设计当中。

**2. 充气阶段仿真**

为验证一子级-阻力伞充气模型的有效性,以拉直阶段结束时刻为充气阶段的起始位置,设置仿真参数:初始水平位置 12.31 m,海拔高度 11960 m,初始速度 331.6 m/s,阻力伞拉直速度 230.9 m/s,飞行轨迹角 65.04°,其他参数与拉直阶段一致。

仿真采用两级阻力伞开伞方式设计一子级回收减速段的阻力伞系统,使一子级速度降低到 40 m/s 以下,结果见图 3 - 19。

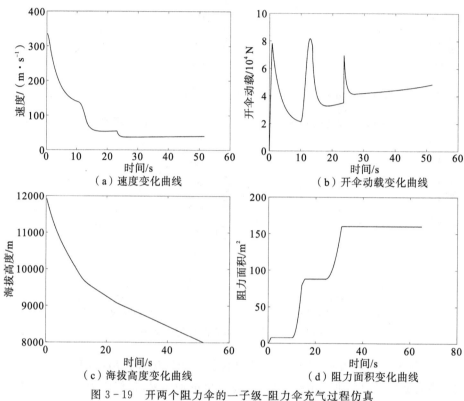

（a）速度变化曲线　　　　　　（b）开伞动载变化曲线

（c）海拔高度变化曲线　　　　　　（d）阻力面积变化曲线

图 3 - 19　开两个阻力伞的一子级-阻力伞充气过程仿真

此外,采用一个阻力伞和采用两个阻力伞使一子级减速到 40 m/s 的仿真对比见图 3 - 20。由图 3 - 20(a)、图 3 - 20(c)可见,经过两级阻力伞减速,一子级在 27 s 时速度降低到 34.51 m/s,此时一子级的海拔高度为 8915 m,随后保持稳定速度下滑到预定高度 8000 m。由图 3 - 20(b)可见,经过分级开伞后,一子级-阻力伞开伞动载出现三次峰值,分别在一级阻力伞一次充气段、二次充气段和二级阻力伞充气阶段,对应为 79240 N(4.20g)、84710 N(4.48g)和 87280 N(4.62g),与仅开一个阻力伞的开伞动载对比可见一子级-阻力伞充气过程经过分级开伞后,开伞动载将大大减小,有效地避免了出现开伞动载过大的情况。对比两次开伞仿真结果,由图 3 - 20(c)可见,阻力伞开伞个数的改变,对系统的飞行弹道倾角基本不产生影响。而阻力伞两级开伞后,一子级在飞行中受到的气动阻力减小,减速趋势更加明显,到达指定高度的仿真时间比仅开一级阻力伞时间减少 6 s,见图 3 - 20(d)。经过对比分析,两级开伞方案可有效降低开伞动载,缩短一子级减速至指定值的时间。

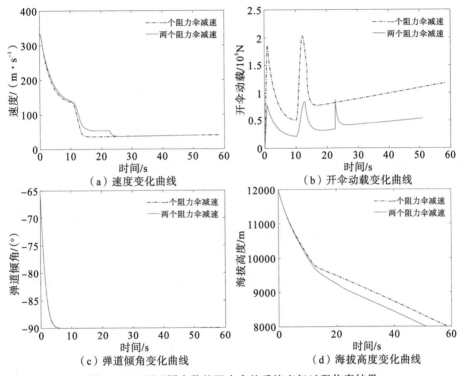

图 3 - 20　开不同个数的阻力伞的系统充气过程仿真结果

一子级-阻力伞整个充气过程两次开伞共经历 50.85 s,一级阻力伞工作 23.35 s 后使一子级速度降至 58.34 m/s,此后,开二级阻力伞使一子级降速至 34.51 m/s,并以该速度稳定下降到指定高度结束。

**3. 稳定下降阶段仿真**

取两级阻力伞完全充满时刻为组合体稳定下降段的起始时刻,设置仿真参数:初始位置(0,0,9100)m,初始速度 44.75 m/s,其他参数设置与上一节一致。得到一子级-阻力伞无风状态下的运动轨迹见图 3 - 21。

由图 3 - 21 可见,在无风情况下,一子级-阻力伞组合体的运动轨迹为直线,组合体从稳定下降到翼伞打开前飞行的水平距离为 204 m,同时下降 1100 m,稳定后水平速度为 5.5 m/s,垂直速度为 34.76 m/s,合速度为 35.3 m/s,

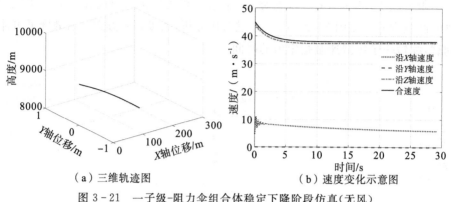

（a）三维轨迹图　　　　　　（b）速度变化示意图

图 3-21　一子级-阻力伞组合体稳定下降阶段仿真（无风）

与充气阶段结束时刻的速度基本一致，验证了该模型的有效性。

　　为分析风速对组合体运动情况（主要为前进距离和下降高度）的影响，将无风状态下组合体降落至指定高度的位置设定为目标点。考虑组合体受到无风，常值逆风 -1 m/s、-2 m/s，以及常值顺风 1 m/s、2 m/s 的情况，仿真给出了不同风速下组合体运动参数情况（见表 3-3）及水平风速对运动轨迹的影响，见图 3-22(a)，可以看出：高空中的水平常值风对一子级-阻力伞系统的水平速度影响较大，而垂直速度则不受影响。当遭遇水平逆风时，组合体前进速度随着风速的增大而减小，逆风风速为 0 m/s、-1 m/s 及 -2 m/s 时，所对应的前进速度分别为 5.5 m/s、4.6 m/s 及 3.5 m/s，垂直速度不随风速的改变而改变，仍为 34.76 m/s。而当组合体遇到水平顺风时前进速度随风速的增大而增大。此外，逆风飞行时前进距离随风速的增大而减小，而顺风飞行时前进距离随风速的增大而增大，如当风速为 2 m/s 时，组合体的前进距离为 138.1 m，比无风情况下增加 33.4 m。

表 3-3　水平常值风与系统运动参数关系

| 参数 | 水平风速/(m·s⁻¹) | | | | |
| --- | --- | --- | --- | --- | --- |
| | -2 | -1 | 0 | 1 | 2 |
| 结束位置/m | 60.7 | 80.7 | 104.7 | 119.2 | 138.1 |
| 稳定水平速度/(m·s⁻¹) | 3.5 | 4.6 | 5.5 | 6.5 | 7.4 |
| 稳定垂直速度/(m·s⁻¹) | 34.51 | 34.65 | 34.76 | 34.76 | 34.81 |

　　一子级减速过程中，随着阻力伞开伞带来的瞬间阶跃阻力增大，组合体姿

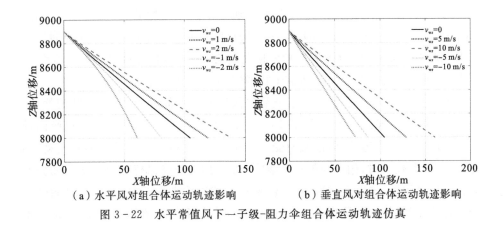

（a）水平风对组合体运动轨迹影响　　　（b）垂直风对组合体运动轨迹影响

图 3-22　水平常值风下一子级-阻力伞组合体运动轨迹仿真

态稳定性也会受到影响，本节分析组合体受到不同程度干扰后俯仰、偏航两个通道（系统绕对称轴的滚转运动可忽略）的扰动响应情况。为此，分别给组合体俯仰、偏航通道施加 3°、30°的扰动，对应的姿态变化情况见图 3-23 和图 3-24。

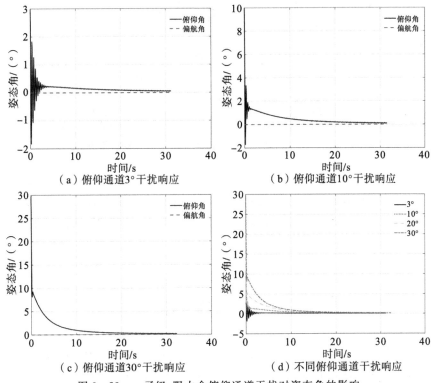

（a）俯仰通道3°干扰响应　　　　　（b）俯仰通道10°干扰响应

（c）俯仰通道30°干扰响应　　　　　（d）不同俯仰通道干扰响应

图 3-23　一子级-阻力伞俯仰通道干扰对姿态角的影响

图 3-23 是一子级-阻力伞受到俯仰通道不同程度扰动后,其俯仰角、偏航角的响应情况。由图 3-23(a)~3-23(c)可见,在稳定下降段,受到俯仰通道3°、10°和30°干扰后,组合体俯仰角的振荡均会逐渐减弱,并最终趋向于 0°的稳定状态;而偏航角不会受俯仰通道干扰的影响,一直维持在 0°状态。

图 3-24 是一子级-阻力伞系统受到偏航通道不同程度扰动后,其俯仰角、偏航角的响应情况。由图可见,俯仰角受到偏航通道3°干扰后,将以正弦函数的形式进行周期性运动,而偏航角受到小扰动后,会以振荡衰减的形式运动;当受到30°的大扰动时,俯仰角振荡幅度会逐渐增大,最终保持等幅振荡。而偏航角响应与之相反,先以衰减形式振荡,最后以相同周期保持等幅振荡,且俯仰角与偏航角在波动过程呈现一定的相位差,可见组合体整体运动表现为圆锥运动。

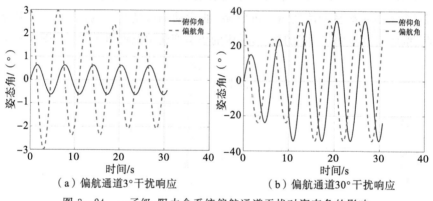

（a）偏航通道3°干扰响应　　　　（b）偏航通道30°干扰响应

图 3-24　一子级-阻力伞系统偏航通道干扰对姿态角的影响

将本节仿真结果与 3.4 节中基于 LS-DYNA 软件的仿真结果对比可以看出,两种方法得到的仿真结论一致性较高,但并没有完全重合。其原因是基于经验公式的方法对模型进行了合理简化,而基于 LS-DYNA 软件则采用了较为复杂的 ALE 算法,精度更高。在实际阻力伞的建模设计中,两种方法均可使用。

# 3.6　本章小结

本章采用 LS-DYNA 计算流体力学软件对阻力伞在一子级回收过程中的流固耦合气动特性进行了仿真计算,分别对一子级减速过程中一级带条阻力伞、二级底边延伸阻力伞的阻力特征、伞衣外形变化、速度变化、轨迹变化情况进行了仿真分析。在此基础上,通过对阻力伞拉直阶段、充气阶段和稳定下降阶段的受力分析,建立了阻力伞拉直、充气和稳定阶段的数学模型并对一子级-阻力伞组合体速度、开伞过载、弹道倾角、垂直位移变化等进行了仿真分析,验证了阻力伞在一子级回收减速中的可行性。

# 参考文献

[1] 张思宇,余莉,刘鑫. 翼伞充气过程的流固耦合方法数值仿真[J]. 北京航空航天大学学报,2020,46(6):1108-1115.

[2] 王利荣. 降落伞理论与应用[M]. 北京:宇航出版社,1997.

[3] 叶正勇. 谈弹簧的弹力和弹性势能[J]. 物理教师,2015,36(1):55-59.

[4] 马晓冬,郭锐,刘荣忠,等. 旋转伞-末敏子弹系统动力学建模与仿真[J]. 弹箭与制导学报,2015,35(6):33-36.

[5] 徐刚,耿汝波,殷克功. 末敏弹减速伞充气运动建模与仿真[J]. 弹箭与制导学报,2009,29(2):177-179.

[6] XING X, FENG L, CHEN M, et al. Modeling and research of a multi-stage parachute system for the booster recovery[J]. Proceedings of the Institution of Mechanical Engineers, Part G: Journal of Aerospace Engineering, 2023, 237(5): 1135-1157.

[7] 高兴龙,张青斌,高庆玉,等. 无限质量降落伞充气动力学数值模拟[J]. 国防科技大学学报,2017,39(3):58-63.

[8] 郭叔伟,董杨彪,秦子增. 物伞系统动力学模型和讨论[J]. 航天返回与遥感, 2008, 29(3): 38-44.

[9] 贾华明,李健. 收口十字形降落伞充气过程动力学建模与仿真,航天返回与遥感,2012, 33(5): 6-23.

[10] FRAIRE J U, DEARMAN J, MORRIS A. Proposed framework for determining added mass of orion drogue parachutes[C]. 21st AIAA Aerodynamic Decelerator Systems Technology Conference and Seminar, 2011.

[11] 王海涛. 大型降落伞抽打现象及运动稳定性研究[D]. 长沙:国防科技大学, 2011.

[12] 程文科. 一般降落伞-载荷系统动力学及其稳定性研究[D]. 长沙:国防

科技大学,2000.

[13] 黄伟. 降落伞附加质量的计算方法[J]. 航天返回与遥感,2016,37(2)：42-50.

[14] 陈潇然. 火箭一子级伞控回收系统建模与归航控制研究[D]. 西安：西北工业大学,2020.

# 第4章　一子级回收翼伞控制阶段气动特性分析与建模

翼伞控制阶段是一子级回收最重要的阶段,直接决定了一子级回收的落点控制精度,涉及一子级-翼伞组合体的归航航迹规划、姿态控制等重要内容,而高保真的系统数学模型是航迹规划、姿态控制的基础。由于翼伞和一子级间为柔性伞绳连接,为准确研究两体之间的相对运动,提高模型的准确性,本章首先对一子级-翼伞组合系统进行气动特性分析,然后在此基础上采用多体运动学和动力学原理对组合体进行建模,最后基于所建模型对一子级-翼伞组合体在不同下偏操纵量情况下的运动和姿态特性予以分析。

## 4.1　翼伞气动理论基础

翼伞的工作阶段可分为充气、稳定滑翔、侧拉转弯及雀降几个阶段。其中,充气阶段时间很短,影响可以忽略。其余阶段翼伞均保持固定外形,可看作形状稳定、气动力及气动力矩系数稳定的航空器,故本节重点研究翼伞稳定段的气动特性。

### 4.1.1　CFD方法简介

CFD(Computational Fluid Dynamics,计算流体动力学)创建于20世纪70年代的美国,它与传统的理论分析方法、试验测量方法组成了研究流体流动问题的完整体系。CFD的基本思想是把原来在时间域及空间域上连续的物理量的场,如速度场和压力场,用一系列由有限个离散点上的变量值组成的集合来代替,通过一定原则和方式建立起关于这些离散点上的场变量之间关系的代数方程组,然后求解代数方程组获得场变量的近似值。

目前,翼伞气动特性分析中广泛应用的方法主要有两种:涡元法(vortex - element methods)和基于数值求解 Navier - Stokes 流动控制方程的 CFD 方法。与涡元法相比,CFD方法的优点比较显著,能够很好完成各种复杂降落伞系统的流场计算,更重要的是有大量成熟的商业软件支撑研究人员的选择以更快捷地完成相关工作。本节重点介绍 Fluent 软件,其特点包括:(1)在非结构网格的基础上提供丰富的物理模型,功能全面、适应性广;(2)提供非常灵活的网格,这些网格可以使用 Gambit 自动生成,也可以选择在 ICEM(Integrated Computational Environment for Multiphysics,多物理的集成计算环境)、CFD 等网格划分工具中生成,从而解决具有复杂外形的流动特性分析,并可以完成多种参考系下的流场模拟;(3)可提供丰富的湍流模型,拥有经过考证的数值算法和鲁棒性极好的求解器。上述特点使 Fluent 在航空航天、汽车设计、石油天然气和涡轮机设计等方面中得到了广泛应用。

采用 CFD 解决流动问题的流程图见图 4-1。具体步骤如下。

1)首先根据具体问题的特点建立控制方程。

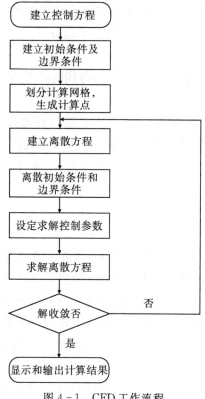

图 4-1　CFD 工作流程

2)设置正确的初始条件和合适的边界条件,其中初始条件是像压强、温度等求解量在数值仿真开始之前在空间位置中的分布信息。Fluent 中有压力入口、速度入口、自由出流、自由滑移壁面等边界条件。边界条件的选取与模型本身的工作速度及湍流模型的选取有很大的关系,而且边界条件和初始条件的选取直接影响到求解的正确性和可信度。

3)根据对象特点设置网格数量、网格疏密和网格质量,划分计算网格,生成计算点。

4)建立离散方程。

5)离散初始条件和边界条件。

6)设定控制求解参数。

7)求解离散方程。

8)解收敛后,显示和输出计算结果。

## 4.1.2　控制方程

翼伞是典型的低速飞行器,飞行速度低于 0.3 马赫,因此可以忽略空气密度变化,将空气视为不可压缩流体。此外考虑到翼伞工作在高雷诺数环境下,其运动常伴随有湍流现象。湍流运动具有强烈的非线性,可以采用 Navier - Stokes 方程进行描述。但 Navier - Stokes 方程求解困难、耗时长,因此,引入湍流模型计算雷诺平均 Navier - Stokes 方程(Reynolds Averaged Navier - Stokes equations ,RANS),它是目前数值模拟复杂黏性流场的主要方法。RANS 是流场平均变量的控制方程,其相关的模拟理论被称为湍流模式理论。湍流模式理论假定湍流中的流场变量由一个时均量和一个脉动量组成。再引入波希尼斯克(Boussinesq)假设,即认为湍流雷诺应力与应变成正比之后,湍流计算就归结为对雷诺应力与应变之间的比例系数(即湍流黏性系数)的计算。正是由于将控制方程进行了统计平均,使得无需计算各尺度的湍流脉动,只需计算出平均运动,从而降低了空间与时间分辨率,减少了计算工作量,升力、阻力、力矩方面的计算精度可得到极大提高。根据计算中使用的变量数目和方程数目的不同,湍流模式理论中所包含的湍流模型又被分为二方程模型、一方程模型和零方程模型(代数模型)等大类。Fluent 中使用的 $k - \varepsilon$ 模型、Spalart - Allmaras 模型、SST (Shear Stress Transfer,剪切应力传输)$k - \omega$ 模型及雷诺应力模型等都属于湍流模式理论。翼伞 CFD 计算中的控制方程包括连续方程和动量方程。

连续方程为

$$\frac{\partial \rho}{\partial t} + \frac{\partial}{\partial x_i}(\rho u_i) = 0 \tag{4-1}$$

动量方程为

$$\frac{\partial}{\partial t}(\rho u_i) + \frac{\partial}{\partial x_i}(\rho u_j u_i) = -\frac{\partial p}{\partial x_i} + \frac{\partial \sigma_{ij}}{\partial x_j} + \frac{\partial}{\partial x_j}(-\rho u_i' u_j') \tag{4-2}$$

式中，$u_i$、$u_j$ 表示略去平均符号的雷诺平均速度分量；$\rho$ 为密度；$p$ 为压强；$u_i'$、$u_j'$ 为脉动速度；$\sigma_{ij}$ 为应力张量分量。

另外，采用波希尼斯克假设时应将雷诺应力与层流运动应力和时均应变率关联起来，即

$$\tau_{ij} = -\rho u_i' u_j' = \mu_0 \left( \frac{\partial u_i}{\partial x_j} + \frac{\partial u_j}{\partial x_i} \right) - \frac{2}{3} \left( \rho k + \mu_t \frac{\partial u_i}{\partial x_x} \right) \delta_{ij} \tag{4-3}$$

式中，$\mu_t = \rho c_\mu k^{0.5} l_t$ 表示湍流黏度；$k$ 为流体密度为湍流动能；$c_\mu$ 为常数。

### 4.1.3　湍流模型

湍流模型是以雷诺平均运动方程与脉动运动方程为基础，依靠理论与经验的结合，引入一系列模型假设建立起的一组描述湍流平均量的封闭方程组，其对数值方法模拟翼伞的工作流场具有较大影响。目前，应用比较广泛的湍流模型主要有 Spalart - Allmaras 模型、SST $k$ - $\omega$ 模型和 $k$ - $\varepsilon$ 模型等。根据一子级伞降回收任务的特点，一般采用 Spalart - Allmaras 模型、$k$ - $\omega$ 模型分别研究翼伞二维翼型、三维翼型的气动特性，下面予以简单介绍。

#### 1. Spalart - Allmaras 单方程模型

Spalart - Allmaras 模型是被设计用于航空领域求解模型化的运动涡（湍流）黏度传输方程，是一类较新的模型，专门用于处理具有壁面边界的空气流动问题，主要是墙壁束缚（wall - bounded）流动，对于在边界层中具有的逆压梯度问题，其计算结果已被证明非常有效。

Spalart - Allmaras 模型的求解变量是 $\tilde{v}$，表征出了近壁（黏性影响）区域以外的湍流运动黏性系数。$\tilde{v}$ 的输运方程为

$$\rho \frac{\mathrm{d}\tilde{v}}{\mathrm{d}t} = G_v + \frac{1}{\sigma_{\tilde{v}}} \left\{ \frac{\partial}{\partial x_i} \left[ (\mu + \rho \tilde{v}) \frac{\partial \tilde{v}}{\partial x_j} \right] + C_{b2} \rho \left( \frac{\partial \tilde{v}}{\partial x_j} \right) \right\} - Y_v \tag{4-4}$$

式中，$G_v$ 为湍流黏性产生项；$Y_v$ 为由于壁面阻挡与黏性阻尼引起的湍流黏性的减少；$\sigma_{\tilde{v}}$ 和 $C_{b2}$ 为常数；$v$ 为分子运动黏性系数。

湍流黏性系数用如下公式计算：

$$\mu_t = \rho \tilde{v} f_{v1} \tag{4-5}$$

式中，$f_{v1}$ 为黏性阻尼函数，定义为 $f_{v1} = \dfrac{\chi^3}{\chi^3 + C_{v1}^3}$，$\chi \equiv \dfrac{\tilde{v}}{v}$。

湍流黏性产生项 $G_v$ 用如下公式模拟：

$$G_v = C_{b1} \rho \tilde{S} \tilde{v} \qquad (4-6)$$

式中，$\tilde{S} = S + \dfrac{\tilde{v}}{k^2 d^2} f_{v2}$，$f_{v2} = 1 - \dfrac{\chi}{1 + \chi f_{v1}}$，$C_{b1}$、$k$ 为常数，$d$ 为计算点到壁面的距离，$S \equiv \sqrt{2 \Omega_{ij} \Omega_{ij}}$，其中

$$\Omega_{ij} = \frac{1}{2} \left( \frac{\partial u_j}{\partial x_i} - \frac{\partial u_i}{\partial x_j} \right) \qquad (4-7)$$

由于平均应变率对湍流产生也起到很大作用，在 Fluent 处理过程中，定义 $S$ 为

$$S = |\Omega_{ij}| + C_{prod} \min \{0, |S_{ij}| - |\Omega_{ij}|\} \qquad (4-8)$$

式中，$C_{prod} = 2.0$；$|\Omega_{ij}| = \sqrt{\Omega_{ij} \Omega_{ij}}$；$|S_{ij}| = \sqrt{2 S_{ij} S_{ij}}$。平均应变率 $S_{ij}$ 计算如下：

$$S_{ij} = \frac{1}{2} \left( \frac{\partial u_j}{\partial x_i} + \frac{\partial u_i}{\partial x_j} \right) \qquad (4-9)$$

**2. SST $k$-$\omega$ 两方程模型**

对于湍流，直接求解三维瞬态的控制方程一般采用模拟方法，这对计算机的内存和速度要求很高，目前在实际工程中往往无法应用此方法。工程中应用比较广泛的方法是引进新的雷诺应力项对瞬态 Navier - Stokes 方程做时间平均处理，但这会导致原本封闭的方程组不再封闭。为了再次使方程组封闭，需要补充反映湍流特性的其他方程，如湍动能方程和湍流耗散率方程等对新变量进行处理，从而形成不同的湍流模型。

SST $k$-$\omega$ 模型比较广泛地应用在各种复杂流场的计算中，根据实验结果对其系数进行拟合修正，因此在数值计算的阻力计算方面表现良好。其在壁面附近具有很好的数值稳定性，对有逆压梯度的外流和分离有较好的模拟效果。

SST $k$-$\omega$ 模型中

$$\omega = \frac{\varepsilon}{C_\mu k} \qquad (4-10)$$

湍动能 $k$ 输运方程为

$$\frac{\partial}{\partial t}(\rho k) + \frac{\partial}{\partial x_j} \left[ \rho u_j k - \left( \mu + \frac{\mu_t}{\sigma_k^\omega} \right) \frac{\partial k}{\partial x_j} \right] = \mu_t p - \rho \beta^* k \omega + \mu_t p_B \qquad (4-11)$$

比耗散率 $\omega$ 方程为

$$\frac{\partial}{\partial t}(\rho\omega)+\frac{\partial}{\partial x_j}\left[\rho u_j\omega-\left(\mu+\frac{\mu_t}{\sigma_k^\omega}\right)\frac{\partial\omega}{\partial x_j}\right]=\alpha\frac{\omega}{k}\mu_t p-\rho\beta^*\omega^2+\rho S_\omega+C_{\varepsilon3}\mu_t p_B C_\mu\omega$$

$$(4-12)$$

相关系数取值由以下关系式确定：

$$C_\phi=F_1 C_{\phi1}+(1-F_1)C_{\phi2} \qquad (4-13)$$

式中，$C_{\phi1}$、$C_{\phi2}$ 由两组以下方程中以两组不同系数给出。

$$F_1=\tanh(\arg_1^4) \qquad (4-14)$$

$$\arg_1=\min\left\{\max\left(\frac{\sqrt{k}}{0.09\omega y},\frac{500v}{y^2\omega}\right),\frac{4\rho k}{\sigma_{\omega2}^\omega CD_{k\omega}y^2}\right\} \qquad (4-15)$$

$$CD_{k\omega}=\max\left\{\frac{2\rho}{\omega\sigma_{\omega2}^\omega}\frac{\partial k}{\partial x_j}\frac{\partial\omega}{\partial x_j},10^{-20}\right\} \qquad (4-16)$$

SST $k$-$\omega$ 两方程模型主要参数常用值中第一组系数取值如下：

$$\sigma_{k1}^\omega=1.176,\ \sigma_{\omega1}^\omega=2.0,\ \beta_1=0.075,\ \beta_1^*=0.09,\ k=0.41$$

第二组系数取值如下：

$$\sigma_{k1}^\omega=1.0,\ \sigma_{\omega1}^\omega=1.168,\ \beta_1=0.0828,\ \beta_1^*=0.09,\ k=0.41$$

## 4.1.4　基于非结构网格的 SIMPLE 算法

非结构网格在网格和节点排列上没有特定的规则，一个问题中可能出现类型、形状大小各异的网格，给流场计算方法和编程实现带来一定困难。但非结构网格形式上更加灵活，适用性强，在研究边界比较复杂的问题中广泛应用。

基于非结构网格实施 SIMPLE 算法也包括以下方面：通用控制方程的离散；动量方程的离散；建立速度修正方程；建立压力修正方程。

其中，压力修正值（压力修正方程）和速度修正方程的构造是实施 SIMPLE 算法非常关键的一环。在非结构网格上利用 SIMPLE 算法分析稳态问题的具体步骤如下。

1）根据经验，假定一个压力场的初始猜测值，记为 $p^*$。

2）利用 $p^*$ 代入动量离散方程，求解得出相应的 $u^*$、$v^*$。由于本章研究的问题为稳态，故不考虑瞬态项。

3）根据动量插值公式可以计算得到界面流速 $u_e^*$、$v_e^*$。

4）求解压力修正值方程，得到节点上的压力修正值 $p_p'$。

5）通过插值方法计算各界面上的压力修正值 $p_e'$，计算节点速度修正值 $u_p'$ 与 $v_p'$。

6）求改进速度值 $u$、$v$ 和压力值 $p$。

7)根据改进后的速度求解离散方程系数及源项中有影响流场的其他物理量。

8)用改进后的压力场作为下一层次的 $p^*$，直至迭代收敛。

基于上述理论，下节以 Fluent 软件为平台，通过数值仿真模拟，开展三维翼伞不同结构参数下的流场计算，分析翼伞的气动性能及周围流场绕流特性，计算翼伞在不同攻角、不同程度后缘单侧下偏及双侧下偏时的气动参数，并研究其对气动性能的影响。

# 4.2　翼伞气动特性

气动力计算是目前翼伞研究的一大难点。翼伞气动数据的获取方法可分为飞行试验、风洞试验及数值计算三种。飞行试验固然重要，但其投资巨大，能够测量的量也十分有限，一般只用于试验验证；风洞试验也因为翼伞为柔性体，且具有滑翔和操纵性的缘故难以实现，目前最成功的风洞试验是 1966—1967 年 Nicolaides(尼古拉德斯)做的一系列风洞试验。因此，数值计算方法在近些年得到了迅速发展。

## 4.2.1　研究对象

研究对象一选择美国 NASA 兰利研究中心的翼伞模型，按照原尺寸进行建模，而研究对象二为本书根据火箭一子级伞降回收要求设计的翼伞，见本书 2.3 节。研究中先选取对象一，通过建立数值计算网格、边界条件、仿真参数等与风洞试验结果进行对比，目的就是验证所采用的数值网格仿真计算方法的可靠性。最后采用相同方法对一子级回收设计的翼伞进行数值仿真并分析其气动特性。

表 4-1 中，翼伞参数定义与 2.3.2 节中相同。研究对象一模型见图 4-2，研究对象二模型见图 4-3。

表 4-1　研究对象翼伞几何参数

| 研究对象 | 弦长/m | 伞绳长度/m | 展长/m | 下反角/(°) | 滑翔比 | 伞衣面积/m² |
|---|---|---|---|---|---|---|
| 一 | 2.1336 | 9.6012 | 6.4008 | 9.55 | 3 | 13.6567 |
| 二 | 7.5000 | 前10,后12 | 19.0000 | 30.0 | 2.53 | 142.5000 |

图 4 - 2　研究对象一模型(NASA 模型)

图 4 - 3　研究对象二模型(本书设计模型)

## 4.2.2　数值计算

考虑到翼伞飞行过程中的稳态性能对一子级回收的影响最大,因而将充满气体的翼伞作为数值仿真对象,忽略翼伞充气过程及翼伞形变,将翼伞整体作为刚体来研究。

由 2.1 节可见,一子级回收过程中翼伞飞行在低马赫数、低高度环境下,大气运动变化比较复杂。为简化计算,气动仿真过程中对伞衣模型做以下假设。

1)翼伞伞衣为刚体,不考虑其在气动力下的变形。

2)翼型剖面透气量为零。

3)翼伞处于低速飞行状态,空气可视为不可压缩流体。

4)流体为牛顿流体。

## 4.2.3　计算域与网格

在亚音速来流条件下,流场内的扰动可向各个方向传播。一般地,对于不可压外部流场,在来流方向以及上下边界常采用来流边界条件,这样就要求边界位置尽可能远离扰动源(此处即翼伞)。在二维域中,本书在 2.3.4 节已经验证了基准翼型沿弦向 $16C \times 10C$ 流场域的有效性。参照相关文献的计算经验,本节将左右边界取在离原点 $5C$ 的位置,其中 $C$ 为翼伞的平均弦长。

接下来建立流场域。本节选取长方体流场大小为 $16C \times 10C \times 10C$,其中 $C$ 为翼伞展长,见图 4 - 4。攻角可分别选取为 $-4°$、$0°$、$4°$、$8°$、$10°$、$12°$,对每一个攻角下的模型分别划分网格。考虑到翼伞后缘存在狭窄区域的结构特点,本节采用自下而上的非结构网格的生成方法,所有网格为四面体网格。首先划分面网格,然后采用阵面推进的方法由面网格自动生成体网格。因为翼伞附近的流场变化较大,为了准确地描述流动情况,在距离模型前左右各 1 倍弦长、后 3 倍弦长处创建长方体密度盒进行局部加密,见图 4 - 5,而远离模型网格可以稀疏一些以减少计算量。

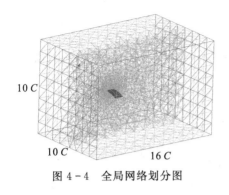

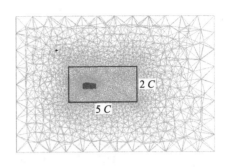

图 4 - 4　全局网络划分图　　　　　　图 4 - 5　局部网格加密剖面图

为了更加直观,在图 4 - 4 中采用体网格截面反应内部网格情况。其余面网格中,黄色网格表示长方体流场域中除去入口和出口的剩余四个面网格,蓝色面网格表示流场入口,红色面网格表示流场出口,在长方体流场中的深紫色网格则代表了伞衣上下表面网格。图 4 - 5 局部网格加密剖面图中,红色矩形框表示网格加密部分。

## 4.2.4　边界条件

边界条件是流场变量在数值仿真过程中满足的数学物理约束条件。对任何数值仿真都需要根据经验并基于对实际问题的理解,选择合适的边界条件。边界条件设置的正确与否直接影响到计算结果的准确性与可信度。

1)在模型简化中,已假定为不可压缩流。入口边界条件有速度入口条件、压力入口、质量入口等多种类型,而将与不可压缩流对应的合适的入口边界件选取为速度入口边界条件,并在初始条件中设置来流速度为 40 m/s、25 m/s 以及 10 m/s,在仿真过程中可以根据攻角的变化来设置相应方向上的气流速度。

2)出口边界条件包括压力出口、出口通风等类型,入口边界选取为速度入口边界条件,并且出口压力以及速度都是未知的,出口处的流动是充分发展的,故出口边界条件可以采用自由出流。

3)非进出口边界采用自由滑移壁面条件,滑移速度与入口来流速度保持一致。

4)伞体伞衣和翼肋部分采用无滑移壁面条件。空间离散采用二阶迎风方式,与一阶迎风方式相比,对非结构网格适应性更强,可以获得比较准确的解,稳定性较好。

## 4.2.5　数值方法验证

针对兰利研究中心的翼伞模型，即表 4 - 1 中的研究对象一，本节数值计算、风洞实验得到的升力系数 $C_L$ 随攻角 $\alpha$ 变化的对比见图 4 - 6；阻力系数 $C_D$ 随攻角 $\alpha$ 变化的曲线对比见图 4 - 7。

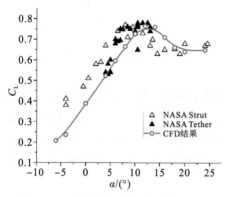 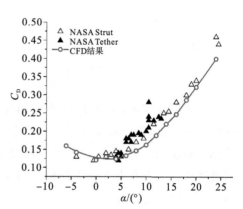

图 4 - 6　与风洞试验升力系数对比图　　图 4 - 7　与风洞试验阻力系数对比图

由图 4 - 6 和图 4 - 7 可以看出，研究对象一的风洞试验和数值模拟结果比较吻合。其中升力系数的误差较大，风洞试验的失速攻角在 8° 左右，而数值模拟的失速攻角在 10° 左右，这是因为在整个数值模拟过程中将翼伞当作刚体来处理，而在实际风洞中翼伞本身存在柔性变形。阻力系数吻合程度很高，在 $-4° \sim 0°$ 的攻角范围内变化缓慢，之后随着攻角的增大，阻力系数增大，风洞试验和数值仿真最大阻力系数对应的攻角均在 8° 左右，且随攻角的变化规律基本一致，各攻角下的阻力系数值也很接近。通过上述分析可见，本节翼伞气动数值仿真与 NASA 风洞试验结果吻合度较好，证明了数值仿真方法的可行性和有效性。

下节将对 2.3.9 节所设计的三维翼伞在正常工作状态、单侧后缘下偏以及双侧对称后缘下偏下的气动性能进行研究，分析翼伞剖面压力分布云图以及速度矢量分布图，并根据仿真结果对气动参数进行参数辨识，以便后续建立系统动力学模型。

## 4.2.6　仿真及结果分析

**1. 翼伞无下偏**

针对研究对象二,采用验证研究对象一时已使用的数值仿真方法,对仿真的结果进行分析。首先,计算攻角在 $-6° \sim 14°$ 的升力系数、阻力系数,此外,由于一子级在空气中受到的升力很小,因此在气动仿真中,仅考虑一子级在空气中受到的阻力,同时不计一子级的气动力矩,绘制出气动系数曲线见图 4-8、图 4-9。

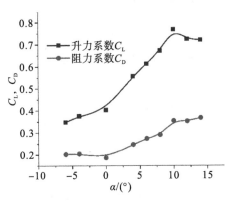

图 4-8　翼伞无下偏情况下的升力系数、
阻力系数

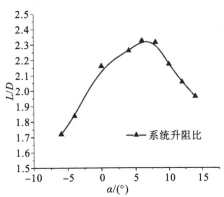

图 4-9　翼伞无下偏情况下的系统
升阻比

由图 4-8 和图 4-9 可以看到,失速攻角(升力系数最大对应的攻角)在 10°左右,阻力系数随着攻角增加而上升,当攻角大于 0°时,升力系数呈上升趋势,升阻比则随攻角的增加先增大后减小,符合一般变化趋势,且最大升阻比出现在攻角为 6°附近。值得注意的是,翼伞稳定滑翔时的升阻比一般要求大于 2,不难看出,攻角范围设定在 $0 \sim 14°$ 可保证升阻比大于 2。

三轴力矩系数见图 4-10。可见,俯仰力矩系数变化较大,随着翼伞从低头到抬头,俯仰力矩系数从正数变为负数,其系数绝对值在攻角为10°时达到峰值;而滚转力矩系数和

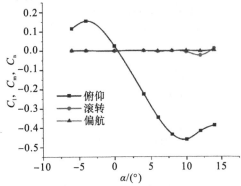

图 4-10　翼伞无下偏情况下的三轴力矩系数

偏航力矩系数都接近 0。因此,翼伞在后缘下偏为 0 时仅有滑翔运动而无侧向运动。

　　气动仿真分析中获取翼伞上下伞衣的压力分布情况也很重要。针对 2.3 节一子级回收所设计的翼伞,因开伞高度在 7000 m,对应的大气压强约为 41043 kPa。因此,仿真时以 41043 kPa 为基准压强,在不同攻角下生成翼伞模型沿弦向的压力云图以及流线图,见图 4-11。通过观察绕翼伞流场的压力和流态分布情况,考察攻角变化对翼伞周围流场的影响。

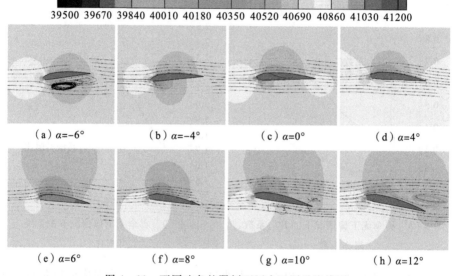

图 4-11　不同攻角的翼剖面压力云图及流线图

　　根据翼剖面的压力云图及流线图可知,当攻角 $\alpha = -6°$ 时,下伞衣前缘切口附近出现了明显的流动分离,产生了大型的分离气泡。事实上,在整个设定攻角范围内,前缘切口下缘均有规模不等的分离气泡,且随着攻角增大逐渐减弱,这是由切口处气流受滞止压力外翻而形成的较大切口处法向速度造成的。当攻角增加到 10° 时,翼伞上伞衣后缘出现明显的流动分离。所有模型沿前缘切口压力梯度均较大,且气室内压力很高变化很小,保持翼型稳定。然后,观测距离前缘切口约 $0.35C$ 的横剖面的压力云图,见图 4-12。

　　根据翼伞横剖面的压力云图可知,随着攻角逐渐增大,上伞衣承受的压强逐渐下降,下伞衣承受的压强逐渐增加。当攻角为正时,上伞衣受到的压强小于下伞衣受到的压强,这与实际状况一致。

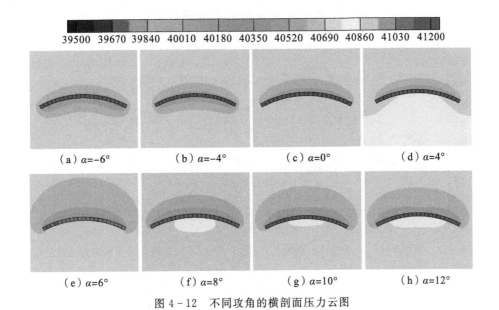

39500　39670　39840　40010　40180　40350　40520　40690　40860　41030　41200

（a）$\alpha=-6°$　　　（b）$\alpha=-4°$　　　（c）$\alpha=0°$　　　（d）$\alpha=4°$

（e）$\alpha=6°$　　　（f）$\alpha=8°$　　　（g）$\alpha=10°$　　　（h）$\alpha=12°$

图 4-12　不同攻角的横剖面压力云图

## 2. 翼伞单侧下偏

翼伞的后缘下偏类似于机翼副翼的偏转，有所不同的是，机翼的偏转属于刚性变形，而翼伞后缘下偏，前部变形很小，后部发生偏折。目前，翼伞的转弯以及"雀降"运动是通过操纵伞绳进行不同程度的后缘下偏来实现的。这一过程中，详细分析翼伞在单侧后缘下偏和双侧后缘下偏操纵下的升阻特性和压力分布是非常重要的。翼伞试验模型以弦长 75% 处为轴偏折，其中前部的变形很小，而只有尾部剩余 25% 翼尖部分有明显的偏折，见图 4-13。在此基础上设计单侧下偏翼伞模型见图 4-14。

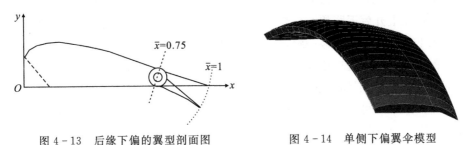

图 4-13　后缘下偏的翼型剖面图　　　　图 4-14　单侧下偏翼伞模型

当双侧对称下偏时，沿展向方向的偏折角度一致，当单侧不对称后缘下偏时，边缘处的偏折程度与双侧下偏时相同，偏折逐步减小直至翼伞对称平面。

不同单侧下偏角度下数值仿真获得的气动参数见图 4 - 15、图 4 - 16 和图 4 - 17。

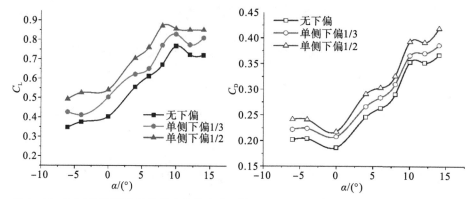

图 4 - 15　不同单侧后缘下偏升力系数变化　图 4 - 16　不同单侧后缘下偏阻力系数变化

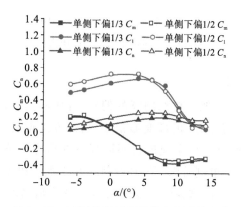

图 4 - 17　不同单侧后缘下偏力矩系数变化

　　由图 4 - 15、图 4 - 16 可以看出,当翼伞后缘单侧下偏时,升力系数随攻角增大呈现先上升后下降的变化趋势,且下偏量越大,升力系数越大,这一变化规律与无下偏时的变化趋势一致。其中,单侧下偏时失速攻角出现在 10°左右,与无下偏时翼伞的失速攻角大致相同;当伞衣后缘单侧下偏时,阻力系数比后缘无下偏大,且后缘下偏量越大,阻力系数越大。

　　由图 4 - 17 可以看出,当翼伞后缘下偏时,俯仰力矩系数变化曲线与无下偏情况下一致;而在单侧后缘下拉情况下,下拉一侧的升力增加,对翼伞两侧形成升力差,并在横向平面内产生一定的滚转力矩;同时阻力的增加则在水平面内形成一个航向的偏转角速度。滚转和偏航力矩系数的变化,反映出系统发生转弯运动。

　　单侧下偏也会导致伞衣受到的压力发生变化,压力云图见图 4 - 18、图 4 - 19。图中从左至右分别是无下偏、单侧下偏 1/3、单侧下偏 1/2 三类情况下的压力分布。

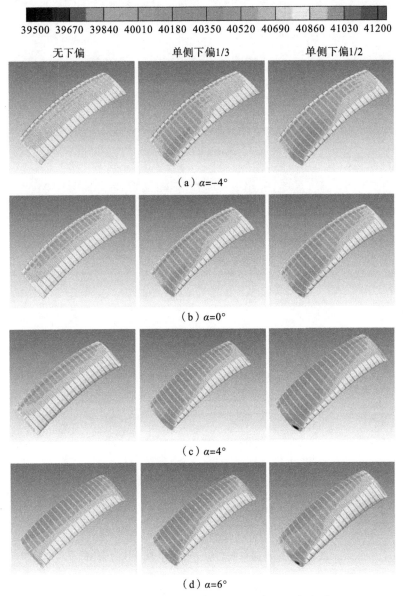

（a）α=-4°

（b）α=0°

（c）α=4°

（d）α=6°

图 4 - 18　不同单侧后缘下偏时上伞衣压力云图

　　根据不同后缘单侧下偏的压力云图变化可知,上伞衣中下偏一侧受到的压强比无下偏情况时小,其中前缘和后缘均会出现低压区,且随着下偏程度增大,

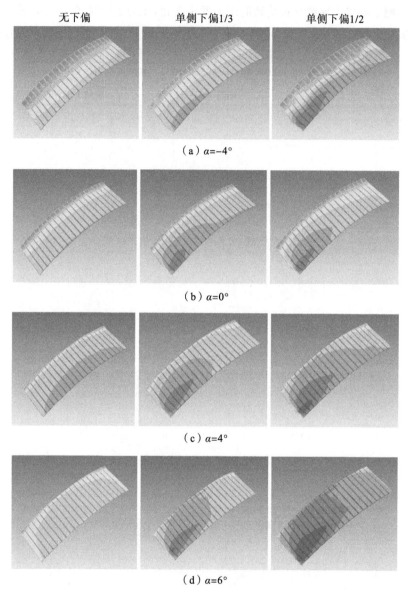

图 4-19　不同单侧后缘下偏时下伞衣压力云图

弯折处低压区范围会扩大;非下偏一侧的压力云图与无下偏状况下基本一致;下伞衣下偏一侧受到的压强比无下偏情况大。其中,下偏弯折处会受到较大的压力,且随着下偏程度的增加而变大;非下偏一侧的压力云图与无下偏状况下相比略大,其分布状况基本类似。

综上所述,由于下偏一侧的上伞衣受到的压强减小,下伞衣受到的压强增加,导致单侧后缘下拉处升力有所增加,从而在翼伞两侧形成升力差,产生滚转力矩。

### 3. 翼伞双侧下偏

翼伞的双侧后缘对称下偏是通过同时下拉后缘伞绳来实现的。这一操纵方式下翼伞外形会发生很大的改变,导致升力、阻力系数增大,水平速度和垂直速度迅速降低,使翼伞以最小速度着陆而实现"雀降"。不同双侧下偏情况下的气动系数变化见图 4-20、图 4-21 和图 4-22。

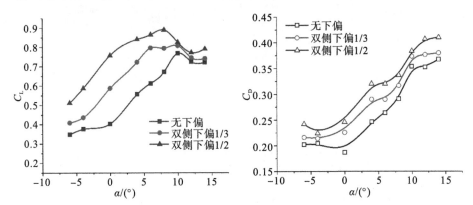

图 4-20　不同双侧后缘下偏升力系数变化　　图 4-21　不同双侧后缘下偏阻力系数变化

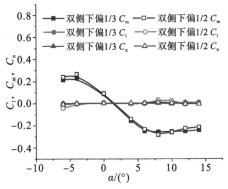

图 4-22　不同双侧后缘下偏力矩系数变化

由图 4-20、图 4-21 可知,在双侧下偏工作方式下,升力系数随攻角增大先增大后减小,阻力系数则不断增大;随着双侧下偏量的增加,翼伞失速攻角逐渐减小;在相同攻角下,下偏量越大,升力系数和阻力系数越大;在相同条件下,等量双侧下偏比单侧下偏对应的升力系数和阻力系数都要增加。由图 4-22 可见,当翼伞双侧后缘下偏时,俯仰力矩系数变化曲线与无下偏情况下一致;滚转力矩系数、偏航力矩系数趋近于 0，说明翼伞在后缘双侧等幅下偏时无侧向运动。

为了直观看出双侧下偏时翼伞升阻系数变化原因，同样可通过分析伞衣的压力云图来实现，见图 4-23、图 4-24。从左至右分别对应无下偏、单侧下偏 1/3、单侧下偏 1/2 三类情况。

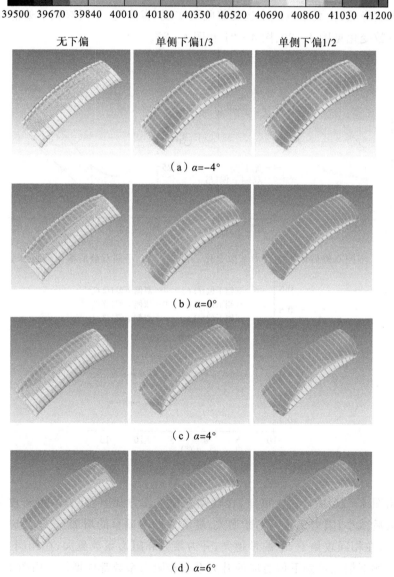

图 4-23 不同双侧后缘下偏时上伞衣压力云图

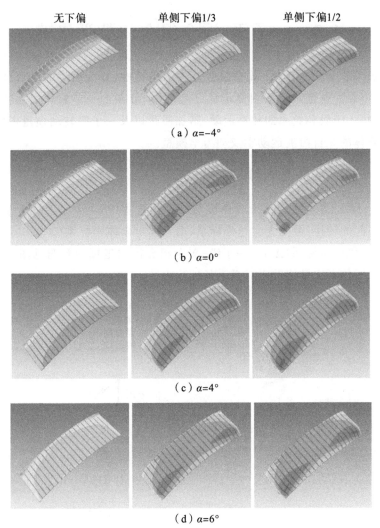

无下偏　　　　单侧下偏1/3　　　　单侧下偏1/2

（a）α=-4°

（b）α=0°

（c）α=4°

（d）α=6°

图 4-24　不同双侧后缘下偏时下伞衣压力云图

根据不同后缘双侧下偏的压力云图变化可知，无论是上翼面还是下翼面，压力分布均为从前缘至后缘逐渐增大。后缘对称下偏与正常翼伞工作相比，伞衣左右压力分布对称性较好，同时上伞衣表面的压力值降低，下伞衣压力值增大，导致上下伞衣之间由于压力差值增大而出现升力增大。其中，下表面高压区向后缘移动，翼伞在双侧等量下偏时侧向受力几乎为零，因而在此控制方式下无风时翼伞做滑翔运动，无侧偏。

# 4.3　一子级-翼伞组合体数学建模

为进一步分析一子级-翼伞组合体的运动特性,并为后续的组合体归航航迹规划、姿态和航迹跟踪控制奠定良好基础,本节在上一节翼伞气动特性分析基础上,将一子级和翼伞的相对运动、附加质量以及一子级转动惯量考虑在内,建立组合体的 9 自由度运动学及动力学模型。

## 4.3.1　坐标系及其转换

在一子级-翼伞组合体 9 自由度协同建模过程中,主要涉及 4 个坐标系以及坐标系间的转换,分别为大地坐标系($\Lambda_e$)、翼伞伞体坐标系($\Lambda_p$)、一子级体坐标系($\Lambda_b$)、气流坐标系($\Lambda_a$)。一子级-翼伞组合体的坐标示意图见图 4-25,坐标系以飞行仿真中常用的坐标系为基础建立。

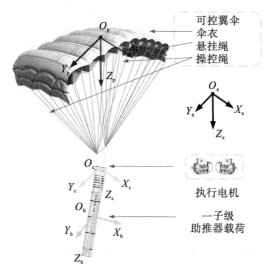

图 4-25　一子级-翼伞组合体坐标系示意图

1)大地坐标系 $\Lambda_e(O_eX_eY_eZ_e)$:$\Lambda_e$ 坐标系原点 $O_e$ 位于地面固有一点,取为组合体质心在地面上的投影位置,$O_eX_e$ 轴根据需求选取初始方向,$O_eX_e$ 与 $O_eY_e$ 轴相互垂直并位于水平面内,$O_eZ_e$ 轴铅垂向下。

2)翼伞伞体坐标系 $\Lambda_p(O_pX_pY_pZ_p)$:$\Lambda_p$ 坐标系原点 $O_p$ 取为翼伞完全充气后的伞衣质心,$O_pX_p$ 轴由伞衣质心指向伞衣前沿,$O_pX_pZ_p$ 面为翼伞纵向对称面，$O_pY_p$ 轴垂直于 $O_pX_pZ_p$ 面并指向右。

3) 一子级体坐标系 $\Lambda_b(O_bX_bY_bZ_b)$：$\Lambda_b$ 坐标系原点 $O_b$ 取为一子级质心，$O_bX_b$ 轴垂直于一子级纵向对称轴线并指向前沿，$O_bX_bZ_b$ 面为一子级纵向对称面，$O_bY_b$ 轴垂直于 $O_bX_bZ_b$ 面并指向右。

4) 气流坐标系 $\Lambda_a(O_aX_aY_aZ_a)$：$\Lambda_a$ 坐标系原点 $O_a$ 取为组合体质心，$O_aX_a$ 始终指向系统空速的矢量方向，$O_aZ_a$ 位于组合体对称平面内，垂直 $O_aX_a$ 并指向地面，$O_aY_a$ 轴垂直于 $O_aX_aZ_a$ 面并指向右。后续所涉及的气动力均是在气流坐标系中完成定义的。

上述 4 个坐标系间的转换关系如下。

### 1. 大地坐标系与翼伞伞体坐标系间的转换

飞行器的三个欧拉角反映出大地坐标系与伞体坐标系间的相对方位，定义翼伞偏航角为 $\psi_p$，规定右偏航为正；翼伞俯仰角为 $\theta_p$，规定上俯仰为正；翼伞滚转角为 $\phi_p$，规定右滚转为正。

大地坐标系 $\Lambda_e$ 向翼伞伞体坐标系 $\Lambda_p$ 转换的通道顺序通常为 $Z—Y—X$。首先，将两坐标系原点重合，令坐标系 $\Lambda_e$ 绕其 $O_eZ_e$ 轴旋转 $\psi_p$，再令大地坐标系绕当前的 $O_eY'$ 轴旋转 $\theta_p$，最后令大地坐标系绕当前的 $O_eX_e$ 轴旋转 $\phi_p$，即可转换到对应的伞体坐标系，见图 4-26。坐标系 $\Lambda_e$ 至 $\Lambda_p$ 的转换矩阵为

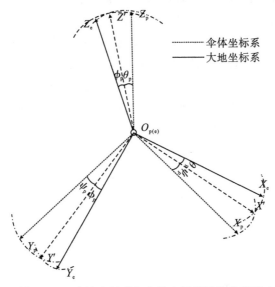

图 4-26　大地坐标系与伞体坐标系转换示意图

$$T_{p-e} = \begin{bmatrix} \cos\theta_p\cos\psi_p & \cos\theta_p\sin\psi_p & -\sin\theta_p \\ \sin\phi_p\sin\theta_p\cos\psi_p - \cos\phi_p\sin\psi_p & \sin\phi_p\sin\theta_p\cos\psi_p + \cos\phi_p\cos\psi_p & \sin\phi_p\cos\theta_p \\ \cos\phi_p\sin\theta_p\cos\psi_p + \sin\phi_p\sin\psi_p & \cos\phi_p\sin\theta_p\sin\psi_p - \sin\phi_p\cos\psi_p & \cos\phi_p\cos\theta_p \end{bmatrix}$$

$$(4-17)$$

### 2. 大地坐标系与一子级体坐标系间的转换

相似地，一子级的三个欧拉角反映出大地坐标系与一子级体坐标系间的相对方位，定义一子级偏航角为 $\psi_b$，规定右偏航为正；一子级俯仰角为 $\theta_b$，规定上俯仰为正；一子级滚转角为 $\phi_b$，规定右滚转为正。

大地坐标系 $\Lambda_e$ 向一子级体坐标系 $\Lambda_b$ 的转换与 $\Lambda_e$ 向 $\Lambda_p$ 转换类似，此处不再赘述。坐标系 $\Lambda_e$ 至 $\Lambda_b$ 的转换矩阵为

$$T_{b-e} = \begin{bmatrix} \cos\theta_b\cos\psi_b & \cos\theta_b\sin\psi_b & -\sin\theta_b \\ \sin\phi_b\sin\theta_b\cos\psi_b - \cos\phi_b\sin\psi_b & \sin\phi_b\sin\theta_b\cos\psi_b + \cos\phi_b\cos\psi_b & \sin\phi_b\cos\theta_b \\ \cos\phi_b\sin\theta_b\cos\psi_b + \sin\phi_b\sin\psi_b & \cos\phi_b\sin\theta_b\sin\psi_b - \sin\phi_b\cos\psi_b & \cos\phi_b\cos\theta_b \end{bmatrix}$$

$$(4-18)$$

### 3. 气流坐标系与翼伞伞体坐标系间的转换

翼伞攻角 $\alpha_p$ 和侧滑角 $\beta_p$ 反映了气流坐标系与翼伞伞体坐标系的相对方位。攻角 $\alpha_p$ 定义为空速矢量在翼伞纵向对称面内的投影与翼伞伞体坐标系 $\Lambda_p$ 的 $O_pX_p$ 轴的夹角。当投影位于 $O_pX_p$ 轴下方时，$\alpha_p$ 为正；侧滑角 $\beta_p$ 定义为空速矢量与翼伞纵向对称面的夹角，当空速矢量位于对称面右侧时，$\beta_p$ 为正。

翼伞伞体坐标系 $\Lambda_p$ 向气流坐标系 $\Lambda_a$ 转换的通道顺序通常为 $Z$—$Y$。首先，将两坐标系原点重合，令坐标系 $\Lambda_p$ 绕其 $O_pZ_p$ 轴旋转 $\beta_p$，再令伞体坐标系绕当前的 $O_pY_a$ 轴旋转 $\alpha_p$，即可转换到对应的气流坐标系，转换过程见图 4-27。坐标系 $\Lambda_p$ 至 $\Lambda_a$ 的转换矩阵为

$$T_{a-p} = \begin{bmatrix} \cos\alpha_p\cos\beta_p & \sin\beta_p & \sin\alpha_p\cos\beta_p \\ -\cos\alpha_p\sin\beta_p & \cos\beta_p & -\sin\alpha_p\sin\beta_p \\ -\sin\alpha_p & 0 & \cos\alpha_p \end{bmatrix} \qquad (4-19)$$

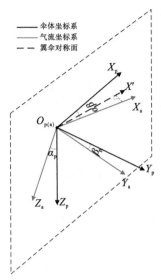

图 4-27　气流坐标系与伞体坐标系坐标转换示意图

## 4.3.2　假设条件

在建立一子级-翼伞组合体 9 自由度模型前,需要做如下理想化假设。

1)翼伞展向对称,完全充气且稳定滑翔状态下,伞衣形状固定。

2)伞衣质心与压心位置重合,位于弦上距前缘 1/4 处。

3)一子级所受升力远小于其阻力,因而只考虑一子级阻力。

4)忽略翼伞后缘下偏带来的质心转动惯量的改变。

5)翼伞完全充气后伞衣与伞绳间呈刚性连接。

6)一子级与吊挂间呈刚性连接。

简化后的 9 自由度模型适用于所有拓扑形式为两刚体铰接的系统。下面分别围绕翼伞附加质量计算、一子级和翼伞运动学和动力学分析与建模进行介绍。

## 4.3.3　运动学方程

本节将建立一子级-翼伞组合体 9 自由度运动学模型。传统的 6 自由度模型假定翼伞与一子级间呈刚性连接形成一个整体,而 9 自由度模型则考虑了翼伞与一子级之间的相对运动。9 个自由度分别为交汇点 $O_c$ 的三个平移运动和翼伞及一子级的各三个旋转运动。

### 1. 组合体运动学方程

9 自由度模型下,组合体的运动学方程可由 9 个状态变量表示,分别为坐标系 $\Lambda_e$ 下交汇点 $O_c$ 的位置 $\boldsymbol{X}_c = [x_c \quad y_c \quad z_c]^T \in \mathbf{R}^3$,翼伞的欧拉角 $\boldsymbol{\Theta}_p = [\phi_p \quad \theta_p \quad \psi_p]^T \in \mathbf{R}^3$ 和一子级的欧拉角 $\boldsymbol{\Theta}_b = [\phi_b \quad \theta_b \quad \psi_b]^T \in \mathbf{R}^3$。

交汇点 $O_c$ 在坐标系 $\Lambda_e$ 下的平移速度 $\boldsymbol{V}_c = [u_c \quad v_c \quad w_c]^T \in \mathbf{R}^3$ 可由 $\boldsymbol{X}_c$ 微分得到:

$$\dot{\boldsymbol{X}}_c = \boldsymbol{V}_c \tag{4-20}$$

翼伞和一子级欧拉角速度与其对应角速度之间的关系分别为

$$\dot{\boldsymbol{\Theta}}_p = \boldsymbol{G}(\boldsymbol{\Theta}_p) w_p = \begin{bmatrix} 1 & \sin\phi_p \tan\theta_p & \cos\phi_p \tan\theta_p \\ 0 & \cos\theta_p & -\sin\theta_p \\ 0 & \sin\phi_p/\cos\theta_p & \cos\phi_p/\cos\theta_p \end{bmatrix} w_p \tag{4-21}$$

$$\dot{\boldsymbol{\Theta}}_b = \boldsymbol{G}(\boldsymbol{\Theta}_b) w_b = \begin{bmatrix} 1 & \sin\phi_b \tan\theta_b & \cos\phi_b \tan\theta_b \\ 0 & \cos\theta_b & -\sin\theta_b \\ 0 & \sin\phi_b/\cos\theta_b & \cos\phi_b/\cos\theta_b \end{bmatrix} w_b \tag{4-22}$$

式中,$w_p = [p_p \quad q_p \quad r_p]^T \in \mathbf{R}^3$、$w_b = [p_b \quad q_b \quad r_b]^T \in \mathbf{R}^3$ 分别表示翼伞在坐标系 $\Lambda_p$ 下和一子级在坐标系 $\Lambda_b$ 下的欧拉角速度投影。

### 2. 一子级运动学方程

一子级质心 $O_b$ 在坐标系 $\Lambda_b$ 下的位置可以通过将坐标系 $\Lambda_e$ 下交汇点 $O_c$ 的位置矢量投影到坐标系 $\Lambda_b$ 内,并与 $O_b$ 和 $O_c$ 间的距离矢量 $\boldsymbol{R}_{cb}$ 相加获得,具体计算方法如下:

$$\boldsymbol{X}_b = \boldsymbol{T}_{b\text{-}e} \boldsymbol{X}_c + \boldsymbol{R}_{cb} \tag{4-23}$$

式中,$\boldsymbol{T}_{b\text{-}e}$ 为式(4-18)所示的大地坐标系到一子级体坐标系的转换矩阵。

一子级质心 $O_b$ 的速度矢量 $\boldsymbol{V}_b = [u_b \quad v_b \quad w_b]^T$ 由速度平动矢量与转动矢量相加得到:

$$\boldsymbol{V}_b = \boldsymbol{T}_{b\text{-}e} \boldsymbol{V}_c + w_b^\times \boldsymbol{R}_{cb} \tag{4-24}$$

式中,$w_b^\times$ 为 $w_b$ 的叉乘算子,其具体表达式如下:

$$w_b^\times = \begin{bmatrix} 0 & -r_b & q_b \\ r_b & 0 & -p_b \\ -q_b & p_b & 0 \end{bmatrix} \tag{4-25}$$

### 3. 翼伞运动学方程

类似地,翼伞质心 $O_p$ 在坐标系 $\Lambda_p$ 下的位置可以通过将坐标系 $\Lambda_e$ 下交汇

点 $O_c$ 的位置矢量投影到坐标系 $\Lambda_p$ 内,并与 $O_p$ 和 $O_c$ 间的距离矢量 $\boldsymbol{R}_{cp}$ 相加获得,具体计算方法如下:

$$\boldsymbol{X}_p = \boldsymbol{T}_{p\text{-}e}\boldsymbol{X}_c + \boldsymbol{R}_{cp} \tag{4-26}$$

式中,$\boldsymbol{T}_{p\text{-}e}$ 为大地坐标系到伞体坐标系的转换矩阵。

翼伞质心 $O_p$ 的速度矢量 $\boldsymbol{V}_p = \begin{bmatrix} u_p & v_p & w_p \end{bmatrix}^T$ 可由如下公式获得:

$$\boldsymbol{V}_p = \boldsymbol{T}_{p\text{-}e}\boldsymbol{V}_c + w_p^{\times}\boldsymbol{R}_{cp} \tag{4-27}$$

式中,$w_p^{\times}$ 可按下式计算:

$$w_p^{\times} = \begin{bmatrix} 0 & -r_p & q_p \\ r_p & 0 & -p_p \\ -q_p & p_p & 0 \end{bmatrix} \tag{4-28}$$

## 4.3.4　动力学方程

### 1. 一子级动力学方程

通过对一子级的受力分析可知,作用在其质心上的有重力和气动力,同时由于交汇点与一子级相连,交汇点上的弹簧阻尼器对一子级有一个反作用力,因此可得

$$m_w \dot{\boldsymbol{V}}_b = \boldsymbol{F}_b = \boldsymbol{F}_b^{aero} + \boldsymbol{F}_b^G - \boldsymbol{T}_{b\text{-}e}\boldsymbol{F}_r \tag{4-29}$$

$$\boldsymbol{F}_b^G = \boldsymbol{T}_{b\text{-}e}\begin{bmatrix} 0 & 0 & m_w g \end{bmatrix}^T = m_w g \begin{bmatrix} -\sin\theta_b \\ \sin\phi_b\cos\theta_b \\ \cos\phi_b\cos\theta_b \end{bmatrix} \tag{4-30}$$

式中,$\boldsymbol{F}_b$ 为一子级所受合力;$\boldsymbol{F}_b^{aero}$ 为一子级所受气动力;$\boldsymbol{F}_b^G$ 为一子级所受重力;$m_w$ 为一子级质量;$g$ 为重力加速度;$\boldsymbol{F}_r = \begin{bmatrix} F_{rx} & F_{ry} & F_{rz} \end{bmatrix}^T$ 为交汇点反作用力。

由于一子级所受升力远小于其阻力,因此在计算一子级气动力时可忽略升力,$\boldsymbol{F}_b^{aero}$ 为

$$\boldsymbol{F}_b^{aero} = -QS_b^{ref}C_b^D \begin{bmatrix} u_b \\ v_b \\ w_b \end{bmatrix} \tag{4-31}$$

式中,$Q$ 表示动态压力;$S_b^{ref}$ 表示一子级参考面积;$C_b^D$ 表示一子级的阻力系数;$C_b^D$ 计算公式为

$$C_b^D = C_{D_0} + C_{D_a}\alpha_b^2 \tag{4-32}$$

式中,$\alpha_b$ 为一子级攻角。

由于一子级所受重力及气动力均位于质心，因此不产生力矩。一子级所受的合力矩包含交汇点对一子级的反作用力矩及翼伞与一子级相对运动导致弹簧阻尼器产生的回复力矩，其表达式为

$$\boldsymbol{M}_b = \boldsymbol{M}_c + \boldsymbol{R}_{cb}^{\times} \boldsymbol{T}_{b\text{-}e} \boldsymbol{F}_r \tag{4-33}$$

$$\boldsymbol{R}_{cb}^{\times} = \begin{bmatrix} 0 & -R_{cb}(3) & R_{cb}(2) \\ R_{cb}(3) & 0 & -R_{cb}(1) \\ -R_{cb}(2) & R_{cb}(1) & 0 \end{bmatrix} \tag{4-34}$$

根据文献[1]中的弹簧阻尼器模型，扭转力矩 $\boldsymbol{M}_c$ 可以表示为

$$\boldsymbol{M}_c = \begin{bmatrix} 0 \\ 0 \\ K_c(\tilde{\psi}_p - \tilde{\psi}_b) + C_c(\dot{\tilde{\psi}}_p - \dot{\tilde{\psi}}_b) \end{bmatrix} \tag{4-35}$$

式中，$K_c$ 为刚性系数；$C_c$ 为阻尼系数；$\tilde{\psi}_p$ 和 $\tilde{\psi}_b$ 的表达式分别为

$$\tilde{\psi}_p = \arctan\left(\frac{\sin\phi_p \sin\theta_p \cos\psi_p - \cos\phi_p \sin\psi_p}{\cos\theta_p \cos\psi_p}\right) \tag{4-36}$$

$$\tilde{\psi}_b = \arctan\left(\frac{\sin\phi_b \sin\theta_b \cos\psi_b - \cos\phi_b \sin\psi_b}{\cos\theta_b \cos\psi_b}\right) \tag{4-37}$$

一子级力矩平衡方程为

$$\boldsymbol{I}_b \dot{\boldsymbol{w}}_b = -\boldsymbol{w}_b^{\times} \boldsymbol{I}_b \boldsymbol{w}_b + \boldsymbol{M}_b - \dot{\boldsymbol{I}}_b \boldsymbol{w}_b \tag{4-38}$$

式中，$\boldsymbol{I}_b = \boldsymbol{I}_b^0 + \boldsymbol{I}_b^{var}$ 为一子级的转动惯量，其中 $\boldsymbol{I}_b^0$ 为标称量，$\boldsymbol{I}_b^{var}$ 为未知变量，因此 $\dot{\boldsymbol{I}}_b = \dot{\boldsymbol{I}}_b^{var}$。

### 2. 翼伞动力学方程

与上一章的阻力伞数学建模类似，一子级-翼伞建模中也要考虑翼伞附加质量的影响。附加质量的概念在流体动力学中已有详细的描述与解析[2]，它描述了物体在不同流体中做加速运动时会出现不同的变化。在真空环境中，物体做加速运动时，只有物体本身的动量和动量矩改变；而在流体环境中，物体做加速运动时不仅物体本身的动量和动量矩改变，物体周围的流体的动量和动量矩也发生改变，附加质量描述的就是这部分流体动量和动量矩的改变。

假设一个物体在真空中做变速运动，该物体所受合力为 $\boldsymbol{F}$，质量为 $m$，根据动量方程可得

$$\boldsymbol{F} = m\dot{\boldsymbol{V}} \tag{4-39}$$

当该物体浸没在流体中，在拉力 $\boldsymbol{F}'$ 的作用下做变速运动时，流体会产生相

应的惯性阻力 $\boldsymbol{Z}$，则物体运动方程为

$$\boldsymbol{F}' - \boldsymbol{Z} = m\dot{\boldsymbol{V}}' \qquad (4-40)$$

将惯性阻力 $\boldsymbol{Z}$ 以动量的形式表示，则物体像是在原有质量基础上增加了被干扰的流体质量，这部分质量称为附加质量 $m_f$，则上式化为

$$\boldsymbol{F}' = (m + m_f)\dot{\boldsymbol{V}}' \qquad (4-41)$$

由式（4-41）可得，流体中一个物体的加速运动，导致了其周边流体质量的增加，这一部分改变的质量就是附加质量。但上式仅表示出了平动附加质量项，在一子级-翼伞组合体复杂的运动中，对于翼伞这种密度与空气密度大致相同的柔性伞体，其转动惯量项、平动和转动的耦合项也都要予以考虑[3]。

翼伞的附加质量与翼伞外形、尺寸、透气量密切相关，理论计算比较复杂。目前常用的计算方法有三种：标量法[4]、Lissaman（利萨曼）[5] 计算公式和 Barrows（巴罗斯）[6] 计算公式。由于标量法将附加质量视为伞中所含质量与伞衣排出气体质量总和的 1/2，处理过于简单，结果误差较大。而 Barrows 法是在 Lissaman 法基础上的改进，与实际值相比误差会更小[7]，因此这里采用 Barrows 计算方法，即

$$\boldsymbol{M}_f = \begin{bmatrix} m_{f_{11}} & 0 & 0 \\ 0 & m_{f_{22}} & 0 \\ 0 & 0 & m_{f_{33}} \end{bmatrix} = \begin{bmatrix} \rho k_A \pi \dfrac{e^2 b}{4} & 0 & 0 \\ 0 & \rho k_B \pi \dfrac{e^2 c}{4} & 0 \\ 0 & 0 & \rho \dfrac{\lambda}{1+\lambda} \pi \dfrac{c^2 b}{4} \end{bmatrix} \qquad (4-42)$$

$$\boldsymbol{I}_f = \begin{bmatrix} I_{f_{11}} & 0 & 0 \\ 0 & I_{f_{22}} & 0 \\ 0 & 0 & I_{f_{33}} \end{bmatrix} = \begin{bmatrix} 0.055\,\dfrac{\rho\lambda b^3 c^2}{1+\lambda} & 0 & 0 \\ 0 & 0.0308\,\dfrac{\rho\lambda bc^4}{1+\lambda} & 0 \\ 0 & 0 & \dfrac{55\rho b^3 e^2}{1000} \end{bmatrix}$$

$$(4-43)$$

式中，$\boldsymbol{M}_f$ 为附加质量；$\boldsymbol{I}_f$ 为附加转动惯量；$\rho$ 为大气密度；$k_A$、$k_B$ 为三维效应修正因子，根据文献[8]取 $k_A = 0.848$，$k_B = 1.0$；其他参数采用 2.3.2 节的翼伞几何参数。

由于伞翼面是展向圆弧形，因此至少有两个中心，即滚转中心 $O_\phi$ 和俯仰中心 $O_\theta$。两个中心均位于展向对称面和弦向对称面的交线上，与交汇点共线，根

据几何关系可以解算出俯仰中心 $O_\theta$ 到交汇点 $O_c$ 的距离为

$$\begin{cases} x_{O_\theta O_c} = y_{O_\theta O_c} = 0 \\ z_{O_\theta O_c} = \dfrac{R_L \sin\Theta}{\Theta} \end{cases} \qquad (4-44)$$

式中，$x_{O_\theta O_c}$、$y_{O_\theta O_c}$、$z_{O_\theta O_c}$ 为 $O_\theta$ 到 $O_c$ 的三轴距离，$R_L$、$\Theta$ 为 2.3 节设计的翼伞几何参数。

利用式(4-44)对式(4-43)、式(4-42)进行修正，可得展向圆弧形翼伞的平动附加质量分量和转动附加质量分量见式(4-45)和式(4-46)。

$$\boldsymbol{M}_{af} = \begin{bmatrix} m_{11} & 0 & 0 \\ 0 & m_{22} & 0 \\ 0 & 0 & m_{33} \end{bmatrix} = \begin{bmatrix} \left[1 + \dfrac{8}{3}(h^*)^2\right]m_{f_{11}} & 0 & 0 \\ 0 & \dfrac{R_L^2 m_{f_{22}} + I_{f_{11}}}{z_{O_\theta O_c}^2} & 0 \\ 0 & 0 & m_{f_{33}} \end{bmatrix}$$

$$(4-45)$$

$$\boldsymbol{I}_{af} = \begin{bmatrix} I_{11} & 0 & 0 \\ 0 & I_{22} & 0 \\ 0 & 0 & I_{33} \end{bmatrix} = \begin{bmatrix} \dfrac{z_{O_\theta O_\phi}^2}{z_{O_\theta O_c}^2} R_L^2 m_{f_{22}} + \dfrac{z_{O_\phi O_c}^2}{z_{O_\theta O_c}^2} I_{f_{22}} & 0 & 0 \\ 0 & I_{f_{22}} & 0 \\ 0 & 0 & \left[1 + 8(h^*)^2\right]I_{f_{33}} \end{bmatrix}$$

$$(4-46)$$

式中，$h^* = \dfrac{R(1-\cos\Omega)}{2r\sin\Omega} \approx \dfrac{\Omega}{4}$ 代表的是拱高系数，则相对原点的附加质量计算公式为

$$\boldsymbol{A}_O = \begin{bmatrix} \boldsymbol{M}_{af} & -\boldsymbol{M}_{af}(\boldsymbol{a}_{\infty_\phi}^\times + \boldsymbol{a}_{O_\phi O_\theta}^\times \boldsymbol{S}_2) \\ (\boldsymbol{S}_2 \boldsymbol{a}_{O_\phi O_\theta}^\times + \boldsymbol{a}_{\infty_\phi}^\times)\boldsymbol{M}_{af} & \boldsymbol{J}_O \end{bmatrix} \qquad (4-47)$$

式中，$\boldsymbol{S}_2$ 为选择矩阵，只保留 $(\cdot)_{22}$ 项其余结果均为 0，即

$$\boldsymbol{S}_2 = \begin{bmatrix} 0 & 0 & 0 \\ 0 & 1 & 0 \\ 0 & 0 & 0 \end{bmatrix} \qquad (4-48)$$

式中，$\boldsymbol{a}_{O_\phi O_\theta}^\times$ 和 $\boldsymbol{a}_{\infty_\phi}^\times$ 分别为滚转中心 $O_\phi$ 到俯仰中心 $O_\theta$ 和原点 $O$ 的距离矢量构造成的叉乘算子，其形式与 $\boldsymbol{w}_b^\times$ 类似。矩阵 $\boldsymbol{J}_O$ 各项分别为

$$\boldsymbol{J}_O = \boldsymbol{J}_{af} - \boldsymbol{a}_{\infty_\phi}^\times \boldsymbol{M}_{af} \boldsymbol{a}_{\infty_\phi}^\times - \boldsymbol{a}_{O_\phi O_\theta}^\times \boldsymbol{M}_{af} \boldsymbol{a}_{O_\phi O_\theta}^\times \boldsymbol{S}_2 - \boldsymbol{W} - \boldsymbol{W}^T \qquad (4-49)$$

$$W = S_2 \boldsymbol{a}_{O_\phi O_\theta}^\times \boldsymbol{M}_{\mathrm{af}} \boldsymbol{a}_{\infty_\phi}^\times \tag{4-50}$$

通过前述内容及受力分析可知,翼伞伞体所受力有气动力、重力、附加质量力与交汇点反作用力,其表达式为

$$m_{\mathrm{p}} \dot{\boldsymbol{V}}_{\mathrm{p}} = \boldsymbol{F}_{\mathrm{p}} = \boldsymbol{F}_{\mathrm{p}}^{\mathrm{aero}} + \boldsymbol{F}_{\mathrm{p}}^{\mathrm{G}} + \boldsymbol{F}_{\mathrm{app}} - \boldsymbol{T}_{\mathrm{p\text{-}e}} \boldsymbol{F}_{\mathrm{r}} \tag{4-51}$$

$$\boldsymbol{F}_{\mathrm{p}}^{\mathrm{G}} = \boldsymbol{T}_{\mathrm{p\text{-}e}} \begin{bmatrix} 0 & 0 & m_{\mathrm{p}} g \end{bmatrix}^{\mathrm{T}} = m_{\mathrm{p}} g \begin{bmatrix} -\sin\theta_{\mathrm{p}} \\ \sin\phi_{\mathrm{p}}\cos\theta_{\mathrm{p}} \\ \cos\phi_{\mathrm{p}}\cos\theta_{\mathrm{p}} \end{bmatrix} \tag{4-52}$$

式中,$\boldsymbol{F}_{\mathrm{p}}$ 为翼伞所受合力;$\boldsymbol{F}_{\mathrm{p}}^{\mathrm{aero}}$ 为翼伞所受气动力;$\boldsymbol{F}_{\mathrm{p}}^{\mathrm{G}}$ 为翼伞所受重力;$\boldsymbol{F}_{\mathrm{app}}$ 为翼伞附加质量力;$m_{\mathrm{p}}$ 为翼伞质量;$g$ 为重力加速度;$\boldsymbol{F}_{\mathrm{r}}$ 为交汇点反作用力。

翼伞气动力可按下式计算:

$$\boldsymbol{F}_{\mathrm{p}}^{\mathrm{aero}} = Q S_{\mathrm{p}} \boldsymbol{T}_{\mathrm{p\text{-}w}} \boldsymbol{C}_{\mathrm{p}}^{\mathrm{aero}} + \boldsymbol{T}_{\mathrm{p\text{-}w}} \boldsymbol{g}_{\mathrm{p}}^{\mathrm{aero}} \boldsymbol{u}_\delta \tag{4-53}$$

式中,$Q$ 为动压;$S_{\mathrm{p}}$ 为翼伞有效面积;$\boldsymbol{u}_\delta = \begin{bmatrix} \delta_{\mathrm{a}} & \delta_{\mathrm{e}} \end{bmatrix}^{\mathrm{T}}$ 为系统输入,$\delta_{\mathrm{e}}$ 为双侧下偏量,$\delta_{\mathrm{a}}$ 为单侧下偏量;$\boldsymbol{T}_{\mathrm{p\text{-}w}} \in \mathbf{R}^{3\times3}$;$\boldsymbol{C}_{\mathrm{p}}^{\mathrm{aero}} \in \mathbf{R}^3$;$\boldsymbol{g}_{\mathrm{p}}^{\mathrm{aero}} \in \mathbf{R}^{3\times2}$,其表达式分别为

$$\boldsymbol{T}_{\mathrm{p\text{-}w}} = \begin{bmatrix} \cos\alpha_{\mathrm{p}} & 0 & -\sin\alpha_{\mathrm{p}} \\ 0 & 1 & 0 \\ -\sin\alpha_{\mathrm{p}} & 0 & \cos\alpha_{\mathrm{p}} \end{bmatrix} \tag{4-54}$$

$$\boldsymbol{C}_{\mathrm{p}}^{\mathrm{aero}} = \begin{bmatrix} C_{\mathrm{D0}} + C_{\mathrm{D}\alpha}\alpha_{\mathrm{p}} + C_{\mathrm{D}q}\dfrac{bq_{\mathrm{p}}}{2\|\boldsymbol{V}_{\mathrm{p}}\|} \\ C_{\mathrm{Y}\beta}\beta_{\mathrm{p}} + C_{\mathrm{D}p}\dfrac{bp_{\mathrm{p}}}{2\|\boldsymbol{V}_{\mathrm{p}}\|} + C_{\mathrm{D}r}\dfrac{br_{\mathrm{p}}}{2\|\boldsymbol{V}_{\mathrm{p}}\|} \\ C_{\mathrm{L0}} + C_{\mathrm{L}\alpha}\alpha_{\mathrm{p}} + C_{\mathrm{L}q}\dfrac{bq_{\mathrm{p}}}{2\|\boldsymbol{V}_{\mathrm{p}}\|} \end{bmatrix} \tag{4-55}$$

$$\boldsymbol{g}_{\mathrm{p}}^{\mathrm{aero}} = \begin{bmatrix} 0 & Q S_{\mathrm{p}} C_{\mathrm{D}\delta_{\mathrm{e}}} \\ Q S_{\mathrm{p}} C_{\mathrm{Y}\delta_{\mathrm{a}}} & 0 \\ 0 & Q S_{\mathrm{p}} C_{\mathrm{L}\delta_{\mathrm{e}}} \end{bmatrix} \tag{4-56}$$

式中,$\alpha_{\mathrm{p}}$、$\beta_{\mathrm{p}}$ 分别为翼伞的攻角和侧滑角;$C_*$ 为翼伞不同的气动系数,可参考文献[9]的风洞实验数据和文献[10]的计算流体动力学方法的数据得到 $C_*$ 的取值。

通过附加质量和前述内容可得附加质量力,其具体表达式为

$$\boldsymbol{F}_{\mathrm{app}} = -\boldsymbol{M}_{\mathrm{af}} \dot{\boldsymbol{V}}_{\mathrm{p}} - \boldsymbol{w}_{\mathrm{p}}^\times \boldsymbol{M}_{\mathrm{af}} \boldsymbol{T}_{\mathrm{p\text{-}a}} \boldsymbol{V}_{\mathrm{p}} \tag{4-57}$$

由于伞体附加质量力受力中心与质心不重合,因此伞体还受附加质量力矩 $\boldsymbol{M}_{\mathrm{app}}$ 的作用。因此,翼伞所受合力矩主要有气动控制力矩 $\boldsymbol{\tau}$、附加质量力矩、弹簧阻尼器的回复力矩及交汇点的反作用力矩,其数学表达式为

$$\boldsymbol{M}_{\mathrm{p}} = \boldsymbol{\tau} + \boldsymbol{M}_{\mathrm{app}} - \boldsymbol{T}_{\mathrm{p-e}} \boldsymbol{T}_{\mathrm{b-e}}^{\mathrm{T}} \boldsymbol{M}_{\mathrm{c}} - \boldsymbol{R}_{\mathrm{cp}}^{\times} \boldsymbol{T}_{\mathrm{p-e}} \boldsymbol{F}_{\mathrm{r}} \qquad (4-58)$$

$$\boldsymbol{R}_{\mathrm{cp}}^{\times} = \begin{bmatrix} 0 & -R_{\mathrm{cp}}(3) & R_{\mathrm{cp}}(2) \\ R_{\mathrm{cp}}(3) & 0 & -R_{\mathrm{cp}}(1) \\ -R_{\mathrm{cp}}(2) & R_{\mathrm{cp}}(1) & 0 \end{bmatrix} \qquad (4-59)$$

式中,气动控制力矩 $\boldsymbol{\tau}$ 也是由翼伞执行机构动作产生的控制力矩,因此与系统控制输入量 $\boldsymbol{u}_{\delta}$ 相关,其表达式为

$$\boldsymbol{\tau} = QS_{\mathrm{p}}^{\mathrm{ref}} \boldsymbol{f}_{\tau} + \boldsymbol{g}_{\tau} \boldsymbol{u}_{\delta} \qquad (4-60)$$

$$\boldsymbol{f}_{\tau} = \begin{bmatrix} b\left(C_{l\beta}\beta_{\mathrm{p}} + C_{lp}\dfrac{bp_{\mathrm{p}}}{2\|\boldsymbol{V}_{\mathrm{p}}\|} + C_{lr}\dfrac{br_{\mathrm{p}}}{2\|\boldsymbol{V}_{\mathrm{p}}\|}\right) \\ c\left(C_{m0} + C_{m\alpha}\alpha_{\mathrm{p}} + C_{mq}\dfrac{bq_{\mathrm{p}}}{2\|\boldsymbol{V}_{\mathrm{p}}\|}\right) \\ b\left(C_{n\beta}\beta_{\mathrm{p}} + C_{np}\dfrac{bp_{\mathrm{p}}}{2\|\boldsymbol{V}_{\mathrm{p}}\|} + C_{nr}\dfrac{br_{\mathrm{p}}}{2\|\boldsymbol{V}_{\mathrm{p}}\|}\right) \end{bmatrix} \qquad (4-61)$$

$$\boldsymbol{g}_{\tau} = \begin{bmatrix} QS_{\mathrm{p}}bC_{l\delta_{\mathrm{a}}} & 0 \\ 0 & QS_{\mathrm{p}}cC_{m\delta_{\mathrm{e}}} \\ QS_{\mathrm{p}}bC_{n\delta_{\mathrm{a}}} & 0 \end{bmatrix} \qquad (4-62)$$

式中,$C_{*}$ 为翼伞不同的气动系数。

附加质量力矩具体的数学表达式为

$$\boldsymbol{M}_{\mathrm{app}} = -\boldsymbol{I}_{\mathrm{af}}\dot{\boldsymbol{w}}_{\mathrm{p}} - \boldsymbol{w}_{\mathrm{p}}^{\times}\boldsymbol{I}_{\mathrm{af}}\boldsymbol{w}_{\mathrm{p}} \qquad (4-63)$$

综上,翼伞的力矩平衡方程为

$$\boldsymbol{I}_{\mathrm{p}}\dot{\boldsymbol{w}}_{\mathrm{p}} = \boldsymbol{M}_{\mathrm{p}} - \boldsymbol{w}_{\mathrm{p}}^{\times}\boldsymbol{I}_{\mathrm{p}}\boldsymbol{w}_{\mathrm{p}} \qquad (4-64)$$

式中,$\boldsymbol{I}_{\mathrm{p}}$ 为翼伞的转动惯量。

### 3. 组合体动力学方程组

定义 $\boldsymbol{x} = \begin{bmatrix} \boldsymbol{w}_{\mathrm{p}}^{\mathrm{T}} & \boldsymbol{w}_{\mathrm{b}}^{\mathrm{T}} & \boldsymbol{V}_{\mathrm{c}}^{\mathrm{T}} & \boldsymbol{F}_{\mathrm{r}}^{\mathrm{T}} \end{bmatrix} \in \mathbf{R}^{12}$ 为状态量,综合式(4-29)、式(4-38)、式(4-39)、式(4-51)可得

$$\dot{x} = \left( \begin{bmatrix} \mathbf{0}_{3\times3} & \mathbf{I}_p + \mathbf{I}_{af} & \mathbf{0}_{3\times3} & \mathbf{R}_{cp}^{\times} \mathbf{T}_{p\text{-}e} \\ m_b \mathbf{T}_{b\text{-}e} & \mathbf{0}_{3\times3} & -m_b \mathbf{R}_{cb}^{\times} & \mathbf{T}_{b\text{-}e} \\ (m_p \mathbf{I}_3 + \mathbf{M}_{af}) \mathbf{T}_{p\text{-}e} & -(m_p \mathbf{I}_3 + \mathbf{M}_{af}) \mathbf{R}_{cp}^{\times} & \mathbf{0}_{3\times3} & -\mathbf{T}_{p\text{-}e} \\ \mathbf{0}_{3\times3} & \mathbf{0}_{3\times3} & \mathbf{I}_b & -\mathbf{R}_{cb}^{\times} \mathbf{T}_{b\text{-}e} \end{bmatrix}^{\mathrm{T}} \right)^{-1} \begin{bmatrix} \mathbf{B}_1 \\ \mathbf{B}_2 \\ \mathbf{B}_3 \\ \mathbf{B}_4 \end{bmatrix}$$

$$(4-65)$$

式中，$\mathbf{0}_{3\times3}$ 为零矩阵；$\mathbf{I}_3$ 为单位矩阵；

$$\mathbf{B}_1 = \boldsymbol{\tau} - w_p^{\times} (\mathbf{I}_p + \mathbf{I}_{af}) w_p - \mathbf{T}_{p\text{-}e} \mathbf{T}_{b\text{-}e}^{\mathrm{T}} \mathbf{M}_c \tag{4-66}$$

$$\mathbf{B}_2 = \mathbf{F}_b^{\text{aero}} + \mathbf{F}_b^{\mathrm{G}} - m_b w_b^{\times} w_b^{\times} \mathbf{R}_{cb} \tag{4-67}$$

$$\mathbf{B}_3 = \mathbf{F}_p^{\text{aero}} - (m_p \mathbf{I}_3 + \mathbf{M}_{af}) w_p^{\times} w_p^{\times} \mathbf{R}_{cp} + \mathbf{F}_p^{\mathrm{G}} - w_p^{\times} \mathbf{M}_{af} (\mathbf{T}_{p\text{-}e} \mathbf{V}_c + w_p^{\times} \mathbf{R}_{cp})$$

$$(4-68)$$

$$\mathbf{B}_4 = \mathbf{M}_c - w_b^{\times} \mathbf{I}_b w_b - \dot{\mathbf{I}}_b^{\text{var}} w_b \tag{4-69}$$

## 4.3.5　仿真及结果分析

### 1. 自由滑翔运动性能分析

对一子级-翼伞组合体进行无控制量的运动分析[11-17]，将初始位置、速度、姿态角等代入模型进行仿真，得到无偏自由滑翔时的一子级-翼伞组合体速度、位移、欧拉角、欧拉角速度、攻角、侧滑角和滑翔比随时间的响应曲线见图 4-28。可知，在自由滑翔阶段：

1）在不受风力作用下，翼伞的自由滑翔运动在稳定状态表现为在铅垂平面做滑翔角一定的直线运动，在水平面投影为一条直线。

2）在考虑重力加速度不变的情况下，翼伞和一子级的运动速度和角速度在稳定后都基本相等。

3）图 4-28(d)中，组合体的滑翔比在 18 s 的振荡后，稳定在 3.75。

4）图 4-28(e)、(f)中，一子级-翼伞组合体的姿态角只有俯仰角在滑翔运动刚开始时发生较大的振荡，翼伞在经过 58 s 的振荡过程后，俯仰角稳定在 0.06 rad，而偏航角和滚转角始终维持在 0 rad；一子级在经过 42 s 振荡后，俯仰角稳定在 -0.029 rad，偏航角和滚转角始终维持在 0 rad。

5）图 4-28(g)中，攻角在自由滑翔阶段稳定后保持在 0.359 rad，且因翼伞系统未受到偏航和滚转力矩，因此侧滑角一直保持在 0 rad。

综上可知，组合体在无偏滑翔状态，仅有纵向的运动状态发生变化，横侧向运动状态保持不变。

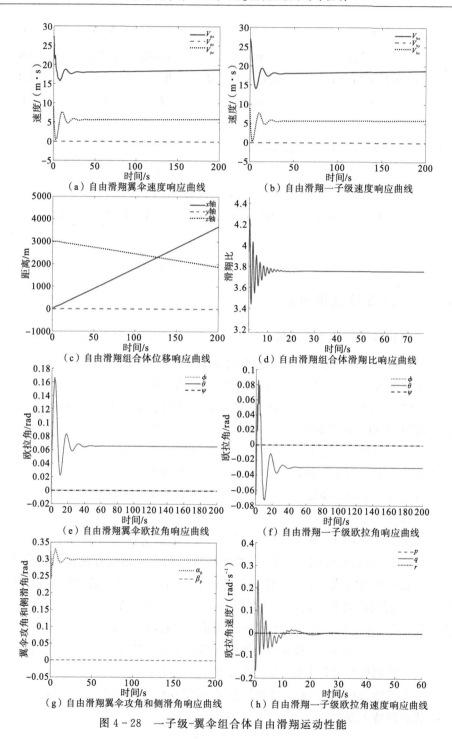

图 4-28　一子级-翼伞组合体自由滑翔运动性能

**2. 单侧下偏转弯运动性能分析**

当受到单侧下偏操纵时,翼伞会向一边转弯。给定单侧翼伞下偏量 $\delta_a =$
0.2,左侧下偏为正,右侧下偏为负,在 $t = 20$ s 时进行单侧下偏操纵,其余初始
条件与上节保持一致,仿真结果见图 4 - 29,观察可知,对翼伞实施单侧下偏
$\delta_a = 0.2$ 后,有如下结果。

1)组合体开始倾斜转弯运动,翼伞垂直速度在振荡后稳定在 8.8 m/s,一子
级垂直速度在振荡后稳定在 6.7 m/s;因为一子级的转弯半径会比翼伞的转弯
半径大,因此一子级的水平合速度会略大于翼伞水平合速度,分别为 23 m/s 和
22.8 m/s。

2)伞体滚转角在波动后稳定在 0.146 rad,俯仰角在波动后稳定在
0.08 rad,偏航角呈周期性波动,周期为 100 s。

3)组合体在空中做螺旋下滑运动,从水平轨迹图来看,是一个半径一定的
圆。当左、右襟翼分别下偏相同角度时,轨迹为两个旋转方向不同而半径相同
的圆。

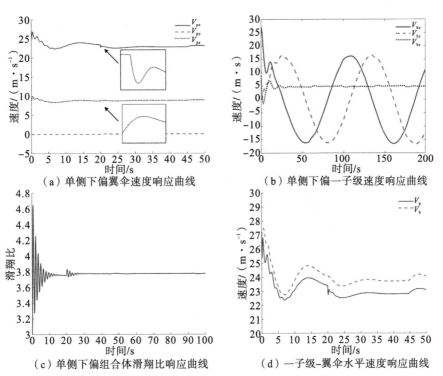

（a）单侧下偏翼伞速度响应曲线　　　　（b）单侧下偏一子级速度响应曲线

（c）单侧下偏组合体滑翔比响应曲线　　　　（d）一子级-翼伞水平速度响应曲线

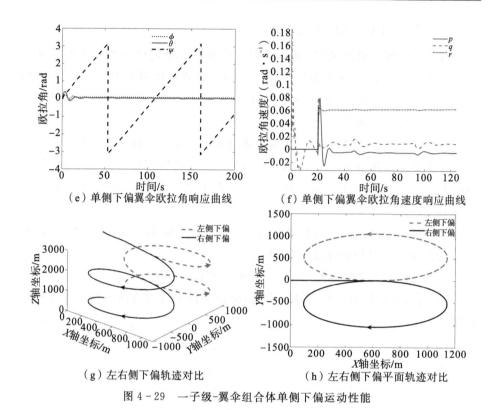

（e）单侧下偏翼伞欧拉角响应曲线　　　　（f）单侧下偏翼伞欧拉角速度响应曲线

（g）左右侧下偏轨迹对比　　　　　　（h）左右侧下偏平面轨迹对比

图 4-29　一子级-翼伞组合体单侧下偏运动性能

通过仿真，可以得到不同单侧下偏量角度情况下，翼伞系统单侧下偏运动的转弯半径、转弯速率和滑翔比数据。

### 3. 双侧下偏雀降运动性能分析

当给翼伞的双侧后缘同时施加下偏控制时，一子级-翼伞组合体的水平速度和垂直速度会迅速减小。为研究双侧下偏雀降段的运动状态，在 $t=30\text{ s}$ 时，向双侧后缘同时施加 $\delta_e=0.5$ 的下偏量，仿真结果见图 4-30。

由图可知，对翼伞实施双侧下偏 $\delta_e=0.5$ 后，由于翼伞伞衣的气动形状产生了较大的改变，翼伞升力系数和阻力系数有所增加，其受到的升力和阻力都会增大，因此使一子级-翼伞组合体迅速减速。由图 4-30 可以看出，翼伞和一子级的水平前向速度迅速减小后趋于稳定，但是一子级的稳态水平前向速度会略大于翼伞的稳态水平前向速度，分别稳定在 19.51 m/s 和 18.49 m/s；而垂直速度则在迅速增大后趋于稳定，稳态值均为 10.61 m/s。

组合体滑翔比在施加双侧下偏后会有所减小，从 3.75 减小到了 2.18，这是

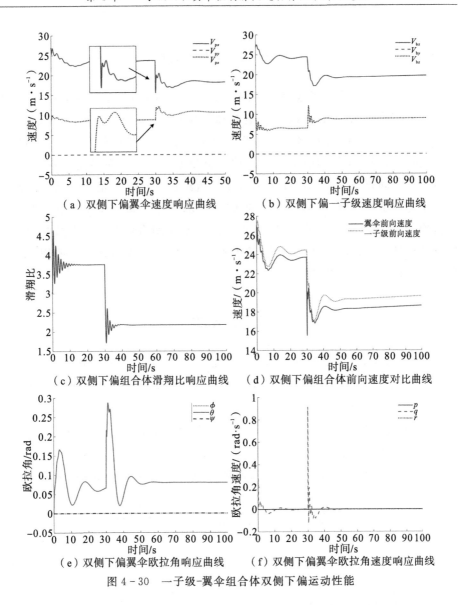

（a）双侧下偏翼伞速度响应曲线　　　（b）双侧下偏一子级速度响应曲线

（c）双侧下偏组合体滑翔比响应曲线　　（d）双侧下偏组合体前向速度对比曲线

（e）双侧下偏翼伞欧拉角响应曲线　　（f）双侧下偏翼伞欧拉角速度响应曲线

图 4-30　一子级-翼伞组合体双侧下偏运动性能

由于雀降运动时水平速度减小而垂直速度增加,所以滑翔比随之减小。

翼伞系统俯仰角和俯仰角速度在施加双侧下偏后首先大幅增加,在经过振荡减小的过程后恢复稳定;而滚转、偏航角和滚转、偏航角速度始终保持不变。因此可以认为,雀降操作只影响纵向运动,对横侧向运动无影响。

# 4.4　本章小结

　　本章首先完成了一子级-翼伞回收控制阶段的 CFD 气动特性分析,介绍了翼伞气动理论基础、Fluent CFD 仿真基础以及翼伞气动计算的控制方程和湍流模型,确定了计算域、计算网格和边界条件并进行了详细的气动仿真及结果分析,获得了用于一子级回收的不同下偏操纵量情况下的翼伞升阻力系数,建立了翼伞在不同攻角下的翼剖面压力云图及流线图。接下来基于运动学和动力学分析完成了一子级-翼伞组合体的协同建模,介绍了建模所用坐标系及其相互转换,计算了翼伞附加质量,建立了一子级-翼伞组合体 9 自由度数学模型并进行了模型气动特性仿真分析,验证了模型的可靠性,为后续的航迹规划以及归航控制打下了坚实基础。

# 参考文献

[1] SLEGERS N, COSTELLO M. Aspects of control for a parafoil and payload system [J]. Journal of Guidance, Control, and Dynamics, 2003, 26(6): 898 – 905.

[2] 中国航天工业总公司. 空气动力学术语 理论基础部分:QJ 2431.1—1994[S]. 北京:中国航天工业总公司,1994.

[3] 卞琨. 复杂风场下翼伞系统航迹规划与跟踪控制[D]. 长沙:国防科技大学, 2020.

[4] 黄伟. 降落伞附加质量的计算方法[J]. 航天返回与遥感,2016,37(2): 42 – 50.

[5] LISSAMAN P, BROWN G. Apparent mass effects on parafoil dynamics: aerospace Design[C]. Conference, 1993.

[6] BARROWS T M. Apparent mass of parafoils with spanwise camber[J]. Journal of Aircraft, 2013,39(3):445 – 451.

[7] GORDON S, LARS W. Analysis of the relative motion in a parafoil - load - system[C]. AIAA, 2000.

[8] 熊菁,宋旭民,秦子增. 翼伞系统两体相对运动分析 [J]. 航天返回与遥感,2004(2): 10 – 16.

［9］　MASHUD M，UMEMURA A. Improvement in aerodynamic characteristics of a paraglider wing canopy［J］. Transactions of the Japan Society for Aeronautical and Space Sciences，2006，49(165)：154 - 161.

［10］　GHOREYSHI M，BERGERON K，LOFTHOUSE A J，et al. CFD calculation of stability and control derivatives for ram - air parachutes ［C］. Proceedings of The AIAA Atmospheric Flight Mechanics Conference，2016.

［11］　刘志友. 仿生飞鱼滑翔性能的数值模拟研究［D］. 杭州：浙江大学，2019.

［12］　袁智荣. 火箭弹制导化中的坐标转换问题［J］. 测控技术，2009，28(11)：91 - 94.

［13］　谢亚荣. 空投任务下翼伞建模与飞行控制研究［D］. 南京：南京航空航天大学，2011.

［14］　杨海鹏. 翼伞九自由度动力学建模与仿真［J］. 科技创新导报，2017，14(29)：7 - 9.

［15］　郭一鸣. 面向运载火箭回收任务的柔性翼伞系统控制方法［D］. 西安：西北工业大学，2023.

［16］　冯磊. 火箭一子级翼伞回收自主归航控制研究［D］. 西安：西北工业大学，2023.

［17］　XING X J，FENG L，CHEN M，et al. Modeling and research of a multi - stage parachute system for the booster recovery［J］. Journal of Aerospace Engineering (Part G)，2023，237(5)：1135 - 1157.

# 第 5 章 一子级回收翼伞控制阶段离线航迹规划

一子级落区控制与回收的翼伞操纵段需要基于翼伞的机动性能约束对一子级-翼伞组合体归航航迹进行离线规划(为了简化,后续将归航航迹规划简称为航迹规划),之后翼伞姿态控制器操纵翼伞伞衣下偏带动一子级按照规划航迹进行归航。因一子级自身缺乏操纵能力,所以组合体的离线航迹规划依赖于翼伞的航迹规划,其常用方法包括简单归航、分段归航和最优控制归航等 3 种方法。针对一子级伞降回收任务的特点,本章分别给出基于分段归航法和基于最优控制法的一子级-翼伞组合体归航航迹规划方法。

## 5.1 质点模型

一子级-翼伞组合体的航迹规划反应了组合体质点的运动轨迹,只需要能反映出组合体的位置及航向角变化即可。因此,可忽略组合体的滚转、俯仰变化,建立航向角质点模型进行航迹规划。为简化问题,建立质点模型前做以下假设。

1)质点模型对输入信号的响应无延迟。

2)风场为水平方向,风速大小已知。

3)一子级-翼伞组合体稳定下降时重力及气动力平衡,组合体的水平速度与垂直速度保持不变。

基于上述假设,建模时采用大地坐标系(见 4.3.1 节),取 $X$ 轴方向为水平风向,$Z$ 轴垂直于地面向上,按照右手准则确定 $Y$ 轴方向,则一子级-翼伞组合体的质点模型为

$$\begin{cases} \dot{x} = v_1\cos\psi + v_{\text{wind},x} \\ \dot{y} = v_1\sin\psi + v_{\text{wind},y} \\ \dot{z} = v_z \\ \dot{\psi} = u \end{cases} \quad (5-1)$$

式中，$v_l$ 为一子级-翼伞组合体的水平速度；$v_z$ 为一子级-翼伞组合体的垂直下降速度；$v_{\text{wind},x}$ 为水平风速在 $X$ 轴的投影；$v_{\text{wind},y}$ 为水平风速在 $Y$ 轴的投影；$\psi$、$\dot{\psi}$ 分别为一子级-翼伞组合体飞行过程中的航向角、偏航角速度；$u = \delta_a$ 为一子级-翼伞组合体单侧下偏控制量。

# 5.2　基于天牛群算法的离线最优分段航迹规划

分段归航法是翼伞航迹规划中最经典、最常用的一种方法，它将航迹分为开伞、径向飞行、盘旋削高、逆风对准和雀降 5 个阶段，通过建立每个阶段航迹的几何关系并确定其中的参数来规划航迹。本节给出一种通过天牛群算法确定分段航迹几何参数的最优分段航迹规划算法。

## 5.2.1　分段航迹规划简介

经典分段归航法见图 5-1。其中，初始点 $A$ 为开伞点，$G$ 为目标落点，$BC$ 段为径向飞行段，$DE$ 段为盘旋削高段，$FG$ 包含逆风对准段和雀降段。$AB$ 段、$CD$ 段、$EF$ 段为过渡阶段，$O_1$、$O_2$、$O_3$ 分别为圆弧圆心。

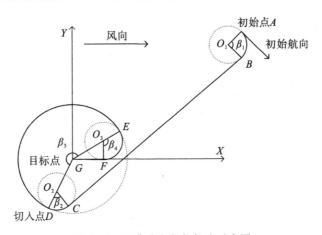

图 5-1　经典分段归航航迹示意图

根据图 5-1 可以得出各段航迹的几何关系。在径向飞行阶段即 $BC$ 段之前，过渡圆弧 $AB$ 对应的圆心坐标 $O_1$ 可以表示为

$$\begin{bmatrix} x_{O_1} \\ y_{O_1} \end{bmatrix} = \begin{bmatrix} x_0 \\ y_0 \end{bmatrix} + R_{\min} \begin{bmatrix} \cos\alpha_1 \\ \sin\alpha_1 \end{bmatrix} \tag{5-2}$$

式中，$\alpha_1 = \alpha_0 + s\dfrac{\pi}{2}$，$\alpha_0$ 表示组合体初始位置 $[x_0, y_0]$ 对应的方位角（水平速度与 $X$ 轴正向的夹角），$s$ 取值为 1 或 $-1$；当 $s=1$ 时，表示组合体转弯运动时输入量为左侧单侧下偏，当 $s=-1$ 时，表示转弯运动输入量为右侧单侧下偏。径向飞行段 $BC$ 间的距离为

$$\overrightarrow{BC} = \overrightarrow{O_1O_2} = (R_{ep} - R_{min})\begin{bmatrix}\cos\theta_{ep}\\\sin\theta_{ep}\end{bmatrix} - \begin{bmatrix}x_0\\y_0\end{bmatrix} - R_{min}\begin{bmatrix}\cos\alpha_1\\\sin\alpha_1\end{bmatrix} \quad (5-3)$$

径向飞行阶段 $BC$ 与 $X$ 轴正向夹角为

$$\angle\overrightarrow{BC} = \begin{cases} \operatorname{sgn}(y_{\overrightarrow{BC}})\dfrac{\pi}{2} & x_{\overrightarrow{BC}} = 0 \\[2mm] \dfrac{1 - \operatorname{sgn}(x_{\overrightarrow{BC}})}{2}\operatorname{sgn}(y_{\overrightarrow{BC}})\pi + \arctan\dfrac{y_{\overrightarrow{BC}}}{x_{\overrightarrow{BC}}} & x_{\overrightarrow{BC}} \neq 0 \end{cases} \quad (5-4)$$

圆心角 $\beta_1$ 为

$$\beta_1 = s(\angle\overrightarrow{BC} - \alpha_0) \qquad 若 \beta_1 \leqslant 0, \beta_1 = \beta_1 + 2\pi \quad (5-5)$$

盘旋削高阶段过渡圆弧对应的圆心 $O_2$ 坐标为

$$\begin{bmatrix}x_{O_2}\\y_{O_2}\end{bmatrix} = (R_{ep} - R_{min})\begin{bmatrix}\cos\theta_{ep}\\\sin\theta_{ep}\end{bmatrix} \quad (5-6)$$

过渡圆弧 $CD$ 对应的圆心角 $\beta_2$ 为

$$\beta_2 = s(\alpha_2 - \angle\overrightarrow{BC}) \qquad 若 \beta_2 \leqslant 0, \beta_2 = \beta_2 + 2\pi \quad (5-7)$$

$$\alpha_2 = \theta_{ep} + s\frac{\pi}{2} \quad (5-8)$$

圆弧 $DE$ 对应的圆心角 $\beta_3$ 为

$$\beta_3 = -\alpha_3 - s\theta_{ep} \qquad 若 \beta_3 < 0, \beta_3 = \beta_3 + 2\pi \quad (5-9)$$

$$\alpha_3 = \arcsin\frac{R_{min}}{R_{ep} - R_{min}} \quad (5-10)$$

逆风接近阶段，过渡圆弧 $EF$ 的夹角 $\beta_4$ 为

$$\beta_4 = \alpha_3 + \frac{\pi}{2} \quad (5-11)$$

上述各式中，$R_{min}$ 表示一子级-翼伞组合体的最小转弯半径，为图中过渡段圆弧 $AB$ 段、$CD$ 段、$EF$ 段的半径；$\beta_1$、$\beta_2$、$\beta_4$ 分别表示一子级-翼伞组合体航迹中过渡转弯段对应的圆弧段弧度；$\beta_3$ 表示盘旋阶段对应的圆弧段弧度；sgn 表示符号函数；$R_{ep}$ 表示盘旋阶段 $DE$ 的盘旋半径，为待确定参数；$\theta_{ep}$ 表示盘旋削高阶段的方位角，为待确定参数；$R_{ep}$、$\theta_{ep}$ 的确定将在下面进行介绍。

## 5.2.2　天牛群算法简介

天牛群算法是将天牛须搜索算法与粒子群优化算法相结合的一种新的优化算法。天牛的触角是重要的环境感应器,它们有两个基本功能:一是对周围环境进行探测,当遇到障碍物时,触角可以感知障碍物的大小、形状和硬度。第二种是捕捉食物的气味,或者通过摆动身体的触角来寻找潜在的配偶,当在触角的一侧探测到高浓度的气味时,天牛就会朝同一方向旋转,否则就会转向另一侧,根据这个简单的原理,天牛可以有效地找到食物。每只天牛意味着寻优问题的一个潜在解,即每只天牛代表着所求适应度函数所对应的适应值,天牛位置变化的方向以及距离可以通过天牛的两只触角所探测到的气味浓度所决定,所以 Jiang(蒋)[1-2]等提出了一种基于长角天牛搜索行为的元启发式优化算法,即天牛须搜索算法。

天牛群算法是将粒子群算法中每个粒子的更新准则进一步优化,利用天牛须搜索算法对自身位置做出更为准确的判断,这样在粒子对目标函数的寻优过程中加入了自身对环境的判断,从而降低了陷入局部最优的可能性,提高寻优过程的智能性和搜索的精度[3]。天牛群算法寻优流程见图 5-2。

## 5.2.3　目标函数设计

一子级-翼伞航迹规划的目标是实现精确着陆,所以规划航迹要求为着陆点距离设定的目标点偏差最小。由于已知归航航迹的数学几何关系,故可将航迹寻优问题转换成航迹关键参数的寻优问题,其关键在于图 5-1 中盘旋削高阶段的进入点 $D$ 的确定。为了能反映出着陆偏差,可将目标函数定义为归航航迹水平位移与初始高度下一子级-翼伞呈稳定滑翔状态的水平位移之差的绝对值。此外,盘旋削高阶段中的盘旋圈数在目标函数中通常予以忽略或假定为已知[4]。为了充分体现航迹的多样性,获得全局最优航迹参数,本节设计目标函数时考虑盘旋削高阶段完整圆周运动消耗的高度,并将整圆周数作为未知量加入优化求解过程中。为了实现一子级回收能量最优的任务要求,将规划过程中全部的转弯运动消耗的能量也加入目标函数中,从而同时实现能量最优及落点精确的要求。据此设计优化目标为

$$\begin{cases} F_1 = \left| R_{\min}(\beta_1 + \beta_2 + \beta_4) + R_{ep}\beta_3 + 2k_h\pi R_{ep} + \|\overrightarrow{BC}\| + \sqrt{(R_{ep} - 2R_{\min})R_{ep}} - Kz_0 \right| \\ F_2 = \int_{t_0}^{t_e} u^2 \, \mathrm{d}t \end{cases}$$

$$(5-12)$$

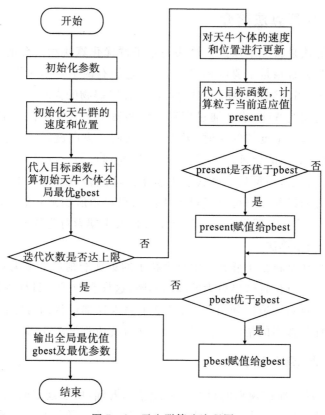

图 5 - 2　天牛群算法流程图

式中，$t_0$、$t_e$ 分别为翼伞工作起始时刻和着陆时刻；$\|\overrightarrow{BC}\|$ 为一子级-翼伞稳定滑翔段在水平面内投影的距离；$2k\pi R_{ep}$ 为盘旋削高阶段盘旋整圆周的总距离；$k_h$ 为正整数，表示盘旋削高段中盘旋的整圆周数；$K$ 为一子级-翼伞组合体稳定滑翔状态下的滑翔比；$z_0$ 为翼伞开伞点的高度；$F_1$ 为一子级着陆时的偏差，即设计的一子级航迹的垂直高度与不同阶段下各水平飞行距离通过滑翔比转化成的高度总和之差的绝对值；$F_2$ 为一子级归航过程消耗的能量；$u$ 为翼伞的单侧下偏控制量，大小与组合体的转弯半径有关，根据式(5-1)的质点模型，可以将控制量转换为转弯角速度(水平速度与半径的比值)。

由此，确定目标函数为

$$F = \min\{k_1 |F_1| + k_2 |F_2|\} \qquad (5-13)$$

式中，$F$ 为 $F_1$、$F_2$ 的加权和；$k_1$、$k_2$ 为权重比例系数，作用为将 $F_1$、$F_2$ 优化至相同量纲。

不难看出，待优化的参数包括 $R_{ep}$、$k_h$ 和 $\theta_{ep}$。其中 $R_{ep}$、$k_h$ 显式出现在式 (5-12)中，而 $\theta_{ep}$ 通过式(5-9)与 $\beta_3$ 的关系隐式出现在式(5-12)中。

通过天牛群算法求解最优 $R_{ep}$、$k_h$ 和 $\theta_{ep}$ 之前，设定航迹规划约束条件如下：盘旋削高阶段的盘旋半径 $R_{ep} \in [R_1, R_2]$，其中 $R_1$、$R_2$ 为一子级-翼伞转弯半径的上、下限，$R_{ep}$ 不能低于翼伞转弯自身机能的最小值；盘旋削高阶段进入点 $D$ 的长度 $\| OD \| \in [R_1, R_2]$，方位角 $\theta_{ep} \in [-\pi, \pi]$，盘旋的完整圈数 $k \in \{1, 2, 3, \cdots, 10\}$。

## 5.2.4　航迹参数优化

对上述 $R_{ep}$、$\theta_{ep}$、$k_h$ 三个待定参数应用天牛群算法求最优值。首先根据式 (5-13)所示的目标函数和 $R_{ep}$、$\theta_{ep}$、$k_h$ 的取值约束建立三维搜索空间；接下来初始化天牛群算法参数：设有 $N$ 只天牛分别表示为 $pop = (pop_1, pop_2, \cdots, pop_N)$，每只天牛的位置可以定义为 $pop_i = (R_{epi}, \theta_{epi}, k_{hi})^T$，代表一个可能的目标函数最优解，代入目标函数可以计算出每个天牛位置的适应度值；再据此对天牛位置进行更新，以 $v_i = (v_{i1}, v_{i2}, v_{i3})^T$ 表示天牛位置变化时的速度，则天牛位置更新表达式为

$$v_{im}^{l+1} = \omega v_{im}^l + c_1 \, rand() \, (pbest_{im}^l - pop_{im}^l) + c_2 \, rand() \, (gbest_m^l - pop_{gm}^l) \tag{5-14}$$

式中，$m = 1, 2, 3$；$i = 1, 2, \cdots, N$；$pbest_i = (pbest_{i1}, pbest_{i2}, pbest_{i3})^T$ 为当前个体的最优值；将所有个体的最优解中的最小值作为全局最优解 $gbest = (gbest_1, gbest_2, gbest_3)^T$；$l$ 为当前迭代次数；学习因子 $c_1$、$c_2$ 为常数，通常均取 2.0；$rand()$ 为 $[0,1]$ 之间的随机数；惯性权重系数 $\omega$ 取值是动态变化的，即

$$\omega = \omega_{max} - (\omega_{max} - \omega_{min}) \frac{i}{maxgen} \tag{5-15}$$

式中，$maxgen$ 为最大迭代次数；$\omega_{max}$、$\omega_{min}$ 分别为 $\omega$ 的最大值和最小值。

天牛位置的更新规律为

$$pop_{im}^{l+1} = pop_{im}^l + \lambda v_{im}^{l+1} + (1 - \lambda) Yb_{im}^l \tag{5-16}$$

式中，$\lambda$ 为 $[0,1]$ 的一个正数；$Yb_{im}^l$ 表示由天牛两个触角探测到的信息强度决定的部分位移增量，表达式为

$$Yb_i = step \cdot rand(1,3) \cdot sgn(f_{left} - f_{right}) \tag{5-17}$$

其中，$step$ 为天牛步长；$f_*$ 为天牛位置的气味浓度，也称为适应度函数，其最大值或最小值对应于气味源点，代表所求的目标函数。根据天牛的位置计算每个

天牛的左侧距离 $x_{left}$ 和适应度 $f_{left}$ 及右侧距离 $x_{right}$ 和适应度 $f_{right}$ 为

$$f_{left} = f\left(pop_i + v_i \frac{step}{2 \times 2}\right)$$
$$f_{right} = f\left(pop_i - v_i \frac{step}{2 \times 2}\right)$$

$$(5-18)$$

天牛的步长以及两个触角的质心之间的距离按如下方式进行更新

$$step^{l+1} = eta\_\delta \cdot step^l \qquad (5-19)$$

$$d_0 = \frac{step}{c_3} \qquad (5-20)$$

式中，$eta\_\delta$ 为步长的衰减系数；$d_0$ 为天牛两须之间的距离；$c_3$ 为常系数。

将寻优的结果代入 5.2.1 节中，即可得到每段航迹起始点坐标，计算出每个分段航迹的期望控制输入量（偏航角速度）、作用时间，最终规划出归航航迹。

## 5.2.5 仿真及结果分析

根据一子级-翼伞回收任务的特点和初始条件，本节基于天牛群算法进行最优离线分段航迹规划仿真及结果分析。

### 1. 假设水平速度和垂直速度不变

根据文献[5]中翼伞空投系统的水平速度和垂直速度不受操纵量影响的假设条件进行仿真，设定归航航迹以及一子级-翼伞的初始参数见表 5-1，将获得的最优解代入每段航迹起始点，结合质点模型获得最优离线规划航迹。

表 5-1　初始参数

| 名称 | 取值 | 名称 | 取值 |
|------|------|------|------|
| 初始位置/m | $(0,0,7000)$ | 组合体总质量/kg | 2017 |
| 水平速度/$(m \cdot s^{-1})$ | 33.203 | 滑翔比 | 3.04 |
| 垂直速度/$(m \cdot s^{-1})$ | 10.922 | 风速/$(m \cdot s^{-1})$ | 0 |
| 初始飞行方向/(°) | $-60$ | 预定着陆点/m | $(-5000, -4000, 0)$ |

此外还需要设置寻优过程中的约束条件，考虑到一子级-翼伞组合体自身的机动性，设一子级-翼伞组合体的最小转弯半径为 100 m，盘旋半径范围为 [200 m, 500 m]，天牛群算法中步长衰减系数 $eta\_\delta$ 取 0.95，式 (5-20) 中的 $c_3$ 取 2，式 (5-13) 表示的目标函数其权重比例系数 $k_1$、$k_2$ 分别取 0.98 和 0.02，天牛数目取 500，迭代计算次数取 300。

1)右侧下偏。

以顺时针方向旋转即翼伞右侧下偏时的一子级-翼伞组合体航迹规划为例,天牛群算法寻优迭代计算结果见图 5 - 3。

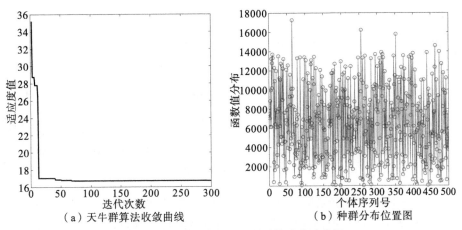

（a）天牛群算法收敛曲线　　　（b）种群分布位置图

图 5 - 3　右侧转弯应用天牛群算法的迭代图

根据图 5 - 3(a)可以看出,天牛群算法在 73 次迭代后基本收敛,目标函数最小值为 16.725,对应的参数 $R_{ep} = 470.8572$ m,$\theta_{ep} = -2.135$ rad,$k_h = 4.7516$,对 $k_h$ 取整为 4,即将盘旋圈数定为 4。

根据上述分段归航最优参数,可以得到一子级-翼伞组合体的规划航迹及期望控制量,见图 5 - 4。

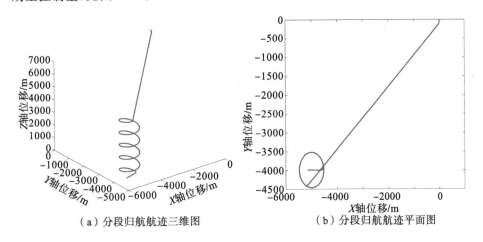

（a）分段归航航迹三维图　　　（b）分段归航航迹平面图

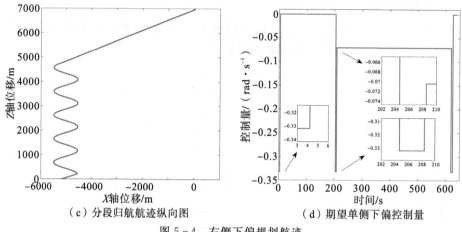

（c）分段归航航迹纵向图　　　　（d）期望单侧下偏控制量

图 5 - 4　右侧下偏规划航迹

图 5 - 4(a)为归航航迹的立体视图。可以看出,组合体从初始位置开始先以最小转弯半径调整航向角以滑翔状态径直飞向目标落点;然后调整航向角围绕目标落点上空进行固定半径的圆航迹盘旋以消除多余高度;当组合体接近目标落点时再次以最小转弯半径调整航向角,以滑翔状态向目标点飞行。初始设定的目标落点为(－5000 m,－4000 m,0 m),最终规划的航迹目标落点为(－5168 m,－3984 m,0.0902 m),两者偏差 168.76 m,这是因为天牛群这类随机搜索智能优化算法不易求得最优解,而往往得到的是满意解、可行解,从而导致规划落点出现偏差。

图 5 - 4(d)为组合体质点模型输出的期望单侧下偏控制量,也即偏航角速度。经过简单计算可知,期望单侧下偏控制量为－0.332 时,组合体的转弯半径为 100 m;期望单侧下偏控制量为 0 时,组合体呈稳定滑翔状态;期望单侧下偏控制量为－0.071 时,组合体的转弯半径为 470.8572 m,与归航航迹的立体视图相吻合。

2)左侧下偏。

类似地,翼伞左侧下偏时天牛群算法寻优迭代计算结果见图 5 - 5。可见,算法在 149 次迭代后收敛,目标函数最小值为 16.7498,对应的参数为 $R_{ep}=$ 483.7388 m,$\theta_{ep}=-2.0552$ rad,$k_h=4$。由此可以得到一子级-翼伞组合体的规划航迹及期望单侧下偏控制量见图 5 - 6。

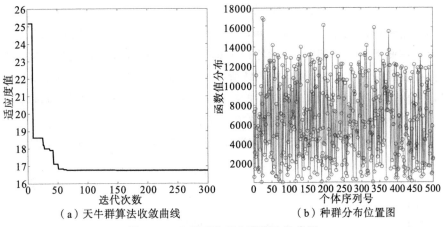

（a）天牛群算法收敛曲线　　　　（b）种群分布位置图

图 5-5　左侧下偏天牛群算法迭代图

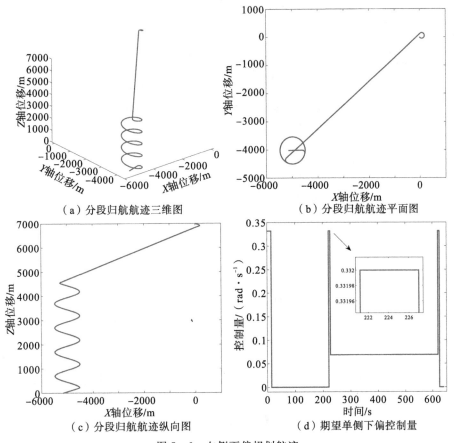

（a）分段归航航迹三维图　　　　（b）分段归航航迹平面图

（c）分段归航航迹纵向图　　　　（d）期望单侧下偏控制量

图 5-6　左侧下偏规划航迹

　　由图 5 - 6 可知,设定的目标落点为(−5000 m,−4000 m,0 m)时,而最终规划的航迹目标落点为(−5149 m,−4021 m,0.0902 m),两者偏差 150.47 m,原因与右侧下偏情况相同。根据图 5 - 6(d)并经简单计算可以得知,期望单侧下偏控制量为 0.332 时,组合体的转弯半径为 100 m;期望单侧下偏控制量为 0时,组合体呈稳定滑翔状态;期望单侧下偏控制量为 0.069,组合体的转弯半径为 483.734 m,与图 5 - 6(a)中的航迹及规划航迹示意图相吻合。

　　右侧下偏及左侧下偏两种转弯运动下的规划航迹结果进行对比见图 5 - 7。

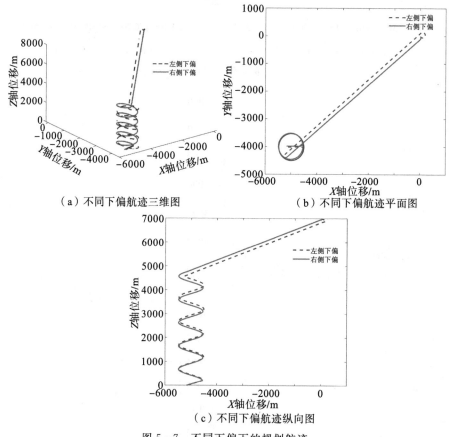

（a）不同下偏航迹三维图　　　　　（b）不同下偏航迹平面图

（c）不同下偏航迹纵向图

图 5 - 7　不同下偏下的规划航迹

　　由图 5 - 7 可见,无论是右侧下偏还是左侧下偏,规划航迹都是直线与圆弧的结合,无需期望单侧下偏控制量的频繁变化,工程上容易实现。从图 5 - 7(b)可以看出,两种下偏操纵下的盘旋半径与切入点的方位角均有不同,这与寻优结果一致。从图 5 - 7(c)可以看出,两种转弯运动下滑翔比一致。两种下偏操纵方式的落点偏差及能量消耗统计结果见表 5 - 2。

表 5 - 2　左右下偏归航指标对比

| 转弯方式 | 落点偏差/m | 能量消耗 |
| --- | --- | --- |
| 右侧下偏 | 168.76 | 3.5544 |
| 左侧下偏 | 150.47 | 4.7397 |

由表 5 - 2 可知,左侧单侧下偏归航方式的落地偏差比右侧下偏方式下的偏差小 10 m,能量消耗多 1.2,这是因为在转弯运动时,单侧下偏控制量一直在作用,在盘旋半径相近的情况下,右侧下偏转弯运动时间小,故能量消耗少。高度及初始位置的不同,导致最终偏差大小不同,在航迹规划时,应根据高度及位置采用不同的转弯方式。

通过以上分析可以看到,基于天牛群算法的一子级-翼伞组合体最优分段航迹规划算法具有落点偏差小、单侧下偏能量消耗少等特点。

**2. 假设水平速度和垂直速度变化**

值得特别指出的是,上述规划航迹基于航迹每个阶段的水平速度、垂直速度保持不变这一假设,但单侧下偏操纵时的实际水平速度、垂直速度均有所变化,导致前述航迹规划结果产生偏差。为此,本节根据已有的翼伞下偏操纵量、水平速度、垂直速度数据,采用曲线拟合法求取不同下偏操纵量下的偏航角速度与水平速度和垂直速度的解析表达式,以此修正速度变化带来的规划偏差。水平前向速度拟合结果见图 5 - 8,垂直速度拟合结果见图 5 - 9。

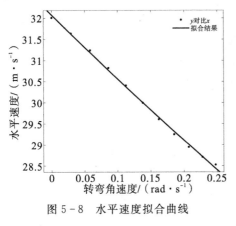
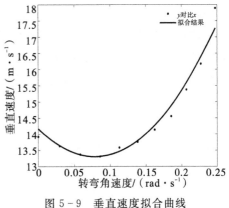

图 5 - 8　水平速度拟合曲线　　　　图 5 - 9　垂直速度拟合曲线

由图 5-8 可以得出水平速度与单侧下偏控制量(转弯角速度)之间的数学关系式为

$$v_1 = 3.254\,\dot\psi^2 - 15.51\,\dot\psi + 32.08 \qquad (5-21)$$

由图 5-9 可以得出垂直速度与单侧下偏控制量之间的数学关系式为

$$v_z = 139.6\,\dot\psi^2 - 21.99\,\dot\psi + 14.17 \qquad (5-22)$$

根据式(5-21)和式(5-22),当通过控制单侧下偏量控制航迹的转弯运动时,可以计算出其水平前向速度与垂直速度,使规划航迹的各段速度更接近实际情况。

由 5.2.3 节的目标函数可知,分段航迹规划需要确定盘旋阶段切入点相对于落点的半径 $R_{ep}$、方位角 $\theta_{ep}$ 以及盘旋阶段的整周圈数 $k_h$,且滑翔比 $K$ 保持不变。本节中由于每一个分段航迹的滑翔比是不同的,所以需对 5.2.3 节中的目标函数进行改进。盘旋阶段的盘旋半径表达式为

$$R_{ep} = v_1/\dot\psi \qquad (5-23)$$

式(5-21)中 $v_1$ 是关于 $\dot\psi$ 的方程式,所以此处设置天牛群算法寻优的三个参数分别为盘旋阶段的控制量 $\dot\psi$、盘旋阶段切入点相对于落点的方位角 $\theta_{ep}$ 以及盘旋阶段的整圆周圈数 $k_h$,则新的目标函数为

$$\begin{cases} F_1 = \left| \dfrac{R_{\min}(\beta_1 + \beta_2 + \beta_4)}{K_{\min}} + \dfrac{R_{ep}\beta_3 + 2k_h\pi R_{ep}}{K} + \dfrac{\|\overrightarrow{BC}\|}{K_0} + \dfrac{\sqrt{(R_{ep} - 2R_{\min})R_{ep}}}{K_0} - z_0 \right| \\[3mm] F_2 = \displaystyle\int_{t_0}^{t_e} u^2 \mathrm{d}t \end{cases}$$

$$(5-24)$$

式中,$K_0$ 为一子级-翼伞组合体稳定滑翔状态下的滑翔比;$K_{\min}$ 为一子级-翼伞组合体最小转弯半径转弯时的滑翔比;$K$ 为一子级-翼伞组合体盘旋削高阶段的滑翔比;本节设定 $F_1$ 的权重系数为 0.8,$F_2$ 的权重系数为 0.2,其余变量与 5.2.3 节中一致。则右侧下偏和左侧下偏操纵的航迹规划如下。

1)右侧下偏。

设定组合体的初始仿真条件与表 5-1 相同,具有最小转弯半径时转弯的滑翔比为 1.594,盘旋阶段滑翔比为 $v_1/v_z$。盘旋半径 $R_{ep}$ 在本节中可通过式(5-21)和式(5-23)求得,所以对 $R_{ep}$ 的寻优可改为对期望单侧下偏控制量(偏航角速度)的寻优。由于式(5-24)的目标函数中存在 $\sqrt{R_{ep} - 2R_{\min}}$,且 $R_{\min}$ 已知,所以令 $R_{ep} > 2R_{\min}$,故将控制量取值范围定义为 $\dot\psi \in [0, 0.98]$,$\theta_{ep} \in [-\pi,$

$\pi$],$k_{\mathrm{h}} \in [0,10]$,其余参数设置同 5.2.3 节。以右侧下偏控制为例,应用天牛群算法对上述参数寻优,迭代计算过程见图 5-10。

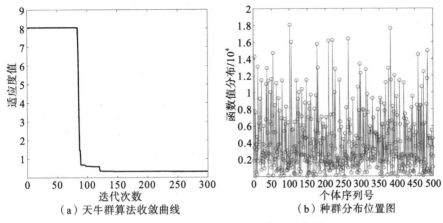

（a）天牛群算法收敛曲线　　　　　（b）种群分布位置图

图 5-10　右侧下偏天牛群算法迭代图

由图 5-10 可知,当对航迹中的速度滑翔比进行改进之后,算法得到新的目标函数的最优值为 0.3173,对应的参数值为 $\dot{\psi}=0.0399\ \mathrm{rad/s}$,$\theta_{\mathrm{ep}}=-2.5608\ \mathrm{rad}$,$k_{\mathrm{h}}=1.025$,$k_{\mathrm{h}}$ 取整为 1,将求得的最优参数代入质点模型,得到一子级-翼伞组合体的规划航迹和期望单侧下偏控制量见图 5-11。

由图 5-11(a)可见,航迹规划的落点为(-4899 m,-4017 m,0.3161 m),距离目标落点偏差为 102.42 m。盘旋削高段的盘旋整圆周数 $k_{\mathrm{h}}$ 为 1,与图 5-11(a)相符。当期望单侧下偏控制量为-0.2476 时,组合体的转弯半径为 100 m;单侧下偏控制量为 0 时,组合体呈稳定滑翔状态;期望单侧下偏控制量为-0.0399 时,组合体的转弯半径为 788.63 m,图 5-11(b)的水平航迹符合归航航迹示意图。根据控制量曲线可以算出归航的总能量消耗为 1.5875。

2)左侧下偏。

左侧下偏情况下的天牛群算法的迭代计算曲线见图 5-12。

由图 5-12 可知,当对航迹中的速度滑翔比进行改进之后,算法求得的新的目标函数最优值为 0.5023,其对应的 $\dot{\psi}=0.0354\ \mathrm{rad/s}$,$\theta_{\mathrm{ep}}=-1.5768\ \mathrm{rad}$,$k_{\mathrm{h}}=1.0230$,对 $k_{\mathrm{h}}$ 取整为 1,将最优值代入质点模型中,得到的规划航迹以及期望单侧下偏控制量见图 5-13。

由图 5-13 可见,最终航迹规划的落点为(-4907 m,-4039 m,0.5458 m),目标点与落点偏差为 91.71 m,根据算法求得的盘旋削高阶段的盘旋整圆周数

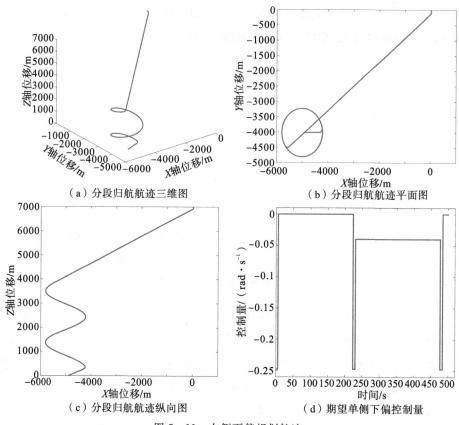

（a）分段归航航迹三维图　　　　（b）分段归航航迹平面图

（c）分段归航航迹纵向图　　　　（d）期望单侧下偏控制量

图 5-11　右侧下偏规划航迹

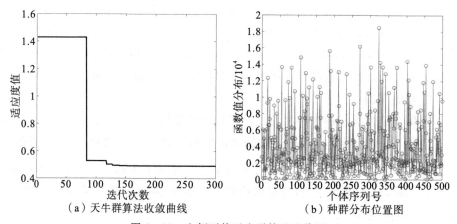

（a）天牛群算法收敛曲线　　　　（b）种群分布位置图

图 5-12　左侧下偏天牛群算法迭代图

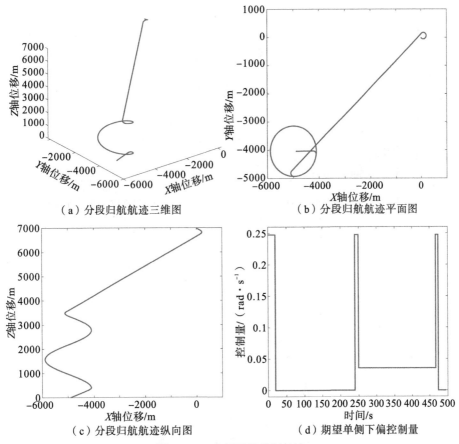

（a）分段归航航迹三维图　　　　　　　（b）分段归航航迹平面图

（c）分段归航航迹纵向图　　　　　　　（d）期望单侧下偏控制量

图 5 - 13　左侧下偏规划航迹

为 1,符合图 5 - 13(a)。从图 5 - 13(d)可以看出,期望单侧下偏控制量为
0.2476 时,组合体的转弯半径为 115.27 m。期望单侧下偏控制量为 0 时,组合
体呈稳定滑翔状态。期望单侧下偏控制量为 0.0354,组合体的转弯半径为
890.820 m,符合归航航迹示意图。根据控制量曲线可以算出归航的总能量消
耗为 2.5124。

　　左侧下偏转弯与右侧下偏转弯的规划航迹对比见图 5 - 14。

　　由图 5 - 14 可知,无论是左侧下偏逆时针转弯运动还是右侧下偏顺时针转弯
运动,规划的航迹都能到达目标点。从图 5 - 14(b)中可以看出两种转弯寻优结果
中盘旋半径与切入点的方位角均有不同,但与寻优结果一致。从图 5 - 14(c)中可
以看出,两种转弯运动下的盘旋削高阶段半径不同,滑翔比不同。由于本节中的

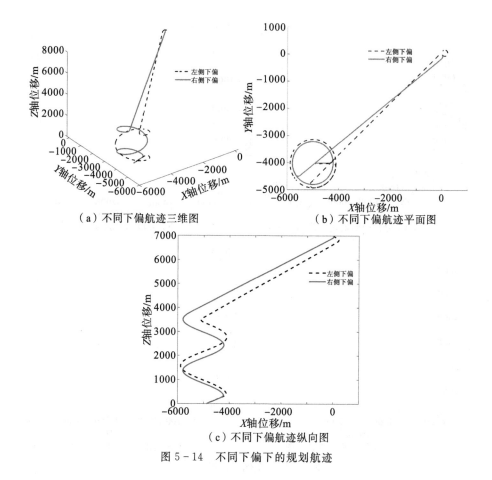

（a）不同下偏航迹三维图　　　　　（b）不同下偏航迹平面图

（c）不同下偏航迹纵向图

图 5 - 14　不同下偏下的规划航迹

速度曲线为拟合结果，在控制量为 0 时，实际垂直速度为 13.92 m/s，而拟合结果垂直速度为 14.17 m/s，这导致跟踪控制时的航迹与规划航迹产生偏差。

拟合速度后两种不同转弯方法的落点偏差以及能量消耗统计结果见表 5 - 3。可以看出，两者落点偏差仅有 10 m，但能量消耗相差较大，这是因为左侧转弯时的期望单侧下偏量作用时间比较长，所以理论上可以选用右侧下偏转弯方式进行分段归航航迹的规划设计。

表 5 - 3　左右下偏归航指标对比（拟合后）

| 转弯方式 | 落点偏差/m | 能量消耗 |
| --- | --- | --- |
| 右侧下偏 | 102.42 | 1.5875 |
| 左侧下偏 | 91.71 | 2.5124 |

3)水平常值风规划。

归航航迹若在持续沿 $X$ 轴正向常值风情况下,会因为逆风导致到达预计点的时间延长,进一步造成最终落点偏差位置较大,或者还未完成整段控制一子级就已经落地。一子级回收中,可将平均风的影响在航迹规划中予以考虑,因此在持续沿 $X$ 轴正向常值风情况下,可适度调整无风情况下规划落点的位置,使该落点叠加水平风场产生的位移刚好等于任务要求落点。例如,在沿 $X$ 轴正向平均风速为 5 m/s 的常值风下,原本规划的目标点设置为(−5000 m,−4000 m,0 m),经过补偿风场引起的距离偏差后,规划的目标点修正为(−7606 m,−4000 m,0 m),再应用天牛群算法基于该修正目标点进行寻优,参数设置同上一节。由此得到 $\dot{\psi}=0.0765$ rad/s,$\theta_{ep}=-3.0216$ rad,$k_h=2.358$,$k_h$ 取整为 2。最终得到的规划航迹见图 5−15。

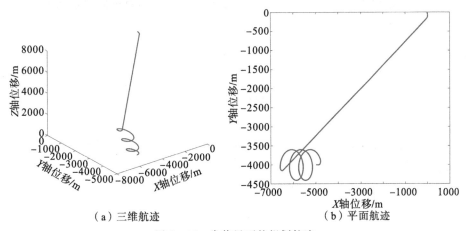

（a）三维航迹　　　　　　　　（b）平面航迹

图 5−15　常值风下的规划航迹

由图 5−15 可知,最终规划航迹的目标落点为(−4992 m,4003 m,−1.404 m)。由于水平常值风的影响,规划航迹的形状发生改变,而并非无风情况下由标准圆弧及直线组成的航迹。

## 5.3　基于最优控制的归航航迹规划

最优控制归航是另一种应用相对广泛的翼伞航迹规划算法,该算法能够使一子级−翼伞组合体在满足着陆要求的情况下能量损耗最小、期望下偏控制量曲线连续平滑,且在遇到山峰、气流等障碍时,拥有比分段归航更灵活的避障方式。本节采用高斯伪谱法将一子级-翼伞航迹规划问题转化为一系列带有复杂约束的最优控制问题并设置目标函数,再采用序列二次规划法求解下偏量全局最优序列,从而规划出全局最优的组合体航迹。其中,一子级-翼伞组合体仍被视为一个质点,模型见式(5-1)。

### 5.3.1 约束条件

一子级-翼伞自主归航一般需要满足如下要求。

1)着陆点与目标落点之间距离尽可能小。

2)下偏操纵量小、能量损耗少。

3)逆风着陆以尽可能减小着陆瞬间的水平速度。

4)下偏控制量在翼伞容许范围之内。

结合上述要求,一子级-翼伞组合体航迹规划问题约束可以表示如下。

**1. 初值约束**

$$\begin{cases} x(t_0) = x_0 \\ y(t_0) = y_0 \\ z(t_0) = z_0 \\ \psi(t_0) = \psi_0 \end{cases} \tag{5-25}$$

式中,$t_0$ 为初始时间;$x_0$、$y_0$、$z_0$ 分别为归航初始点的 $X$ 轴、$Y$ 轴、$Z$ 轴坐标;$\psi_0$ 为初始偏航角。

**2. 终端约束**

$$\begin{cases} x(t_e) = x_e \\ y(t_e) = y_e \\ z(t_e) = z_e \\ \psi(t_e) = \psi_e \end{cases} \tag{5-26}$$

式中,$t_e$ 为着陆时间,$t_e = z_0/v_z$;$x_e$、$y_e$、$z_e$ 为目标落点的 $X$ 轴、$Y$ 轴、$Z$ 轴坐标;$\psi_e$ 为着陆时目标点风向的反方向角度,由于需逆风着陆,故 $\psi(t_e) = \pm 180°$,可转化为 $\cos[\psi(t_e)] = -1$,达到条件后快速进行双侧下偏操纵,即可实现翼伞的逆风雀降。

**3. 控制量约束**

由于翼伞的伞绳绳长是有上限的,导致下偏控制量也是存在上限的,因此控制量约束为

$$|u| \leqslant u_{\max} \qquad (5-27)$$

式中, $u_{\max}$ 为翼伞的最大下偏控制量。

## 5.3.2　目标函数

除上述约束前提外,还要考虑下偏操纵消耗能量最小这一要求,综合可设计目标函数为

$$J = \int_{t_0}^{t_e} u^2 \, \mathrm{d}t \qquad (5-28)$$

由此可将一子级-翼伞自主归航航迹规划问题转化为如下带有复杂约束的非线性最优控制问题:在满足运动方程约束式(5-1)、初值约束式(5-25)、终端约束式(5-26)、控制量约束式(5-27)的条件下,使一子级-翼伞组合体航迹规划过程下偏操纵量的能量损耗目标函数式(5-28)值最小。

## 5.3.3　最优控制问题求解

最优控制问题是指在复杂约束条件下获得使系统某一方面性能最优的控制变量轨迹的问题。求解最优控制问题需要确定系统被控对象的数学模型、约束条件、目标函数与控制量阈值四部分。最优控制问题的数值求解方法分为间接法和直接法两种。间接法利用极大值原理计算出满足最优性的一阶必要条件,将问题转化为哈密顿边值问题(Hamiltonian Boundary Value Problem, HB-VP),由 HBVP 和各种复杂约束相结合便构成了一个两点边值问题,最后对此边值问题进行求解[6]。间接法求解精度高,但过程非常复杂、收敛速度较慢。直接法是将连续的最优控制问题离散化为一个带约束的非线性规划(Nonlinear Programming, NLP)问题予以求解,离散状态量和控制量的方法以配点法和伪谱法为主。伪谱法可以做到整时间域全局插值,应用更为广泛,几种常用的伪谱法包括切比雪夫伪谱法[7]、勒让德伪谱法[8]和高斯伪谱法。其中,高斯伪谱法有与间接法相同的求解精度,也有较快的收敛速度,适合于求解一子级-翼伞自主归航领域的航迹规划问题[9]。

高斯伪谱法的根本思想是离散状态量和控制输入,利用勒让德插值多项式对状态和输入进行逼近,再将系统的运动和动力学微分方程转化为插值多项式的约束形式,最后将最优控制问题转化为带约束的参数寻优问题。

本节需要求解的一子级自主归航最优控制航迹问题可描述为

$$\min J = \varPhi \big[ x(t_0), t_0, x(t_e), t_e \big] + \int_{t_0}^{t_e} G \big[ x(t), u(t), t \big] \mathrm{d}t \qquad (5-29)$$

$$\dot{X}(t) = f[x(t), u(t), t] \qquad t \in [t_0, t_e] \tag{5-30}$$

$$\boldsymbol{\Psi}[x(t_0), t_0, x(t_e), t_e] = 0 \tag{5-31}$$

式中，$u(t)$ 为需要寻优的下偏控制量序列。式（5-29）为一子级航迹最优控制规划的性能指标函数，式（5-30）为翼伞质点模型的微分方程，式（5-31）为初始、终端状态约束。

高斯伪谱法对此问题的求解分为如下四步。

**1. 时间域离散**

高斯伪谱法的离散点分布于 $[-1,1]$，因此首先需要将组合体航迹规划问题的时间区间 $t \in [t_0, t_e]$ 转换到 $\tau \in [-1,1]$ 上，转换公式为

$$\tau = \frac{2t}{t_e - t_0} - \frac{t_e + t_0}{t_e - t_0} \tag{5-32}$$

此时的 $\tau = -1$ 即代表 $t = t_0$，$\tau = 1$ 即代表 $t = t_e$，式（5-29）～式（5-31）转换为以下形式：

$$\min J = \Phi[x(-1), t_0, x(1), t_e] + \frac{t_e - t_0}{2} \int_{-1}^{1} G[x(\tau), u(\tau), \tau] \mathrm{d}\tau \tag{5-33}$$

$$\dot{x}(\tau) = \frac{t_e - t_0}{2} f[x(\tau), u(\tau), \tau] \qquad \tau \in [-1,1] \tag{5-34}$$

$$\boldsymbol{\Psi}[x(-1), x(1)] = 0 \tag{5-35}$$

**2. 状态量与控制量逼近**

选取 $M$ 个勒让德-高斯（Legendre-Gauss，LG）点 $\tau_1, \tau_2, \cdots, \tau_M$，与 $\tau_0 = -1$ 构造勒让德插值多项式逼近状态量

$$\boldsymbol{x}(\tau) \approx \boldsymbol{X}(\tau) \approx \sum_{i=0}^{M} \boldsymbol{X}(\tau_i) L_i(\tau) \tag{5-36}$$

式中，$\boldsymbol{x}(\tau)$ 为翼伞系统实际状态；$\boldsymbol{X}(\tau)$ 为近似状态量；$L_i(\tau)$ 为勒让德插值基数，定义为

$$L_i(\tau) = \sum_{j=0, \cdots, i}^{M} \frac{\tau - \tau_j}{\tau_i - \tau_j} \qquad i = 0, 1, \cdots, M \tag{5-37}$$

对下偏控制量序列 $\boldsymbol{u}(\tau)$ 按同样的方法逼近，即

$$\boldsymbol{u}(\tau) \approx \boldsymbol{U}(\tau) \approx \sum_{k=1}^{M} \boldsymbol{U}(\tau_k) \tilde{L}_k(\tau) \tag{5-38}$$

式中，$\tilde{L}_k(\tau)$ 为勒让德插值基数，定义为

$$\widetilde{L}_k(\tau) = \sum_{j=0,\cdots,k}^{M} \frac{\tau - \tau_j}{\tau_k - \tau_j} \qquad k = 1, 2, \cdots, M \qquad (5-39)$$

经过如上逼近,状态量和控制量便可由离散点近似为整个时间域的连续函数[10]。

### 3. 初始约束与终端约束

由于在进行状态逼近的过程中,只考虑了前 $M$ 个节点,没有终端状态约束的体现,而在逼近控制量时,仅考虑了第 $1 \sim M$ 个节点,没有考虑初始和终端控制约束,因此需要另外进行讨论。

将终端状态

$$\widehat{\boldsymbol{X}}_e = \widehat{\boldsymbol{X}}_0 + \frac{t_e - t_0}{2} \int_{-1}^{1} f[\boldsymbol{x}(\tau), \boldsymbol{x}(\tau), \tau] \mathrm{d}\tau \qquad (5-40)$$

离散化后

$$\widehat{\boldsymbol{X}}_e = \widehat{\boldsymbol{X}}_0 + \frac{t_e - t_0}{2} \sum_{k=1}^{M} \widetilde{\omega} f(\widehat{\boldsymbol{X}}_k, \widehat{\boldsymbol{U}}_k, \tau_k, t_0, t_e) \qquad k = 1, 2, \cdots, M \qquad (5-41)$$

式中,$\widetilde{\omega}$ 为高斯积分权重。

初始和终端时刻的下偏控制量由式(5-38)可得

$$\begin{cases} \boldsymbol{u}(\tau_0) \approx \boldsymbol{U}(\tau_0) = \sum_{k=0}^{M} \boldsymbol{U}(\tau_k) \widetilde{L}_k(\tau) \\ \boldsymbol{u}(\tau_e) \approx \boldsymbol{U}(\tau_e) = \sum_{k=0}^{M+1} \boldsymbol{U}(\tau_k) \widetilde{L}_k(\tau) \end{cases} \qquad (5-42)$$

### 4. 微分动力学方程转化

由于航迹规划采用的动力学方程为质点方程,那么可以将对其求导转化为对插值基函数的求导,再近似为代数方程可得

$$\dot{\boldsymbol{x}}(\tau) = \dot{\widehat{\boldsymbol{X}}}(\tau) = \sum_{i=0}^{M} \dot{L}_i(\tau) \widehat{\boldsymbol{X}}_i = \sum_{i=0}^{M} \boldsymbol{D}_{ki}(\tau_k) \boldsymbol{x}(\tau_i) \qquad k = 1, 2, \cdots, M; i = 0, 1, \cdots, M$$

$$(5-43)$$

式中,$\boldsymbol{D}_{ki}$ 为勒让德多项式在节点 $\tau_k$ 处求导得到的一个微分矩阵,可以离线求得。由此可得一子级-翼伞最优控制航迹规划问题中的微分方程,可以演化为如下代数约束:

$$\sum_{i=0}^{M} \boldsymbol{D}_{ki}(\tau_k) \boldsymbol{x}(\tau_i) - \frac{t_e - t_0}{2} f[\boldsymbol{X}(\tau_k), \boldsymbol{U}(\tau_k), \tau_k, t_0, t_e] = 0 \qquad (5-44)$$

上述高斯伪谱法参数化流程见图 5-16。

通过上述过程,便将多约束下的最优控制航迹规划问题转换为 NLP 问题,

图 5-16　高斯伪谱法参数化流程图

再采用序列二次规划算法(Sequential Quadratic Programming,SQP)[11]算法进行求解,其原理如下:

SQP 算法结构分为主迭代过程和子迭代过程,基本思想是在每一步迭代中,通过求解一个二次序列规划子问题来确定一个下降方向,以确保主迭代过程逐渐收敛到非线性规划问题的最优解。SQP 算法寻优过程如下。

1)设置初始状态量及控制量,并确定初始正定矩阵 $H_1$。令 $k=1$ 以获取迭代初始点控制量序列 $u^k(t)$,设置容许误差。

2)将当前迭代点控制量 $u^k(t)$ 代入式(5-28),用当前点二次规划子问题满足待求解 NLP 问题的解 $d^k$,作为原问题控制量 $u$ 下一次迭代的搜索方向。

3)如果 $\parallel d^k \parallel \leqslant e$,停止计算,输出 $u_{k+1}=u_k+d^k$;若 $\parallel d^k \parallel > e$,置 $u_{k+1}=u_k+d^k$,使用拟牛顿公式计算正定矩阵 $H_{k+1}$。

4)令 $k=k+1$,转步骤2)。

5)求解一维最优问题 $\min P(x^k+\lambda d^k)$ 得到最优步长 $\lambda$,令 $u_{k+1}=u_k+\lambda d^k$。

6)更新海塞矩阵 $H_k$,得到新的正定矩阵 $H_{k+1}$,再令 $k=k+1$,转步骤2)。

具体算法流程图见图 5-17。

由于 SQP 算法具有收敛速度快、寻优时间短的优点,适合求解一子级-翼伞最优控制航迹规划问题。

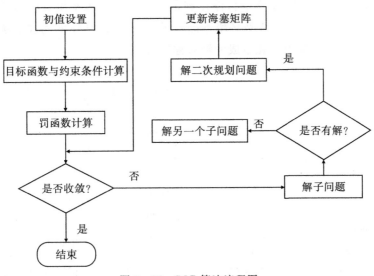

图 5 - 17 SQP 算法流程图

## 5.3.4 仿真及结果分析

本小节对离线最优控制航迹规划方法进行仿真与结果分析[12-15]。设置 SQP 算法最大迭代次数为 70,容许误差为 $10^{-2}$,其他仿真条件见表 5 - 4。

表 5 - 4 离线最优控制航迹规划仿真条件设置

| 参数 | 取值 |
| --- | --- |
| 初始飞行方向/rad | $\pi$ |
| 翼伞开伞点/m | (5500,0,8000) |
| 着陆时飞行方向/rad | $\pi$ |
| 目标着陆点/m | (0,0,0) |

无风环境下最优控制航迹规划结果见图 5 - 18、图 5 - 19,航向角和控制量见图 5 - 20、图 5 - 21。

由图 5 - 18 和图 5 - 19 可见,无风环境下最优控制航迹规划的一子级-翼伞组合体落点为(−0.001 m,0 m,0 m),着陆时的航向角为 180°,终端误差很小。由图 5 - 20 和图 5 - 21 可见,规划航迹对应的航向角和控制量连续变化。

初始高度较高的情况下,由于翼伞为无动力飞行器,其垂直下降速度不可控并且水平速度大于垂直速度,因此在飞行过程中需要远距离滑翔来消耗掉剩余高度，并且使一子级-翼伞组合体在剩余高度为 0 时水平位置到达预定着陆点。由图 5-19 可以看出无风环境下的一子级-翼伞组合体的离线最优航迹在水平面内为由四段简单圆弧组成的轴对称形状。

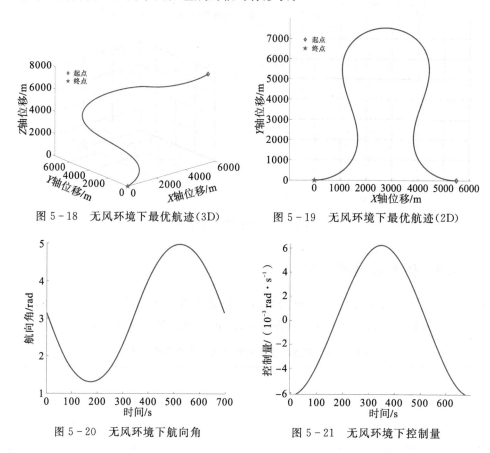

图 5-18　无风环境下最优航迹(3D)　　　图 5-19　无风环境下最优航迹(2D)

图 5-20　无风环境下航向角　　　图 5-21　无风环境下控制量

不同常值风环境下最优控制航迹规划结果见图 5-22～图 5-25。

可以看出，在不同的风速和风向的常值风环境下，最优控制航迹规划依然能保证一子级-翼伞组合体逆风定点着陆。风向在 0～90°时，风场造成大地坐标系下一子级-翼伞组合体水平合速度减小，在初始高度不变的条件下，风速越大，组合体的滑翔航迹越短。

对比无风和有风环境下的最优控制航迹规划结果可以看出，相较于无风环境，风场干扰没有改变组合体二维航迹的基本形状并且在同一风向下最优航迹随风速变化呈现出一定规律性。本书根据这一特点设计了一子级-翼伞组合体在线航迹点调整策略，具体请参考本书第 6 章。另外，本节中离线航迹规划结果只用于制订在线航迹点调整策略,为了使不同风场环境下组合体离线最优航迹具有相同的基本形状,在进行离线航迹规划时,将着陆时组合体的期望航向角设为定值 π rad,逆风着陆的航向角约束将在后续章节的在线航迹生成中加以考虑。

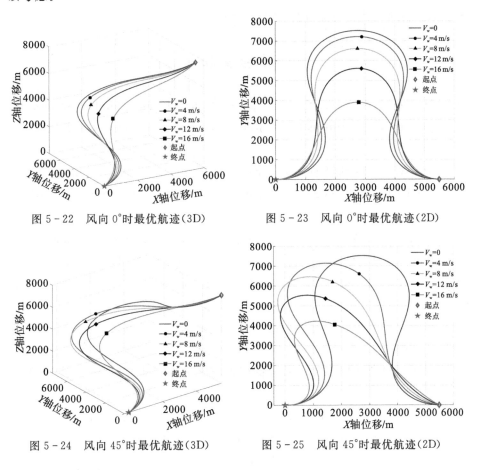

图 5 - 22　风向 0°时最优航迹(3D)

图 5 - 23　风向 0°时最优航迹(2D)

图 5 - 24　风向 45°时最优航迹(3D)

图 5 - 25　风向 45°时最优航迹(2D)

# 5.4　本章小结

本章重点对一子级-翼伞组合体的离线航迹规划进行了研究。首先给出了适用于航迹规划的组合体质点模型。然后采用随机搜索智能优化算法-天牛群算法结合经典分段归航法对其中的几何参数进行寻优,进而规划出了一子级-翼伞的最优离线航迹,并对无风、有风、左侧下偏操纵、右侧下偏操纵等情况下的规划结果进行了细致的仿真分析,验证了本章离线分段最优航迹规划方法的可行性。最后针对能量消耗最少、逆风着陆等约束条件,应用最优控制法结合 SQP 和高斯伪谱法,在复杂约束和非线性情况下规划了一子级-翼伞离线归航航迹,并对不同风向、风速条件下的规划结果进行了充分的仿真分析,验证了基于最优控制的归航航迹规划方法的可行性。

# 参考文献

[1] JIANG X, LI S. BAS: beetle antennae search algorithm for optimization problems[J]. International Journal of Robotics and Control, 2018, 1 (1):1 - 5.

[2] JIANG X, LI S. Beetle antennae search without parameter tuning (BAS - WPT) for multi - objective optimization[J]. Computer Science, 2017,34 (15):1 - 4.

[3] WANG T, YANG L, LIU Q. Beetle swarm optimization algorithm: theory and application[J]. Computer Science, 2018(1):1 - 19.

[4] 赵志豪. 翼伞动力学建模与归航控制技术研究[D]. 南京:南京航空航天大学,2017.

[5] 檀盼龙. 翼伞系统的风场辨识与轨迹跟踪控制研究[D]. 天津:南开大学,2016.

[6] 陶金. 复杂环境下翼伞系统的建模与归航控制研究[D]. 天津:南开大学, 2017.

[7] VLASSENBROECK J, DOOREN R V. A Chebyshev technique for solving nonlinear optimal control problems[J]. IEEE Transactions on Automatic Control, 1988,33(4):333 - 340.

[8] ELNAGAR G, KAZEMI M A. The pseudospectral Legendre method for discretizing optimal control problems[J]. IEEE Transactions on Automatic Control, 1995,40(10):1793 - 1796.

[9] ZHAO J, ZHOU R, JIN X. Gauss pseudospectral method applied to multi - objective spacecraft trajectory optimization[J]. Journal of Computational & Theoretical Nanoscience, 2014,11(10):2242 - 2246.

[10] 褚建新. 自动驾驶车辆避障轨迹规划及跟踪控制[D]. 长春:吉林大

学，2021.

[11]　SHARP J F，WELLING P. A simulation study of the error produced by approximation in separable concave programming[M]. Computational Practice in Mathematical Programming，2009.

[12]　陈潇然. 火箭一子级伞控回收系统建模与归航控制研究[D]. 西安:西北工业大学，2020.

[13]　李丰浩. 火箭一子级落区伞控方法研究[D]. 西安:西北工业大学，2021.

[14]　陈梦萍. 面向火箭子级回收的翼伞建模与自主归航研究[D]. 西安:西北工业大学，2021.

[15]　邢小军，韩逸尘，樊国政，等. 面向火箭子级精确回收的翼伞最优航迹规划算法研究[J]. 西北工业大学学报，2022，40(1)：62 - 68.

# 第6章 一子级回收翼伞控制阶段 在线航迹规划

由于翼伞是一种轻质飞行器,其姿态和落点极易受到风场的干扰,因而对一子级-翼伞组合体精确落区控制和回收影响非常大。第5章已经在一子级-翼伞离线航迹规划中部分考虑并补偿了常值风的影响。但除了常值风,时变紊流风的影响也不可忽略,本章将在建立风场模型的基础上,重点研究时变紊流风场下基于风场估计、航迹偏差补偿的一子级-翼伞组合体在线航迹规划问题,提高一子级规划落点准确性并降低后续姿态控制器和航迹跟踪控制器的设计要求。

## 6.1 风场模型

风场是翼伞系统飞行环境中的一种流体运动形式,包含各种时间和空间尺度的运动,其流体力学方程为一组比较复杂的非线性方程式,求解难度大。理论上,在初始条件和边界条件给定的情况下,大气运动原则上是确定的,但由于大气是一个混沌体系,起始条件和边界条件的变化在长时间的观测中便会呈现出不确定性,难以全面而精确地描述大气扰动与飞行器运动的相互作用。因此,本节采用工程化模型和各地风场的经验数据模拟风场。这些模型忽略了一些次要影响的因素,采用简单成熟的流体力学方程描述各类风场中气流的流动规律,能够较好地反映大气现象复杂变化的基本规律和物理过程。

风场可采用主风和紊流风的组合进行描述,本节分别进行建模。

### 6.1.1 主风模型

主风即平均风/准定常风/常值风,平均风速是在一定时间范围内,沿高度方向上的平均风速值。

当前因为技术水平和监测设备的完善,国内外探空观测站点通过风廓线雷达、卫星等工具可以获取各规定等压面和压温湿特性层的位势高度、温度、露点温度、风向、风速观测等数据。因此可以获得各地当前时刻主风风速的大致风速和风向,拟合出风廓线数据[1]。

结合不同地区的历史风场信息可以得到一个大概的标量稳态风速在不同概率下的包络值。例如,美国四个主要航天器发射场(肯尼迪航天中心、威登博格空军基地、白沙靶场和爱德华空军基地)在不同概率下的各高度的最大稳态风速值[2]见表 6-1。

表 6-1　不同概率下各高度最大稳态风速值

| 参数 | | 数值 | | | | | | | | | | |
|------|------|------|------|------|------|------|------|------|------|------|------|------|
| 95% | 高度/km | 1 | 3 | 6 | 10 | 11 | 12 | 13 | 17 | 20 | | |
| 概率 | 风速/(m·s⁻¹) | 22 | 31 | 54 | 75 | 76 | 78 | 74 | 44 | 29 | | |
| 99% | 高度/km | 1 | 3 | 5 | 6 | 7 | 9 | 11 | 12 | 13 | 14 | 15 | 20 |
| 概率 | 风速/(m·s⁻¹) | 28 | 38 | 56 | 60 | 68 | 88 | 88 | 92 | 88 | 88 | 70 | 41 |

结合国内某机场历史风场数据[3]和表 6-1 可以看出,主风风速先随高度的增加而增加,在 10~12 km 时到达最大,随后风速随高度的增加而减小。由此可以看出,在一子级回收翼伞起主要作用的中高空段,风速有极大概率超过一子级-翼伞组合体速度。因此,在主风长时作用下,将很难通过翼伞姿态控制消除其对落区精度的影响。为了有效克服或弱化这一影响,本节首先计算风场带来的落点偏差,然后在一子级-翼伞组合体的航迹规划中通过修正目标落点来对风场偏差进行补偿,从而实现一子级的准确落区控制。

在 1~16 km 的高空中,主风风向和风速随时间变化缓慢,可以小时为单位进行计量。而且风速越大,风向变化就越小。在一定的时间和地区内,中高空的主风可以看作是在固定高度上风速值相对稳定的常值风,因此在工程实践中经常将主风风场进行线性化处理,即将主风风速简化为与高度相关的线性模型,将主风视为随高度变化而变化的线性风场[4-5],则一维主风模型可以表示为

$$W_M = W(h) + N_M \tag{6-1}$$

式中,$W_M$ 为主风;$W(h)$ 为根据高度给出对应位置的风速;$N_M$ 为反映主风波动性的白噪声。

对于三维风场,将主风、给定高度对应的风速以及白噪声沿 $X$、$Y$、$Z$ 轴方向分解,可以表示为

$$
\begin{cases}
W_{Mx} = W_x(h) + N_{Mx} \\
W_{My} = W_y(h) + N_{My} \\
W_{Mz} = W_z(h) + N_{Mz}
\end{cases}
\tag{6-2}
$$

式中，$W_{Mx}$、$W_{My}$、$W_{Mz}$、$W_x(h)$、$W_y(h)$、$W_z(h)$ 以及 $N_{Mx}$、$N_{My}$、$N_{Mz}$ 分别表示式 (6-1) 各变量在 $X$、$Y$、$Z$ 轴上的分量。

为了计算上的方便，假定一子级-翼伞组合体目标落点所在区域的主风信息已知，由此可获得组合体初始状态下的风场信息。

## 6.1.2　紊流风模型

通过观测站点测量到的主风风速是一个变化率较小、可以进行线性化处理的风速值，而在对应高度测量的风速往往是围绕主风值摆动的，摆动量反映了空气的局部流动，称为紊流风。真实的大气紊流是非常复杂的物理现象。为了简化分析，本节将大气紊流适当加以理想化，做以下基本假设[6]。

1）大气紊流的统计特征是非时变的（紊流的平稳性），不随位置而变化（紊流的均匀性）。

2）大气紊流的统计特性不随坐标系的变化而变化，即与方向无关，坐标轴的方向可以任意选取。

3）紊流是高斯型的，紊流的速度大小服从正态分布。

4）泰勒冻结场假设：由于一子级-翼伞组合体速度远大于紊流速度，因此忽略组合体在降落过程中紊流速度的改变。

紊流风信息的获取有两种常用方法，一种是根据一子级回收的真实数据提取出来的高频随机信号作为紊流；另一种是利用高斯白噪声序列通过紊流模型所建立的成形滤波器获取紊流信号。由于缺少一子级真实的回收数据，本节采用第二种方案，即联合白噪声和成形滤波器来产生紊流信号。

实际应用中可以根据实测资料确定经验相关函数，然后通过傅里叶变换导出经验谱函数，这样得出的能量谱能够比较真实地反映大气的变化情况。本节采用这类模型中的 Dryden（德莱顿）模型[7]，其频谱函数为

$$
\begin{cases}
\Phi_u(\omega) = \sigma_u^2 \dfrac{L_u}{\pi} \dfrac{1}{1+(L_u\Omega)^2} \\[2mm]
\Phi_v(\omega) = \sigma_v^2 \dfrac{L_v}{\pi} \dfrac{1+12(L_v\Omega)^2}{\left[1+4(L_v\Omega)^2\right]^2} \\[2mm]
\Phi_w(\omega) = \sigma_w^2 \dfrac{L_w}{\pi} \dfrac{1+12(L_w\Omega)^2}{\left[1+4(L_w\Omega)^2\right]^2}
\end{cases}
\tag{6-3}
$$

根据空间频率和时间频率的关系

$$\Phi(\omega) = \frac{1}{V}\Phi(\Omega) = \frac{1}{V}\Phi\left(\frac{\omega}{V}\right) \tag{6-4}$$

可将式(6-3)的频谱函数由空间域转换到时间域：

$$\begin{cases} \Phi_u(\omega) = \sigma_u^2 \dfrac{L_u}{\pi V} \dfrac{1}{1+(L_u\omega/V)^2} \\[2mm] \Phi_v(\omega) = \sigma_v^2 \dfrac{L_v}{\pi V} \dfrac{1+12\,(L_v\omega/V)^2}{[1+4\,(L_v\omega/V)^2]^2} \\[2mm] \Phi_w(\omega) = \sigma_w^2 \dfrac{L_w}{\pi V} \dfrac{1+12\,(L_w\omega/V)^2}{[1+4\,(L_w\omega/V)^2]^2} \end{cases} \tag{6-5}$$

上式中,$\Omega$ 为空间频率;$\omega$ 为时间频率,$\Omega = \omega/V$;$\sigma_u$、$\sigma_v$、$\sigma_w$ 为三个方向上的紊流强度;$V$ 为一子级-翼伞组合体空速;$L_u$、$L_v$、$L_w$ 为三个方向上的紊流尺度。

根据美军标 MIL-F-8785C,$\sigma_u$、$\sigma_v$、$\sigma_w$ 和 $L_u$、$L_v$、$L_w$ 的取值为

$$\begin{cases} 2L_w = H \\[2mm] L_u = 2L_v = \dfrac{H}{(0.177+0.000823H)^{1.2}} \\[2mm] \sigma_w = 0.1W_{20} \\[2mm] \dfrac{\sigma_u}{\sigma_w} = \dfrac{\sigma_v}{\sigma_w} = \dfrac{1}{(0.177+0.000823H)^{0.4}} \end{cases} \quad H < 1000\ \text{ft} \tag{6-6}$$

$$\begin{cases} L_w = 2L_u = 2L_v = 1000\ \text{ft} \\[2mm] \dfrac{\sigma_u}{\sigma_w} = \dfrac{\sigma_v}{\sigma_w} = 1 \end{cases} \quad H \geqslant 1000\ \text{ft} \tag{6-7}$$

式中,$H$ 为高度;$W_{20}$ 表示 20 ft(1 ft=0.3048 m,后同)高度处的风速。在确定了紊流尺度和紊流强度后根据速度频谱和角速度频谱得到紊流风速和紊流风角速度。

然后根据 Dryden 模型的时间频谱函数对大气紊流进行仿真计算,通过成形滤波器生成大气紊流序列。

假设输入信号 $r(t)$ 为单位强度白噪声,通过一个传递函数为 $G(s)$ 的滤波器,最终生成紊流的时间序列 $x(t)$,则输出序列的功率谱密度函数表达式为

$$\Phi_{xx} = |G(j\omega)|^2 \Phi_{rr}(\omega) \tag{6-8}$$

式中,$\Phi_{rr}(\omega)$ 为白噪声的频谱,大小可认为是 1,根据 $s = j\omega$ 进行替换,可得到对应成形滤波器的传递函数并进行一阶近似化处理。

生成三个紊流速度时间序列所需的传递函数为[7]

$$\begin{cases} G_u(s) = \dfrac{K_u}{T_u s + 1}, \text{其中 } K_u = \sigma_u \sqrt{\dfrac{L_u}{\pi V}}, T_u = \dfrac{L_u}{V} \\[3mm] G_v(s) \approx \dfrac{K_v}{T_v s + 1}, \text{其中 } K_v = \sigma_v \sqrt{\dfrac{L_v}{\pi V}}, T_v = \dfrac{T_{v2}^2}{T_{v1}} \dfrac{2}{\sqrt{3}} \dfrac{L_v}{V}, T_{v1} = \dfrac{2\sqrt{3} L_v}{V}, T_{v2} = \dfrac{2 L_v}{V} \\[3mm] G_w(s) \approx \dfrac{K_w}{T_w s + 1}, \text{其中 } K_w = \sigma_w \sqrt{\dfrac{L_w}{\pi V}}, T_w = \dfrac{T_{w2}^2}{T_{w1}} \dfrac{2}{\sqrt{3}} \dfrac{L_w}{V}, T_{w1} = \dfrac{2\sqrt{3} L_w}{V}, T_{w2} = \dfrac{2 L_w}{V} \end{cases}$$

$$(6-9)$$

以时间间隔 $T_h$ 为步长,求出输出信号 $x(t)$ 的离散序列为

$$x(k+1) = P_i x(k) + Q_i r(k) \tag{6-10}$$

其中,$r(k)$ 为高斯白噪声序列,其均值大小为 0,标准差为 1。系数 $P_i$ 和 $Q_i$ 分别为

$$\begin{cases} P_i = e^{-T_h/T_i} \\ Q_i = \sigma_i \sqrt{1 - P_i^2} \end{cases} \quad i = u, v, w \tag{6-11}$$

应用 Dryden 模型,按照上述方法可依次获得三维紊流速度模型为

$$\begin{cases} u_w(k+1) = P_u u_w(k) + Q_u r(k) \\ v_w(k+1) = P_v v_w(k) + Q_v r(k) \\ w_w(k+1) = P_w w_w(k) + Q_w r(k) \end{cases} \tag{6-12}$$

## 6.2　风速测量

一子级回收时,翼伞中安装有测量位置信息的全球导航卫星 GNSS 设备,可用于计算地速;通过 GNSS 与角度传感器进行对比计算得到偏航角;通过空速管的测量参数运用理想气体状态方程和伯努利方程计算得到空速。在此基础上,根据翼伞飞行时的地速、空速和风速之间的平面矢量三角形关系计算风速,见图 6-1。

图 6-1 中,$\psi$ 为组合体航向角;$\beta$ 为侧滑角;$\varphi$ 为航迹方位角;$\psi_w$ 为风向角,是风速与正北方向之间的夹角,顺时针为正;$\psi_b$ 为地速矢量 $\boldsymbol{V}_g$ 和空速矢量 $\boldsymbol{V}_a$ 的夹角,顺时针为正,称为偏流角。

风速矢量的计算公式为

$$\boldsymbol{V}_w = \boldsymbol{V}_g - \boldsymbol{V}_a \tag{6-13}$$

式中,$\boldsymbol{V}_g = \begin{bmatrix} V_{gx} & V_{gy} & V_{gz} \end{bmatrix}^T$ 为测量的地速矢量;$\boldsymbol{V}_w$ 为翼伞系统降落过程中的风速矢量;$\boldsymbol{V}_a$ 为测量计算出的空速矢量。

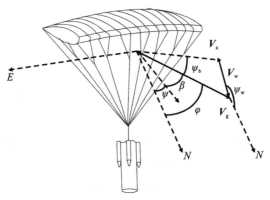

图 6-1　风速计算方式

一子级-翼伞回收过程中,通过空速管读取的飞行表速可进一步校正为当前真空速值。当翼伞高度已知时,表速及真空速的对应关系为

$$V_a = \text{IAS} \sqrt{\frac{\rho_0}{\rho_H}} \qquad (6-14)$$

式中,IAS 为空速传感器读取的表速;$\rho_0 = 1.2250 \text{ kg/m}^3$ 为海平面处的大气密度;$\rho_H$ 为高度 $H$ 处的大气密度值。

翼伞地速由 GNSS 测量位置及采样间隔计算求出,即

$$\boldsymbol{V}_g(t) = \frac{g(t) - g(t-T)}{T} \qquad (6-15)$$

式中,$T$ 为导航系统采样时差;$g(t)$ 和 $g(t-T)$ 分别为 $t$ 和 $t-T$ 时刻导航系统的位置矢量。

由于空速表示在气流坐标系中,而地速和风速表示在惯性坐标系,为了方便计算,将三种速度矢量统一到惯性坐标系中,且其各自速度分解到惯性坐标系的三个坐标轴方向,分解后可表示为

$$\begin{cases} V_{wx}^i = V_{gx}^i - V_{ax}^i \\ V_{wy}^i = V_{gy}^i - V_{ay}^i \\ V_{wz}^i = V_{gz}^i - V_{az}^i \end{cases} \qquad (6-16)$$

式中,$V_{wx}^i$、$V_{wy}^i$ 和 $V_{wz}^i$ 分别为风速在惯性坐标系中的 $X$、$Y$ 和 $Z$ 轴的分量;$V_{ax}^i$、$V_{ay}^i$ 和 $V_{az}^i$ 分别为空速在惯性坐标系中的 $X$、$Y$ 和 $Z$ 轴的分量;$V_{gx}^i$、$V_{gy}^i$ 和 $V_{gz}^i$ 分别为地速在惯性坐标系中的 $X$、$Y$ 和 $Z$ 轴的分量。

# 6.3　主风风向估计

风场方向的估计对于落点估计和补偿十分重要,一个较小的角度误差在风速较大的情况下就可能导致很大的误差。因此需要在一子级-翼伞组合体回收过程中实时估计并修正风场方向。

风场方向可通过对各轴上的风速进行计算得到,为了确保估计出的风场方向的准确性,对测量的各轴风速利用卡尔曼滤波算法进行滤波处理,提取出主风信息,并尽可能地过滤紊流风。滤波后 $X$ 轴和 $Y$ 轴主风风速分别为 $V_{wx}$ 和 $V_{wy}$,通过下式即可以计算出主风的风向 $\psi_w$。

$$\psi_w = \begin{cases} \arctan\left(\dfrac{V_{wy}}{V_{wx}}\right) & V_{wy} \geqslant 0 \\ \arctan\left(\dfrac{V_{wy}}{V_{wx}}\right) + 180° & V_{wy} < 0 \end{cases} \tag{6-17}$$

## 6.3.1　卡尔曼滤波基本理论

设系统离散模型的状态方程和量测方程为

$$\boldsymbol{X}_k = \boldsymbol{\Phi}_{k,k-1}\boldsymbol{X}_{k-1} + \boldsymbol{\Gamma}_{k-1}\boldsymbol{W}_{k-1} \tag{6-18}$$

$$\boldsymbol{Z}_k = \boldsymbol{H}_k\boldsymbol{X}_k + \boldsymbol{V}_k \tag{6-19}$$

式中,$\boldsymbol{X}_k$ 为被估计的状态变量;$\boldsymbol{Z}_k$ 为量测向量;$\boldsymbol{\Phi}_{k,k-1}$ 为状态转移矩阵;$\boldsymbol{H}_k$ 为量测矩阵;系统噪声 $\boldsymbol{W}_{k-1}$ 和量测噪声 $\boldsymbol{V}_k$ 为互不相关的带时变均值的白噪声,其均值分别为 $\boldsymbol{q}$ 和 $\boldsymbol{r}$,协方差阵分别为 $\boldsymbol{Q}$ 和 $\boldsymbol{R}$。

上述系统的卡尔曼滤波方程为

$$\hat{\boldsymbol{X}}_{k/k-1} = \boldsymbol{\Phi}_{k,k-1}\hat{\boldsymbol{X}}_{k-1} \tag{6-20}$$

$$\boldsymbol{P}_{k/k-1} = \boldsymbol{\Phi}_{k,k-1}\boldsymbol{P}_{k-1}\boldsymbol{\Phi}_{k,k-1}^{\mathrm{T}} + \boldsymbol{Q} \tag{6-21}$$

$$\boldsymbol{K}_k = \boldsymbol{P}_{k/k-1}\boldsymbol{H}_k^{\mathrm{T}}(\boldsymbol{H}_k\boldsymbol{P}_{k/k-1}\boldsymbol{H}_k^{\mathrm{T}} + \boldsymbol{R})^{-1} \tag{6-22}$$

$$\boldsymbol{e}_k = \boldsymbol{Z}_k - \boldsymbol{H}_k\hat{\boldsymbol{X}}_{k/k-1} \tag{6-23}$$

$$\hat{\boldsymbol{X}}_k = \hat{\boldsymbol{X}}_{k/k-1} + \boldsymbol{K}_k\boldsymbol{e}_k \tag{6-24}$$

$$\boldsymbol{P}_k = (\boldsymbol{I} - \boldsymbol{K}_k\boldsymbol{H}_k)\boldsymbol{P}_{k/k-1} \tag{6-25}$$

式中,$\hat{\boldsymbol{X}}_{k/k-1}$ 为 $k-1$ 时刻 $\boldsymbol{X}_{k-1}$ 的最优线性滤波;$\boldsymbol{P}_{k/k-1}$ 为一步预测均方差矩阵;$\boldsymbol{K}_k$ 为滤波增益矩阵;$\boldsymbol{e}_k$ 为滤波器的量测残差。

卡尔曼滤波一般用于系统噪声和量测噪声为白噪声的情况,但本节应用的实际风场模型中,量测噪声 $\boldsymbol{V}_k$ 一般由测量设备自身产生,可以认为是白噪声。而系统噪声 $\boldsymbol{W}_k$ 是紊流风,由于紊流风为一种非周期性的随机过程,是有色噪声,不能当作白噪声进行处理,需要进行白化后才能应用卡尔曼滤波[8-9]。

## 6.3.2　有色噪声下的卡尔曼滤波

由 6.1.2 节可知,紊流风是根据成型滤波器将白噪声转化成的有色噪声,应用卡尔曼滤波时首先需要将有色噪声进行白色化。

根据第 4 章的运动分析,一子级-翼伞组合体的垂直速度在不同单侧下偏量下变化较小,为简化问题可认为组合体的垂直速度是固定不变的。结合当前高度及其对应的风速,建立风场离散时间方程为

$$\begin{cases} W_{Mx}(k+1)=W_{Mx}(k)+\Delta t a_x(k) \\ W_{My}(k+1)=W_{My}(k)+\Delta t a_y(k) \\ W_{Mz}(k+1)=W_{Mz}(k)+\Delta t a_z(k) \end{cases} \tag{6-26}$$

风场的系统方程和量测方程为

$$\boldsymbol{X}_k=\boldsymbol{\Phi}_{k,k-1}\boldsymbol{X}_{k-1}+\boldsymbol{\Gamma}_{k-1}\boldsymbol{W}_{k-1} \tag{6-27}$$

$$\boldsymbol{Z}_k=\boldsymbol{H}_k\boldsymbol{X}_k+\boldsymbol{V}_k \tag{6-28}$$

式中,$\boldsymbol{X}_k=[W_M(k),\quad a(k)]^T$;$\boldsymbol{W}_{k-1}=[u_w(k-1),\quad v_w(k-1),\quad w_w(k-1)]^T$;$\boldsymbol{\Phi}_{k,k-1}$ 为主风的状态转移矩阵;$\boldsymbol{\Gamma}_{k-1}$ 为紊流风的扰动矩阵;$\boldsymbol{H}_k=[\boldsymbol{I}_3,\quad \boldsymbol{0}_{3\times3}]$;$\boldsymbol{V}_k=[V_{W_M(k)},\quad V_{a(k)}]^T$ 为零均值白噪声序列;$a(k)$ 为风速随高度的变化率。

因为紊流风的扰动可以看作是由白噪声通过动态系统形成的有色噪声,因此满足

$$\boldsymbol{W}_k=\boldsymbol{\Pi}_{k,k-1}\boldsymbol{W}_{k-1}+\boldsymbol{\varepsilon}_{k-1} \tag{6-29}$$

转移矩阵为

$$\boldsymbol{\Pi}=\begin{bmatrix} \Pi_u & 0 & 0 \\ 0 & \Pi_v & 0 \\ 0 & 0 & \Pi_w \end{bmatrix} \tag{6-30}$$

$$\begin{cases} \Pi_i=\mathrm{e}^{-T_h/T_i} \\ \Gamma_i=\sigma_i\sqrt{1-\Pi_i^2} \end{cases} i=u,v,w \tag{6-31}$$

式中,$T_h$ 为采样时间;$T_i$ 为产生紊流的开环传递函数的惯性系数;$\sigma_i$ 为紊流强度。

根据式(6-9)可得式(6-31)中的开环传递函数的惯性系数为

$$\begin{cases} T_u = \dfrac{L_u}{V} \\[2mm] T_v = \dfrac{4L_v^2}{3V^2} \\[2mm] T_w = \dfrac{4L_w^2}{3V^2} \end{cases} \tag{6-32}$$

求得状态转移矩阵为

$$\boldsymbol{\Pi}_{k,k-1} = \begin{bmatrix} \mathrm{e}^{-T_\mathrm{h}V/L_u} & 0 & 0 \\ 0 & \mathrm{e}^{-3V^2T_\mathrm{h}/4L_v^2} & 0 \\ 0 & 0 & \mathrm{e}^{-3V^2T_\mathrm{h}/4L_w^2} \end{bmatrix} \tag{6-33}$$

$\boldsymbol{\varepsilon}_{k-1}$ 的协方差矩阵为

$$E[\boldsymbol{\varepsilon}_{k-1}\boldsymbol{\varepsilon}_{k-1}^\mathrm{T}] = \begin{bmatrix} \sigma_u & 0 & 0 \\ 0 & \sigma_v & 0 \\ 0 & 0 & \sigma_w \end{bmatrix} \begin{bmatrix} \sqrt{1-\mathrm{e}^{-T_\mathrm{h}/T_u}} \\ \sqrt{1-\mathrm{e}^{-T_\mathrm{h}/T_v}} \\ \sqrt{1-\mathrm{e}^{-T_\mathrm{h}/T_w}} \end{bmatrix} \tag{6-34}$$

可以将作为系统噪声的有色噪声 $\boldsymbol{W}_{k-1}$ 作为状态量进行卡尔曼滤波,此时的系统方程和量测方程为

$$\overline{\boldsymbol{X}}_k = \overline{\boldsymbol{\Phi}}_{k,k-1}\overline{\boldsymbol{X}}_{k-1} + \overline{\boldsymbol{\Gamma}}_{k-1}\overline{\boldsymbol{W}}_{k-1} \tag{6-35}$$

$$\overline{\boldsymbol{Z}}_k = \overline{\boldsymbol{H}}_k\overline{\boldsymbol{X}}_k + \boldsymbol{V}_k \tag{6-36}$$

式中,$\overline{\boldsymbol{X}}_k = [W_\mathrm{M}(k), \quad a(k), \quad u_w(k-1), \quad v_w(k-1), \quad w_w(k-1)]^\mathrm{T}$,$\overline{\boldsymbol{\Phi}}_{k,k-1} = \begin{bmatrix} \boldsymbol{\Phi}_{k,k-1} & \boldsymbol{\Gamma}_{k-1} \\ \boldsymbol{0}_{3\times6} & \boldsymbol{\Pi}_{k,k-1} \end{bmatrix}$,$\overline{\boldsymbol{\Gamma}}_{k-1} = \begin{bmatrix} \boldsymbol{0}_{6\times6} & \boldsymbol{0}_{6\times3} \\ \boldsymbol{0}_{3\times6} & \boldsymbol{I}_3 \end{bmatrix}$,$\overline{\boldsymbol{H}}_k = [\boldsymbol{H}_k, \quad \boldsymbol{0}_{3\times3}]$,系统方程中的 $\overline{\boldsymbol{W}}_{k-1}$ 和量测方程中的 $\boldsymbol{V}_k$ 是均值为零的白噪声,其方差矩阵分别为

$$\overline{\boldsymbol{Q}} = \begin{bmatrix} \boldsymbol{0}_{6\times6} & \boldsymbol{0}_{6\times3} \\ \boldsymbol{0}_{3\times6} & \mathrm{diag}(E[\boldsymbol{\varepsilon}_{k-1}\boldsymbol{\varepsilon}_{k-1}^\mathrm{T}]) \end{bmatrix} \tag{6-37}$$

$$\boldsymbol{R} = [\mathrm{diag}(\sigma_{W_\mathrm{M}})] \tag{6-38}$$

由此,通过将紊流风作为状态量进行状态扩增的方式将有色噪声的紊流风白噪声化,得到新的系统方程(6-35)和量测方程(6-36)符合卡尔曼滤波的基本条件。

不难看出,式(6-35)和式(6-36)取决于组合体飞行速度 $V$、紊流尺度 $L$ 和紊流强度 $\sigma$。其中 $V$ 根据组合体的运动特性和空速管获取,紊流尺度和紊流强度通过式(6-6)和式(6-7)根据高度来确定。

值得指出的是，由前面的分析可知，一子级翼伞组合体垂直下降速度变化较小，可近似为匀速下降过程，因此组合体下降高度与时间呈线性关系。同时，因为紊流尺度和紊流强度与高度相关，导致式(6-35)和式(6-36)也与高度相关，间接与时间也相关。

### 6.3.3　仿真及结果分析

设一子级-翼伞组合体的垂直速度为 11.5 m/s，初始高度为 7 km，风场方向为 X 轴方向，风速较大的情况下，对从初始高度开始采集的风场数据进行滤波处理，得到滤波估计风速随高度变化的曲线见图6-2、图6-3，计算得到风向随高度变化的曲线见图6-4。为了直观观察高度对紊流风速及其滤波的影响，图中没有采用传统的时间作为横坐标，而是采用高度作为横坐标。但正如前面所分析的，因垂直速度几乎不变，一子级-翼伞组合体下降的高度与时间成线性正比关系，所以图中横坐标也可以间接看作时间，其与高度的换算也非常简单。

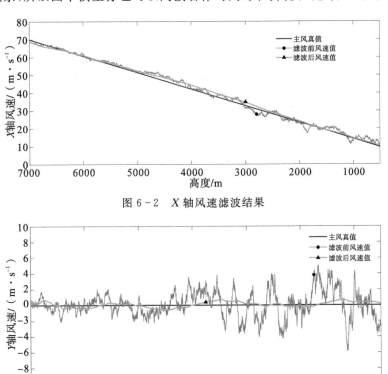

图 6-2　X 轴风速滤波结果

图 6-3　Y 轴风速滤波结果

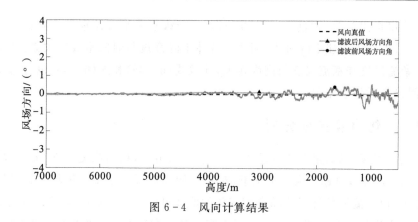

图 6-4　风向计算结果

从图 6-2 和 6-3 可以看出,经过卡尔曼滤波后得到的 $X$、$Y$ 轴风速与真实的主风风速非常接近,有效地降低了紊流风的影响。从图 6-4 中可以看出,滤波前的风向和风向真值存在较大误差。随着高度的下降,紊流风强度增加,风向误差就越大。而滤波处理后的风向和风向真值非常接近,可见,风场滤波有效地减小了紊流风风速和风向干扰。

假设一子级-翼伞组合体在初始高度 2 km 的位置开始下降,垂直速度仍稳定在 11.5 m/s,在 500～2000 m 区间内受到 $Y$ 轴方向上的风场影响。在较低风速下,对从初始高度开始采集的风场数据进行滤波处理,得到的滤波估计风速曲线和计算得出的风场方向曲线见图 6-5、图 6-6 和图 6-7。

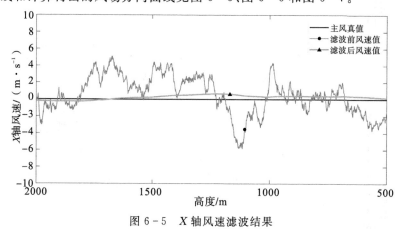

图 6-5　$X$ 轴风速滤波结果

从图 6-5 和 6-6 可以看出,在风场方向为 $Y$ 轴正方向且风速较小的情况下,经过卡尔曼滤波后得到的风速值和主风的真实值非常接近,有效地降低了

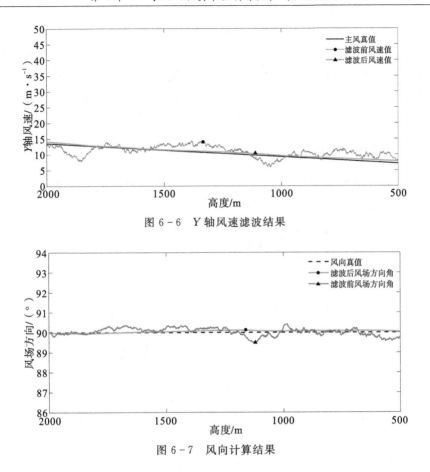

图 6 - 6　Y 轴风速滤波结果

图 6 - 7　风向计算结果

紊流风的影响,消除了大部分噪声。从图 6 - 7 中可以看出,采用滤波前的风速值计算出的风向和实际风向存在较大误差,这主要因为紊流风在当前高度下的紊流强度较大且主风风速较小,导致测量获得的风场信息中紊流风的占比较大,直接应用测量风速计算得到的主风估计风向的误差较大。而应用滤波后的风场数据计算得到的主风风向误差明显减小,更接近真实风向。

## 6.4　基于实时风场估计和贝塞尔曲线的在线航迹规划

　　一子级-翼伞组合体回收过程中对不同位置上的风场进行单独分析难度较大,并且计算复杂,难以实现。如在规划中将风场作为常值风,不考虑紊流风的影响,则可将风场影响转换为对落点偏差的补偿量,其大小在规划中为固定值,可使用该参量进行常值风情况下的离线式航迹规划。而如果在规划中将风场当作时变风(考虑紊流风的影响),由于初始状态下的风场估计只考虑常值风的影响,风场中紊流风的存在导致估计出的风场影响和实际情况之间存在较大误差,此时可以通过实时测量风场、实时计算风场影响来修正一子级的虚拟落点从而实现在线航迹规划。根据上述思想,本节给出一种基于风场实时估计、风扰补偿和修正、贝塞尔曲线的一子级-翼伞在线航迹规划算法。

## 6.4.1　算法框架

算法基本框架见图6-8。该算法建立在经典分段归航法的基础上。其主要步骤包括以下几点。

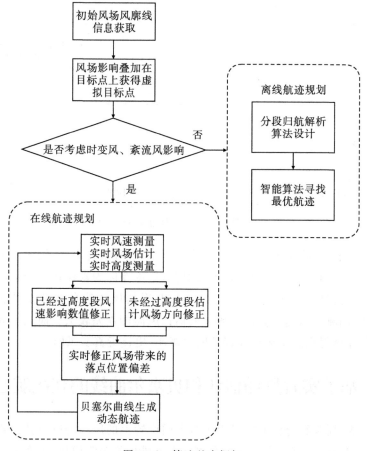

图6-8　算法基本框架

1）获取一子级回收区域的风廓线信息。

2）初步计算风场带来的一子级-翼伞组合体落点偏差，并叠加至原目标落点得到虚拟目标落点。

3）如忽略时变风、紊流风影响，则以虚拟目标落点为准采用分段归航法获取全局离线规划航迹。

4）如考虑时变风、紊流风影响则转入在线航迹规划。

5）在线航迹规划中，通过实时测量、实时估计风速和风向，经高度段风速数值修正后实时修正和补偿时变、紊流风带来的一子级落点偏差。

6）采用贝塞尔曲线规划后续在线航迹，并转入步骤5）持续迭代。

## 6.4.2　风扰补偿

在规划翼伞系统回收过程的航迹时，风场对组合体落点位置的影响见图6-9。

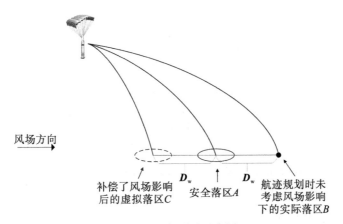

图6-9　风场影响示意图

假设不考虑风场影响下规划出的航迹最终落点在安全落区 $A$ 中，而风场引起的位置偏差使一子级-翼伞组合体的最终落点会顺着风场的方向漂移到落区 $B$，落区 $A$ 与落区 $B$ 之间的漂移量 $D_w$ 取决于风场的大小、方向和组合体的高度、垂直速度。为解决风场对组合体落点位置的影响，在航迹规划中将安全落区 $A$ 的坐标按照风向的反方向叠加风场漂移量 $D_w$ 到虚拟落区 $C$。显然，经过上述补偿后，以虚拟落区 $C$ 作为航迹目标点进行无风状态下的航迹规划，实际回收时组合体的最终落点会在风场的影响下漂移到安全落区 $A$ 中。

风场漂移量计算首先需要确定风场的大小和方向，在初始状态下风场的影

响量可以通过当前区域的风廓线数据获取。假设风场的漂移量估计值为 $\boldsymbol{D}_w$，当 $\boldsymbol{D}_w$ 为固定值时航迹规划为离线规划方式，当 $\boldsymbol{D}_w$ 根据风场实时计算时则航迹规划方式为在线规划方式。$|\boldsymbol{D}_w|$ 计算方式见图 6-10，适用于 6.4.1 节中步骤 2)常值风下的离线风场偏移计算以及步骤 4)中紊流风下的在线风场偏移计算。

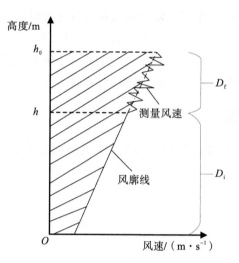

图 6-10　风场漂移量计算方式

图 6-10 中 $h_0$、$h$ 分别表示组合体的初始高度和当前高度，$D_f$ 和 $D_i$ 表示风场漂移量估计大小 $|\boldsymbol{D}_w|$ 的两个组成部分，$D_f$ 为翼伞下降过程中通过测量得到的风场速度计算出的漂移量大小，$D_i$ 为翼伞当前高度到地面之间通过风廓线估计出的风场漂移量大小。

$|\boldsymbol{D}_w|$ 计算流程如下。

1)当翼伞处于初始高度 $h_0$ 时，$D_f = 0$，通过地面传输得到当前时间和地点的风廓线数据，计算出初始 $D_i$ 值，即

$$|\boldsymbol{D}_w| = D_i = \int_0^{h_0} \frac{V_{Mw}(\tau)}{v_z(\tau)} \mathrm{d}\tau \qquad (6-39)$$

式中，$V_{Mw}(\tau)$ 为大地坐标系下通过风廓线得到的主风水平风速；$v_z(\tau)$ 为一子级-翼伞组合体的垂直速度，可近似认为该速度是恒定的。风向为风廓线给出的初始风场方向 $\psi_{w0}$，假设目标点坐标为 $P = (x_0, y_0)$，则叠加了风场漂移量后的目标点为 $P_w = [x_0 + D_w \sin(\psi_{w0}), y_0 + D_w \cos(\psi_{w0})]$。此时计算得到的 $\boldsymbol{D}_w$ 可以作为定值应用于离线航迹规划中。

2)在一子级-翼伞组合体降落到高度 $h$ 时,通过机载设备对风速进行实时测量获得$[h,h_0]$高度区间内的风速 $V_w(\tau)$,其包括主风风速 $V_{Mw}(\tau)$ 和紊流风风速 $V_{Dw}(\tau)$。将$[h,h_0]$区间的 $V_w(\tau)$ 和$[h_0,0]$区间内的风廓线风速值进行拟合,获得修正后的$[h_0,0]$区间内的风速,以此实时风速 $V_w(\tau)$ 替换风廓线上的风速,可有效修正风漂移量对一子级落区的影响,此时,$|\boldsymbol{D}_w|$ 的计算表达式为

$$|\boldsymbol{D}_w| = D_f + D_i = \int_h^{h_0} \frac{V_w(\tau)}{v_z(\tau)} d\tau + \int_0^h \frac{V_{Mw}(\tau)}{v_z(\tau)} d\tau \qquad (6-40)$$

3)通过设备测量风速计算出的 $D_f$ 为真实值,而通过风廓线计算出的 $D_i$ 是一个估计值,通过拟合的方式可以对风速大小进行修正估计。但是用 $V_w(\tau)$ 直接估计$[h_0,0]$区间内的风向可能出现较大误差,这是因为 $V_w(\tau)$ 包括了主风和紊流风,而风廓线显示的是主风的风向,实际需要的是通过$[h,h_0]$区间内主风的风向来估计$[h_0,0]$区间内的风向。因此需要对 $V_w(\tau)$ 进行滤波去掉紊流风分量,得到主风分量 $V_{wkf}(\tau)$,使用主风分量估计$[h_0,0]$区间内风向 $\psi_w(h)$ 的计算公式为

$$\overline{V}_{wx} = \frac{1}{h} \int_0^h V_{wkfx}(\tau) d\tau \qquad (6-41)$$

$$\overline{V}_{wy} = \frac{1}{h} \int_0^h V_{wkfy}(\tau) d\tau \qquad (6-42)$$

$$\psi_w(h) = \arctan\left(\frac{\overline{V}_{wkfy}}{\overline{V}_{wkfx}}\right) \qquad (6-43)$$

式中,$V_{wkfx}(\tau)$ 和 $V_{wkfy}(\tau)$ 为 $V_{wkf}(\tau)$ 在大地坐标系 $X$ 轴和 $Y$ 轴的分量。

由此可得叠加风场漂移量的虚拟目标点坐标为

$$P_w = (x_0 + D_{wx}, y_0 + D_{wy}) \qquad (6-44)$$

此处 $P_w$ 为虚拟目标点,见图 6-9 中的虚拟落区 $C$。$P_w$ 的变化是由风场漂移量的变化导致的,经过补偿后不会改变真实目标点 $P$ 的坐标。

对于垂直方向上的风场分量,因为热气流与局部下沉导致的空间变异性,其通常不会持续整个下降过程,因此风场影响量的计算未考虑垂直风向上的风场分量。

通过这种实时修正风场影响量的方式可确保计算出的风场影响量与实际风场环境下的影响量之间误差尽可能小。在一子级-翼伞组合体归航过程中如果修正得到的风场影响量与原风场影响量之间的变化不大,则制导算法根据当前位置和偏航角生成一条到下一个期望航迹位置和偏航角的航迹。如果变化较大,则中断当前的航迹路线,根据新的目标点重新规划出一条航迹。

　　下面结合一子级翼伞回收阶段任务的特点给出两个算例。

　　**算例 1:**假设一子级-翼伞组合体水平速度为 0 m/s,垂直速度为 11.5 m/s,初始高度为 7 km,组合体初始位置为(0 m,0 m,7000 m),主风风向为 $X$ 轴正方向,7 km 初始高度处风速为 70 m/s,地面风速为 5 m/s。根据式(6-39)和式(6-40),可得到不同高度下风场影响量曲线见图 6-11。

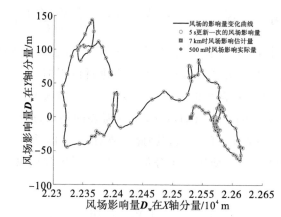

图 6-11　不同高度下的风场影响量(初始高度 7 km,初始风速 70 m/s)

　　可以看出,在 7 km 高度处,风场影响量在 $X$ 轴方向与 $Y$ 轴方向为(22529.7 m,0 m)。随着一子级-翼伞组合体高度下降到 500 m 时,通过实时风场数据进行修正后得到风场影响量大小为(22396.7 m,62.6 m),两个目标点距离为 147 m。由于离线航迹规划仅使用 7 km 处估计出的风场影响量进行航迹规划,显然,其规划落点会因为实际风场影响的不同而导致较大误差。

　　**算例 2:**假设一子级-翼伞组合体初始位置为(0 m,0 m,2000 m),初始高度为 2 km,主风风向为 $Y$ 轴正方向,2 km 高度处风速为 15 m/s。同样地,根据式(6-39)和式(6-40)可得到不同高度下风场影响量曲线见图 6-12。

　　可以看出,在 2 km 高度处,目标点处估计的风场影响量坐标为(0 m,1997.7 m)。随着组合体高度下降到 500 m,通过实时风场数据进行修正后得到风场影响量为(118.6 m,1992.4 m),两者间距为 118.7 m。同样由于仅采用 2 km 处估计出的风场影响量进行离线航迹规划,从而导致较大误差。

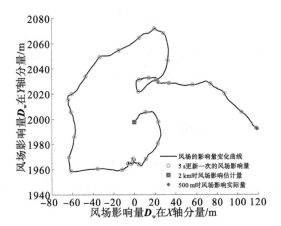

图 6-12　不同高度下的风场影响量(初始高度 2 km,初始风速 15 m/s)

## 6.4.3　虚拟目标落点

对一子级-翼伞组合体落区影响最大的是风场对翼伞系统的偏移量和翼伞系统本身的前向偏移距离。风场作用下落区偏移量可根据风速区域测量值进行粗略计算,然后再根据前面提出的实时风速、风向估计方法计算出准确的风漂移量,通过在线修正从而得到准确的落区偏移值。组合体本身的前向漂移距离可根据翼伞滑翔状态下的水平速度和起始高度进行计算,见图 6-13。

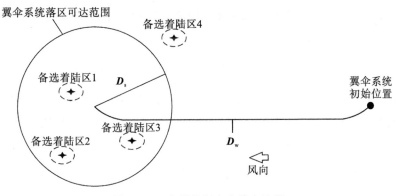

图 6-13　虚拟目标安全落点选择

翼伞与最终虚拟目标落区中心点的距离为 $D \in \mathbf{R}^2$,其表达式为

$$D = D_w + D_s \tag{6-45}$$

式中,$D_s$ 为翼伞的滑翔距离,其范围为

$$0 \leqslant |\boldsymbol{D}_s| \leqslant \frac{h_0 v_{\text{hor}}}{v_z} \tag{6-46}$$

式中，$h_0$ 为翼伞的初始高度；$v_{\text{hor}}$ 为翼伞滑翔时的水平速度；$v_z$ 为翼伞滑翔时的垂直速度。这里选择翼伞初始位置上叠加 $\boldsymbol{D}_w$ 矢量后得到的距离最近的备选着陆区为目标着陆区。

## 6.4.4　贝塞尔曲线相关理论

自由曲线是一种无法用标准代数方程表达的曲线，在现实生活中，自由曲线的应用十分广泛，在飞机设计、航迹生成中都有广泛应用。自由曲线的生成方法有以下两种。

1)插值法：生成的曲线通过每个数据点，即型值点。曲线插值方法有多项式插值、分段多项式插值和样条函数插值等。

2)拟合法：生成的曲线靠近每个数据点（型值点），但不一定要求通过每个点。

贝塞尔曲线就是拟合法生成的一种曲线[10-17]。

定义空间中 $n+1$ 个点，各点的位置用矢量 $P_i(i=0,1,2,\cdots,n)$ 表示，则 $n$ 阶贝塞尔曲线上各点坐标的插值公式为

$$P(t) = \sum_{i=0}^{n} P_i B_{i,n}(t) \qquad t \in [0,1] \tag{6-47}$$

式中，$P_i$ 为贝塞尔曲线的控制点，所有控制点构成贝塞尔曲线的特征多边形；$B_{i,n}(t)$ 为 $n$ 次伯恩斯坦基函数

$$B_{i,n}(t) = C_n^i t^i (1-t)^{n-i} = \frac{n!}{i!(n-i)!} t^i (1-t)^{n-i} \tag{6-48}$$

通过对贝塞尔曲线进行研究，可以发现其拥有的诸多性质应用在翼伞航迹规划上可取得较好的效果，下面列出了部分贝塞尔曲线的基本性质[18]。

### 1. 性质 1：端点性质

贝塞尔曲线控制点构成的特征多边形的第一个和最后一个控制点为贝塞尔曲线起点和终点。

由贝塞尔曲线定义可知，其两端的点为 $P(0)=P_0$ 和 $P(1)=P_n$，这表示贝塞尔曲线一定通过特征多边形的第一个和最后一个控制点。

贝塞尔曲线的端点性质保证了其在航迹规划中可以确定初始点和目标点的具体位置。

**2. 性质 2：对称性**

保持 $n$ 次贝塞尔曲线所控制点的位置不变，将各个控制点的顺序颠倒，从 $P_i$ 改为 $P_{n-i}$，则贝塞尔曲线的形状不变，只有曲线的走向改变。

贝塞尔曲线的对称性保证了使用贝塞尔曲线规划出的航迹的起始点和目标点拥有相同的几何性质。

**3. 性质 3：几何不变性**

通过贝塞尔曲线的定义可知，贝塞尔曲线的具体形状和位置是通过其各个控制点 $P_i(i=0,1,2,\cdots,n)$ 唯一决定的，坐标系的转化不影响贝塞尔曲线的本身性质，即

$$\sum_{i=0}^{n} P_i B_{i,n}(t) = \sum P_i B_{i,n}\left(\frac{u_B - a}{b - a}\right) \tag{6-49}$$

式中，$u_B$ 为 $t$ 坐标系转换后的置换量；$a$、$b$ 为 $u_B$ 取值的上下限。

贝塞尔曲线的几何不变性保证了使用贝塞尔曲线规划出的航迹可以在不同的坐标系中任意使用和转换。

**4. 性质 4：凸包性**

贝塞尔曲线的基函数 $B_{i,n}(t)$ 具有以下性质：

$$\sum_{i=0}^{n} B_{i,n}(t) \equiv 1 \qquad t \in [0,1] \tag{6-50}$$

其中，$0 \leqslant B_{i,n}(t) \leqslant 1$。

贝塞尔曲线基函数的性质可以说明当 $t$ 在 $[0,1]$ 区间内变化时，对于任意的 $t$ 值，$P(t)$ 都是贝塞尔曲线特征多边形控制点 $P_i$ 的加权平均值，其加权因子为 $B_{i,n}(t)$。这意味着贝塞尔曲线的 $P(t)$ 在 $t$ 属于 $[0,1]$ 区间时，是由贝塞尔曲线特征多边形控制点 $P_i$ 的线性组合而成的，在几何意义上则表示为贝塞尔曲线在 $t$ 属于 $[0,1]$ 区间内的所有 $P(t)$ 都在由贝塞尔曲线所有控制点构成的最大凸边形内即特征多边形内。

贝塞尔曲线的凸包性保证了使用贝塞尔曲线规划出的航迹可以限制在确定的范围内，可以用于避障和区域固定。

**5. 性质 5：一阶导数**

贝塞尔曲线的基函数的一阶导数为

$$B'_{i,n}(t) = n[B_{i-1,n-1}(t) - B_{i,n-1}(t)] \qquad i=0,1,\cdots,n \tag{6-51}$$

则贝塞尔曲线的一阶导数为

$$P'(t) = n \sum_{i=1}^{n} (P_i - P_{i-1}) B_{i-1,n-1}(t) \tag{6-52}$$

在起始点处，$t=0$ 时有

$$P'(0) = n(P_1 - P_0) \tag{6-53}$$

在目标点处，$t=1$ 时有

$$P'(1) = n(P_n - P_{n-1}) \tag{6-54}$$

这说明贝塞尔曲线的起始点和目标点的切线方向可以通过前两个控制点和后两个控制点来确定。

贝塞尔曲线的一阶导数性质可以保证规划出的航迹在初始点和目标点可以按照指定的方向飞行。

在航迹规划中，只使用一条贝塞尔曲线往往达不到描绘复杂航迹的情况。如果通过增加特征多边形的控制点个数来描绘复杂航迹，会导致贝塞尔曲线的阶次增加。贝塞尔曲线的阶次每增加一阶造成的计算量就会成几何倍的增加，高阶次的贝塞尔曲线在计算上会十分困难。正常使用中，贝塞尔曲线的阶次一般不会高于四阶。而为了达到描绘复杂航迹的目的，常使用多段贝塞尔曲线进行航迹规划，将多段贝塞尔曲线进行拼接组合，并在拼接处保持一定的连续要求[19]。两条贝塞尔曲线的拼接组合示例见图 6-14。

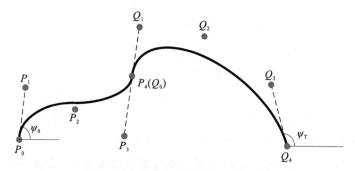

图 6-14　贝塞尔曲线的拼接示意图

图中两条贝塞尔曲线分别为 $P(t)$ 和 $Q(t)$，其对应的控制点分别为 $P_i(i=0,1,2,\cdots,n)$ 和 $Q_i(i=0,1,2,\cdots,n)$，如果需要两条贝塞尔曲线符合连续要求则需要满足以下条件。

1）如果需要达到 G0 连续，则需要 $P_n = Q_0$。

2）如果需要达到 G1 连续，则需要 $P_{n-1}$、$P_n(P_n=Q_0)$、$Q_1$ 三点共线。

3）如果需要达到 G2 连续，则需要在满足 G1 连续的情况下满足以下方程：

$$Q''(0) = \alpha^2 P''(1) + \beta P'(1) \tag{6-55}$$

将 $Q_0 = P_n$、$Q_1 - Q_0 = \alpha(P_n - P_{n-1})$、$Q'(0)$、$P''(1)$、$P'(1)$ 代入可得

$$Q_2 = \left(\alpha^2 + 2\alpha + \frac{\beta}{n-1} + 1\right)P_n - \left(2\alpha^2 + 2\alpha + \frac{\beta}{n-1}\right)P_{n-1} + \alpha^2 P_{n-2} \tag{6-56}$$

因此可以在 $P_{n-2}$、$P_{n-1}$、$P_n$ 已经确定的情况下,通过调整 $Q_1$、$Q_2$ 达到 G2 连续。

在航迹规划中对航迹的连续性做出要求十分重要,G0 连续确保了规划出的航迹本身是连续的,G1 连续确保了规划出的航迹在偏航角上是连续的,G2 连续确保了规划出的航迹在曲率上是连续的,这也使航迹跟踪控制器的输出量是连续的。

## 6.4.5　四阶贝塞尔曲线在线航迹规划

为了确保使用贝塞尔曲线规划出的航迹能够在实际执行时完整运行,本节提出的一子级翼伞回收系统的航迹规划方法具有下列特点。

1)规划航迹基于贝塞尔曲线生成,航迹所有部分符合翼伞系统的运动学约束,规划出的航迹和航迹曲率连续。

2)规划航迹曲率连续且有界,曲率的边界条件由翼伞系统的运动特性确定,从而保证了规划出的航迹对于执行机构可行。

3)为了确保快速性和正确性,采用多段贝塞尔曲线拼接产生航迹,每段航迹的中间变量不影响其他段航迹,并且能够根据不同的目标点生成下一段航迹。

4)采用四阶贝塞尔曲线进行航迹规划,能够在计算量较小的情况下确保规划出的航迹符合各项要求。

四阶贝塞尔曲线的表达式为

$$P(t) = P_0(1-t)^4 + 4P_1(1-t)^3 t + 6P_2(1-t)^2 t^2 + 4P_3(1-\tau)\tau^3 + P_4 t^4 \qquad t \in [0,1] \tag{6-57}$$

上式中,$P_0$、$P_1$、$P_2$、$P_3$、$P_4$ 为四阶贝塞尔曲线的五个控制点,曲线必定经过 $P_0$、$P_4$,曲线投影在水平面上任意一点的曲率为

$$\kappa(t) = \frac{x'(t)y''(t) - y'(t)x''(t)}{\left[x'^2(t) + y'^2(t)\right]^{\frac{3}{2}}} \tag{6-58}$$

在曲线的初始点处,$t=0$ 时有

$$\kappa(0) = \frac{3}{4} \times \frac{\left|(P_1 - P_0) \times (P_2 - P_1)\right|}{\left|P_1 - P_0\right|^3} \tag{6-59}$$

在曲线的目标点处,$t=1$ 时有

$$\kappa(1) = \frac{3}{4} \times \frac{\left| (P_3 - P_4) \times (P_2 - P_3) \right|}{\left| P_3 - P_4 \right|^3} \tag{6-60}$$

应用四阶贝塞尔曲线进行航迹规划时需要有必要的初始条件,因为翼伞系统的垂直下降速度基本保持稳定,因此进行航迹规划时先规划水平面航迹,再通过水平速度和垂直速度的关系转换为三维航迹。

需要初始化的状态变量为 $\boldsymbol{X}_0 = \begin{bmatrix} x_0 & y_0 & \psi_0 & \kappa_0 \end{bmatrix}^T$,四个状态变量分别为翼伞在当前段航迹的初始水平位置、初始偏航角和初始曲率。因为贝塞尔曲线的几何不变性可以先进行坐标系转换,将初始位置作为坐标系原点,初始偏航角方向作为 $X$ 轴正方向。通过坐标转换方法,可以得到转换后的坐标

$$\begin{bmatrix} \cos(\psi_0) & -\sin(\psi_0) & x_0 \\ \sin(\psi_0) & \cos(\psi_0) & y_0 \\ 0 & 0 & 1 \end{bmatrix} \tag{6-61}$$

生成一段符合要求的四阶贝塞尔曲线航迹只需要计算五个控制点的坐标,通过坐标转换后的第一个控制点 $P_0 = (0,0)$,设定第一个控制点和第二个控制点的距离 $|P_0 P_1| = d_1$,在确定了初始偏航角为 $X$ 轴正方向后,则第二个控制点 $P_1 = (d_1, 0)$。设定第三个控制点 $P_2 = (x_2, y_2)$,通过初始点的曲率 $\kappa_0$ 和公式(6-59)可以计算出 $P_2 = (x_2, 4\kappa_0 d_1^2 / 3)$。第五个控制点 $P_4 = (x_T, y_T)$ 为希望航迹通过的目标点,第四个控制点和第五个控制点的距离为 $|P_3 P_4| = d_2$,通过式(6-60)结合控制点 $P_2$ 和控制点 $P_4$ 按照最终的曲率要求和偏航角要求可以计算出控制点 $P_3$ 的坐标。航迹生成过程中主要包括三个未知数 $d_1$、$d_2$、$x_2$,$x_2$ 通常范围取为 $[d_1, 2d_1]$,因此需要确定 $d_1$、$d_2$ 的大小,确定后将通过五个控制点代入曲率公式(6-58)中展开得到

$$\kappa(t) = \frac{At^4 + Bt^3 + Ct^2 + Dt + E}{Ft^6 + Gt^5 + Ht^4 + It^3 + Jt^2 + Kt + L^{\frac{3}{2}}} \tag{6-62}$$

为了使得规划出的航迹符合翼伞本身的最小转弯半径约束,则需要 $\kappa(t) \leqslant \kappa_{max}$。在计算出航迹后通过坐标转换矩阵将规划出的航迹转换为大地坐标系下的航迹。

## 6.4.6　接近段在线航迹规划

翼伞分段航迹规划中的接近段(详见 5.2.1 节)需要在初始点 $P_0$ 和加上了风漂移量后的目标点 $P_4 = (x_4, y_4)$ 之间的距离较大时运行,设定 $|P_0 P_4| = d_0$,在风向为 $\psi_w$ 时,接近段的目标状态为 $\boldsymbol{X}_T = \begin{bmatrix} x_4 & y_4 & \psi_w(\psi_w + \pi) & \kappa_T \end{bmatrix}^T$,翼伞偏航角方向和风向保持一致或相反。对目标曲率不做要求,只对规划出的整个

接近段航迹规定曲率小于等于最大曲率。

假设风向为 $X$ 轴正方向,叠加了风漂移量的目标着陆点坐标为(100 m,100 m,0 m),一子级-翼伞组合体的初始位置为(1000 m,1000 m,7000 m),翼伞的初始偏航角分别取 $\psi_0 = k\pi/4, k=0,1,\cdots,8$,接近段贝塞尔在线航迹规划结果见图 6-15。可以看出,四阶贝塞尔曲线规划接近段的航迹,不论初始偏航角为多少,最终都可以规划出到达目标着陆点上空并且曲率和偏航角都符合要求的接近段航迹,不同的是规划出的航迹总长度是随初始偏航角的变化而变化的。

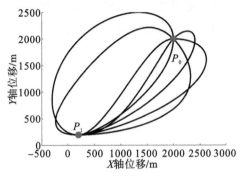

图 6-15　不同初始偏航角下接近段航迹

图 6-16、图 6-17 分别为初始偏航角 $\psi_0=0$ 和 $\psi_0=\pi/2$ 时规划出的三维航迹和对应的转弯半径。可以看出,初始偏航角 $\psi_0=0$ 时,规划出的接近段航迹终点为(200 m,200 m,5363.7 m),接近段航迹终点偏航角 $\psi_T=0$,整个接近段航迹的最小曲率半径为 299.1 m。初始偏航角 $\psi_0=\pi/2$ 时,规划出的接近段航迹终点为(200 m,200 m,5092.4 m),接近段航迹终点偏航角 $\psi_T=\pi$,整个接近段航迹的最小转弯半径为 424.5 m。上述两种情况下接近段的航迹最终都能够到达指定目标点上空并且偏航角的方向都能够保持逆风或顺风。

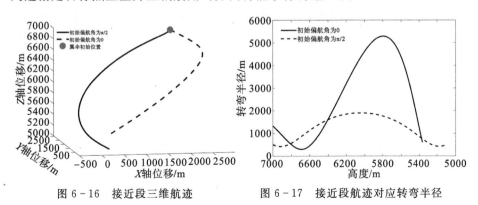

图 6-16　接近段三维航迹　　　　　　图 6-17　接近段航迹对应转弯半径

接近段航迹结束点应位于虚拟目标点上空一定范围内。因为尚需规划后续航迹,故接近段航迹结束点无需处于虚拟目标点正上方。当风场影响量较小时,也即虚拟目标点变化较小时,忽略该偏移量而无需对翼伞航迹进行重新规划。但当动态虚拟目标点因风场影响量随着高度的变化出现较大变化时,需要抛弃一子级-翼伞组合体当前位置之后的航迹,按照当前位置的一子级-翼伞组合体的初始条件和目标点重新规划出符合条件的航迹。

设定初始高度为 7000 m,初始偏航角 $\psi_0 = \pi/2$,在高度 6000 m 时虚拟目标点从(200 m,200 m,0 m)漂移到(−1000 m,−1200 m,0 m)。因此,在到达 6000 m 高度时需将当前航迹后段抛弃,按照当前要求重新规划出新的航迹,见图 6−18。

接近段航迹各高度上对应的转弯半径见图 6−19。

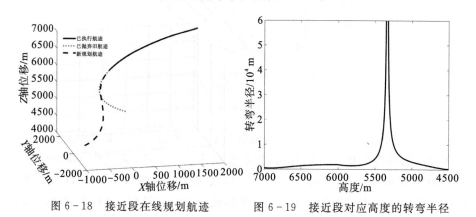

图 6−18　接近段在线规划航迹　　　　图 6−19　接近段对应高度的转弯半径

可以看出,翼伞接近段航迹的目标点在高度 6000 m 时,原虚拟目标点的位置(200 m,200 m,0 m)漂移到(−1000 m,−1200 m,0 m),将一子级-翼伞组合体在原航迹 6000 m 高度处的状态作为新航迹的初始条件,得到新航迹的初始条件为(140.6 m,1911.5 m,3.98 rad,0.000528),规划出的新接近段航迹的终点为(−1000 m,−1200 m,4494.3 m),接近段航迹终点偏航角 $\psi_T = 0$,新接近段航迹的最小曲率半径为 238.1 m,将接近段航迹的转弯半径换算为单侧下偏量,其结果见图 6−20。

可以看出,整个接近段航迹对应的单侧下偏量都是在一子级-翼伞组合体单侧下偏量对应的范围内,单侧下偏量的数值保持连续,最大单侧下偏量为 0.523。

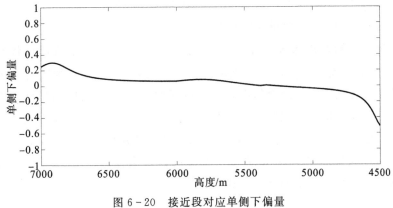

图 6-20　接近段对应单侧下偏量

接近段的作用为迅速到达风场坐标系中目标点的上空并且希望单侧下偏量保持在一个较小的范围内。仿真结果表明,采用四阶贝塞尔曲线进行接近段的航迹规划在不同的初始条件下或是在风场坐标系下目标点漂移较大的情况下都可以根据当前状态迅速规划出一条新的接近段航迹,并且规划出的航迹曲率连续且有界。

值得指出的是,当一子级-翼伞组合体初始位置与虚拟目标点之间距离较远时进行接近段的航迹规划,而当两者间距离较小时,有可能出现不执行接近段航迹规划的情况。

## 6.4.7　盘旋削高段在线航迹规划

一子级-翼伞组合体盘旋削高段紧接接近段航迹,实际目标点上叠加风场漂移量后如果组合体和目标点距离较近,可以直接忽略接近段进入盘旋削高段航迹规划。盘旋削高段航迹需要组合体始终保持在叠加风场漂移量的目标点上空,以保证结束盘旋削高段进入着陆段后能够应对复杂多变的低空环境并准确降落在目标点。

盘旋削高段在初始高度较高的情况下应由多段航迹拼接构成,每段航迹在运行过程中如果动态目标点变化较小,则仍然执行当前航迹。在当前航迹执行结束后,根据新的动态目标点规划出下一条航迹,如果动态目标点变化较大,则中断当前的航迹直接规划新的盘旋削高段航迹。

盘旋削高段航迹规划流程如下。

1)初始化一子级-翼伞组合体航迹规划的条件。首先进行坐标转换,通过

初始状态量 $\boldsymbol{X}_0 = [x_0 \quad y_0 \quad \psi_0 \quad \kappa_0]^T$ 将一子级-翼伞的位置作为原点,偏航角方向作为 $X$ 轴正方向,获得新的状态量 $\boldsymbol{X}_0' = [0 \quad 0 \quad 0 \quad \kappa_0]^T$。

2)确定目标点状态 $\boldsymbol{X}_T = [x_4 \quad y_4 \quad \psi_T \quad \kappa_T]^T$。首先确定目标点状态的曲率,期望接近段航迹在虚拟目标点上空进行盘旋,并且盘旋半径随着高度的降低而减小。在高空期望组合体以较大的转弯半径进行盘旋削高,以减小能量消耗。在低空期望组合体以较小的转弯半径进行盘旋削高,以确保进入着陆段时与目标点之间距离较小,降低着陆难度。根据一子级回收要求,7 km 高度期望的盘旋半径选为 1000 m,0 m 高度上期望的盘旋半径选为 150 m,通过线性计算得到目标点状态曲率的计算公式为

$$\kappa_T = \frac{1}{r_T} = \frac{1}{\dfrac{9}{70}h + 150} \tag{6-63}$$

式中,$r_T$ 为目标状态转弯半径;$h$ 为组合体的高度。

3)计算贝塞尔曲线的五个控制点。控制点 $P_0 = (0,0)$ 通过初始状态和坐标转换后作为原点。控制点 $P_1$ 通过初始偏航角确定其坐标形式为 $P_1 = (d_1, 0)$,$d_1$ 的计算方式如下

$$d_1 = \sqrt{\frac{3\left(\dfrac{1}{\kappa_0} + \dfrac{1}{\kappa_T}\right)}{8\kappa_0}} \tag{6-64}$$

控制点 $P_2$ 通过控制点 $P_0$、$P_1$ 和 $\kappa_0$ 确定,即

$$P_2 = \left(\frac{\dfrac{1}{\kappa_0} + \dfrac{1}{\kappa_T}}{2}, \frac{4\kappa_0 d_1^2}{3}\right) \tag{6-65}$$

目标状态 $P_4 = (x_4, y_4)$ 的位置则根据目标点的位置计算获得

$$\begin{cases} \psi_{sf} \in [0, \pi] \text{时}, \begin{cases} P_4 = \left(\dfrac{1}{\kappa_0} + \dfrac{1}{\kappa_T}, \dfrac{4 \times (\kappa_0 d_1^2 + \kappa_T d_2^2)}{3}\right), \psi_T = \psi_0 \quad D \geqslant \dfrac{1}{\kappa_T}, \psi_{sf} \in \left[0, \dfrac{\pi}{4}\right] \\ P_4 = \left(0, \dfrac{4 \times (\kappa_0 d_1^2 + \kappa_T d_2^2)}{3}\right), \psi_T = -\psi_0 \quad \text{其他情况} \end{cases} \\ \psi_{sf} \in [\pi, 2\pi] \text{时}, \begin{cases} P_4 = \left(\dfrac{1}{\kappa_0} + \dfrac{1}{\kappa_T}, -\dfrac{4 \times (\kappa_0 d_1^2 + \kappa_T d_2^2)}{3}\right), \psi_T = \psi_0 \quad D \geqslant \dfrac{1}{\kappa_T}, \psi_{sf} \in \left[\dfrac{15\pi}{4}, \pi\right] \\ P_4 = \left(0, -\dfrac{4 \times (\kappa_0 d_1^2 + \kappa_T d_2^2)}{3}\right), \psi_T = -\psi_0 \quad \text{其他情况} \end{cases} \end{cases}$$

$$\tag{6-66}$$

式中,$d_2$ 为 $P_3$、$P_4$ 之间的距离;$D$ 为初始点和目标点之间的距离;$\psi_{sf}$ 为初始点

和目标点连线与 X 轴之间的夹角。$d_2$ 的计算方式和 $d_1$ 类似，表达式如下：

$$d_2 = \sqrt{\frac{3\left(\dfrac{1}{\kappa_0} + \dfrac{1}{\kappa_{\mathrm{T}}}\right)}{8\kappa_{\mathrm{T}}}} \tag{6-67}$$

在控制点 $P_2$ 和 $P_4$，以及 $d_2$ 和 $\psi_{\mathrm{T}}$ 确定的情况下，可以根据式(6-60)得到控制点 $P_3 = (x_4 \pm d_2, y_4)$。

假设组合体初始高度为 7 km，风场方向为 Y 轴负方向，7 km 高度处风速为 35 m/s，地面风速为 5 m/s，目标落区中心为(30 m,−8350 m,0 m)，根据 6.3 节的风场估计和当前初始位置估计出风场漂移量为(0 m,−8561 m,0 m)，将其叠加在目标落点上得到初始状态下虚拟目标点位置。一子级-翼伞组合体下降过程中通过对风速的实时测量得到风场风速并对风场影响量进行修正，因此叠加在目标点上得到的虚拟目标点会随着高度的下降而变化，将各高度上计算得到的风场漂移量叠加在目标点上得到的虚拟目标点坐标变化曲线见图 6-21。

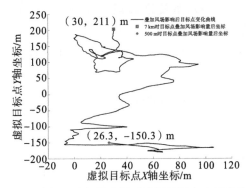

图 6-21　叠加了风场漂移量后虚拟目标点坐标变化曲线

可见，在目标落点保持不变的情况下，因风场的变化和紊流风的存在，导致风场影响量发生了变化，目标点上叠加风场影响量后得到的虚拟目标点位置也是变化的。组合体在归航过程中根据对应高度的虚拟目标点位置进行无风状态下的航迹规划，500 m 高度处正确的航迹应是按照(26.3 m,−150.3 m,0 m)规划得到的无风状态航迹，此时如仍然按照 7 km 处规划的航迹飞行，最终的落点会存在较大误差。而根据虚拟目标点的变化规划出的在线航迹最终会因风场的影响漂移到目标点(30 m,−8350 m,0 m)附近。

假设一子级-翼伞组合体的初始状态为 $\boldsymbol{X}_0 = [0\ \ 0\ \ 0\ \ 1/1000]^{\mathrm{T}}$，应用上述方法得到去除风场影响后的盘旋削高段的三维航迹，见图 6-22。二维航迹和虚拟目标点变化曲线见图 6-23。

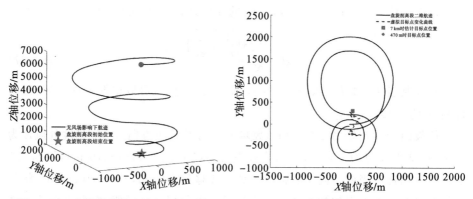

图 6-22　盘旋削高段在线规划三维航迹　　图 6-23　盘旋削高段在线规划二维航迹

盘旋削高段航迹的结束位置为 $(-0.9\ \mathrm{m}, -43.5\ \mathrm{m}, 473.6\ \mathrm{m})$，7 km 高度处目标点的位置为 $(29.5\ \mathrm{m}, 551.7\ \mathrm{m}, 0\ \mathrm{m})$，470 m 高度处目标点的位置为 $(27.4\ \mathrm{m}, -184.1\ \mathrm{m}, 0\ \mathrm{m})$，盘旋削高段一子级-翼伞组合体的结束位置和 470 m 高度处目标点的位置之间水平距离间隔为 143.4 m，此时结束盘旋削高段进入着陆段，预留高度 470 m，完全能够在着陆段按照要求降落在目标点附近。

一子级-翼伞组合体在盘旋削高段中转弯半径变化情况见图 6-24。

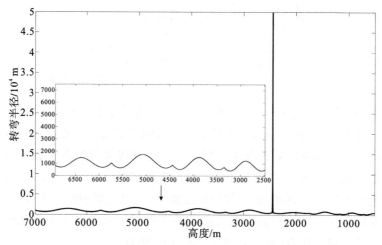

图 6-24　盘旋削高段航迹各高度对应的转弯半径

由图可见，组合体在盘旋削高段的最小转弯半径为 178.65 m，符合转弯半径约束条件，盘旋削高段的翼伞下偏操纵量与高度的对应关系见图 6-25。

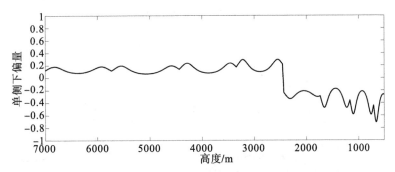

图 6-25　盘旋削高段航迹各高度对应的单侧下偏量

可以看出,高度较高时,翼伞单侧下偏量保持在一个较小的范围内,主要是因为此时一子级-翼伞组合体以较大的转弯半径向左侧转弯。高度为 2500 m 左右时,因为目标点的移动,组合体从左侧转弯切换为右侧转弯,此时单侧下偏量较小,换向操作在高度下降 30 m 后完成,后半段盘旋削高段航迹保持右侧下偏控制,单侧下偏量逐步增大,因为此时离地面较近,组合体开始以较小的转弯半径向右侧转弯。整个盘旋削高段中最大单侧下偏量为 -0.677,整体能量消耗较小。

假设一子级-翼伞组合体和风场条件发生改变,例如初始高度为 5 km,风场方向为 $X$ 轴负方向,最大风速为 50 m/s,目标落点为(-13000 m,1050 m,0 m),由此估计出的风场漂移量为 14044 m,将其叠加在目标落点上得到的虚拟目标点为(1044 m,1050 m,0 m),因归航过程中风场漂移量的变化导致虚拟目标点坐标发生变化,见图 6-26。

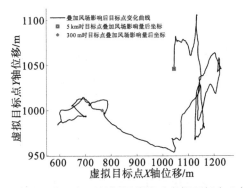

图 6-26　下降过程中叠加了风场漂移量后虚拟目标点坐标变化曲线

一子级-翼伞组合体盘旋削高段无风情况下的三维航迹见图 6-27。

二维航迹和动态目标点变化曲线见图 6-28。

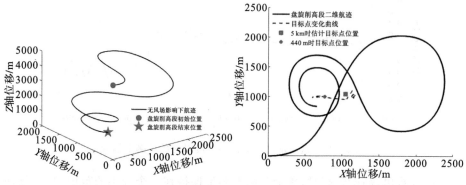

图 6-27　盘旋削高段在线规划三维航迹　　图 6-28　盘旋削高段在线规划二维航迹

盘旋削高段航迹结束点为 (658.4 m, 834.7 m, 444.2 m), 5 km 高度处目标点为 (1029.2 m, 1041.8 m, 0 m), 440 m 高度处目标点为 (762.8 m, 982.6 m, 0 m), 盘旋削高段一子级–翼伞组合体的结束点和 440 m 高度处目标点间的水平距离为 181.1 m, 此时结束盘旋削高段进入着陆段, 预留的水平距离有 1008 m, 完全能够在着陆段按照要求降落在目标点附近。

一子级–翼伞组合体在盘旋削高段中转弯半径变化曲线见图 6-29。

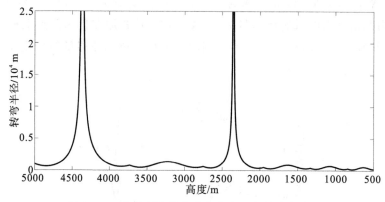

图 6-29　盘旋削高段航迹各高度对应的转弯半径

由图可见, 组合体盘旋削高段中最小转弯半径为 190.25 m, 符合转弯半径约束条件, 此时的翼伞下偏操纵量和高度关系见图 6-30。

从图中可以看出, 高度较高时, 翼伞单侧下偏量保持在一个较小的范围内, 单侧下偏量的变化率比较平稳, 从左侧转弯平稳地过渡到右侧转弯。高度低于

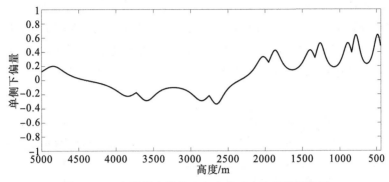

图 6-30　盘旋削高段航迹各高度对应的单侧下偏量

2000 m,离地越近要求航迹转弯半径要越小,因此单侧下偏量快速变化,后半段盘旋削高段航迹保持左侧下偏控制。整个盘旋削高段中最大的单侧下偏量为0.641,整体能量消耗较小。

## 6.4.8　着陆段航迹规划

着陆段是组合体回收过程的最后一段,紧接盘旋削高段航迹。着陆段包括两个部分,一个是逆风着陆对准段和雀降段,逆风着陆段是将一子级-翼伞组合体的偏航角对准逆风方向,确保最终落地时逆风着陆,保障一子级的安全。雀降段则是在逆风着陆段结束后以最大的双侧下偏控制量下拉伞绳,确保一子级-翼伞组合体以最小的速度触地,所以翼伞在雀降段不具备转向的能力,航迹规划时需要预留给雀降段 50 m 以上的高度。由于着陆段的航迹处于近地段,对于近地段的风场信息获取更加准确,且 500 m 以下的区域风速平均值较小,普遍在 2 m/s 左右,对于一子级-翼伞组合体的影响不大,可将着陆段的风场根据盘旋削高段的风速设为固定值。

雀降段起始点,期望的一子级-翼伞组合体初始状态为 $\boldsymbol{X}_\mathrm{T} = [x \quad y \quad -\psi_\mathrm{a} \quad 0]^\mathrm{T}$,因为雀降段一子级-翼伞组合体处于双侧下偏量状态,此时组合体航迹应处于无偏状态,因此要求曲率为 0,需要控制点 $P_2$、$P_3$、$P_4$ 在以偏航角为斜率的一条线上,控制点 $P_0$、$P_1$、$P_2$ 可以通过初始偏航角和初始曲率来确定。因此单条四阶贝塞尔曲线在部分情况下不能规划出满足条件的逆风着陆段航迹。

为此,根据图 6-31 的方法生成逆风着陆段航迹。一子级-翼伞组合体初始状态为 $\boldsymbol{X}_0 = [-0.9 \quad -43.5 \quad 0 \quad 0.00388]^\mathrm{T}$,初始高度为 473.6 m,风场方

向为雀降段保留 50 m 的高度，根据翼伞双侧下偏的滑翔比可计算出要需保留的水平距离为 128.5 m。由此得到逆风着陆段组合体的位置为 $X_T = \begin{bmatrix} 27.4 & -312.6 & \pi/2 & \kappa_T \end{bmatrix}^T$，采用多条贝塞尔曲线进行逆风着陆段航迹规划得到的三维航迹见图 6-32，二维航迹曲线和着陆点位置见图 6-33。

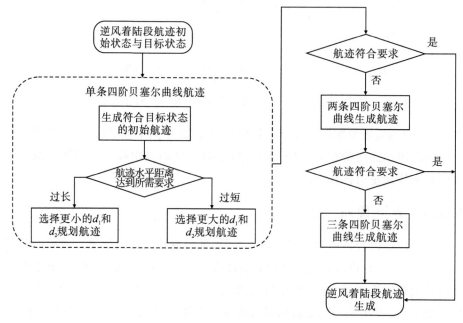

图 6-31　着陆段在线航迹规划方案

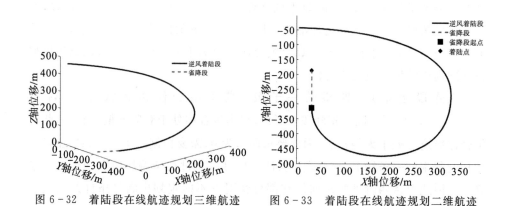

图 6-32　着陆段在线航迹规划三维航迹　　图 6-33　着陆段在线航迹规划二维航迹

可以看出，一子级-翼伞组合体从盘旋削高段的结束位置$(-0.9 \text{ m}, -43.5 \text{ m}, 473.6 \text{ m})$进入逆风着陆段，通过调整偏航角在$(27.4 \text{ m}, -312.6 \text{ m}, 49.9 \text{ m})$进

入雀降段,最终落点为(27.4 m,−184.3 m,0 m)。整个逆风着陆段航迹保持右侧转弯,其最小转弯半径为 133.94 m,符合一子级-翼伞组合体的转弯半径约束条件,逆风着陆段下偏操纵量与高度的对应关系见图 6 − 34。

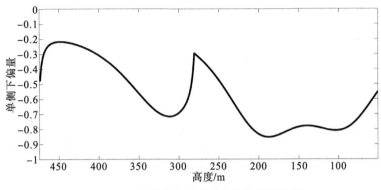

图 6 − 34　着陆段各高度对应的单侧下偏量

由图可见,在逆风着陆段,因为保持右侧转弯方式,单侧下偏量保持为负,最大单侧下偏量为 −0.89,小于一子级-翼伞组合体的最大单侧下偏量,因而可以有效减少其他干扰下出现的输入饱和现象。

## 6.4.9　仿真及结果分析

假设组合体初始高度为 7 km,风向为 Y 轴负方向,7 km 高度处初始风速为 35 m/s,地面风速为 5 m/s,将贝塞尔曲线规划出的各段航迹连接起来,得到的规划航迹见图 6 − 35 和图 6 − 36。

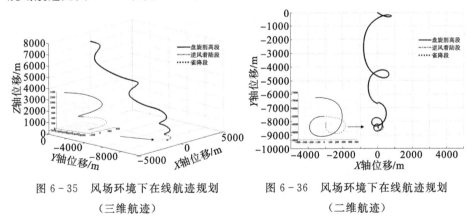

图 6 − 35　风场环境下在线航迹规划　　　　图 6 − 36　风场环境下在线航迹规划
（三维航迹）　　　　　　　　　　　　（二维航迹）

一子级-翼伞组合体的最终落点为(27.48 m,−8366.9 m,0 m),与目标落点(30 m,−8350 m,0 m)之间相距 17.08 m。在翼伞由左侧下偏转为右侧下偏的过程中,单侧下偏量减小,运动特性类似滑翔状态,风速也随高度下降而减小,导致大地坐标系下的航迹曲线出现偏折现象。

整个航迹的转弯半径随高度的变化曲线见图 6−37。

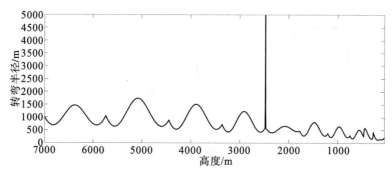

图 6−37　分段归航在线规划航迹各高度对应的转弯半径

一子级-翼伞组合体整个航迹对应的单侧下偏量随高度的变化曲线见图6−38。

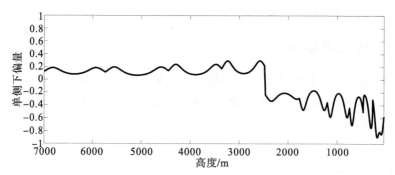

图 6−38　分段归航在线规划航迹各高度对应单侧下偏量

从图中可以看出,当高度大于 2500 m 时,一子级-翼伞组合体保持左侧转弯,最大单侧下偏量为 0.29;当高度小于 2500 m 时,一子级-翼伞组合体经过 30 m 高度左右的调向进入右侧转弯,并且单侧下偏量的变化幅度增大,最大单侧下偏量为−0.89。在整个一子级-翼伞组合体的规划航迹中单侧下偏控制量数值保持连续,并且其大小为[−1,1],符合一子级-翼伞组合体的运动特性。

进一步对本节的在线航迹规划与离线航迹规划进行圆概率误差(Circular Error Probable, CEP)仿真验证。首先在常值风风场与常值风+紊流风风场下采用在线航迹规划进行仿真,统计最终落点的误差,结果见图 6−39 和表 6−2。

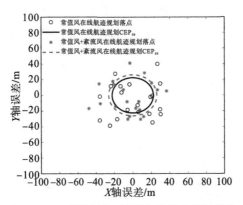

图 6-39　不同风场环境下在线航迹规划落点

表 6-2　不同风场环境下落点误差统计结果

| 风场环境 | 落点误差期望/m | 落点误差方差 | CEP$_{50}$/m |
|---|---|---|---|
| 常值风 | 29.3 | 14.7 | 32.4 |
| 常值风＋紊流风 | 34.8 | 15.4 | 36.4 |

可以看出,在不同的风场环境下,在线航迹规划的落点误差都非常小。误差不为 0 的主要原因是在线航迹规划没有离线航迹规划的参数寻优过程,得到的航迹无法保证是最优的,因而会出现误差。常值风环境下的落点误差期望比常值风＋紊流风环境下的落点误差期望小,原因是紊流风导致着陆段航迹产生了偏移。

在相同的常值风＋紊流风风场环境下同时进行在线航迹规划和离线航迹规划,得到的航迹见图 6-40。

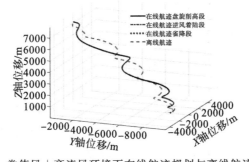

图 6-40　常值风＋紊流风环境下在线航迹规划与离线航迹规划航迹

设置多种常值风＋紊流风环境与一子级-翼伞组合体初始条件,在每种情况下进行离线航迹规划与在线航迹规划,统计最终落点的误差,得到的结果见图 6-41。

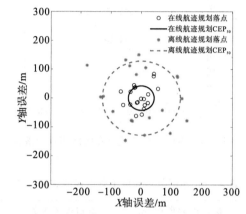

图 6-41　相同环境下在线航迹规划与离线航迹规划落点

对落点进行统计得到两种规划方式在不同风场环境下的落点误差统计值见表 6-3。

表 6-3　不同规划方式落点误差统计结果

| 规划方式 | 风场环境 | 落点误差期望/m | 落点误差标准差 | CEP$_{50}$/m |
|---|---|---|---|---|
| | 无风环境 | 27.2 | 17.4 | 29.7 |
| 在线航迹规划 | 常值风环境 | 29.3 | 18.7 | 32.4 |
| | 常值风＋紊流风环境 | 42.6 | 27.8 | 42.3 |
| | 无风环境 | 0.2 | 0.32 | 0.11 |
| 离线航迹规划 | 常值风环境 | 1.4 | 1.16 | 1.24 |
| | 常值风＋紊流风环境 | 126.2 | 35.3 | 128.7 |

可以看出,在线航迹规划在各种风场条件下规划出的航迹落点误差都可以保持在一个较小的范围内,但无风环境和常值风环境下的落点误差期望大于离线航迹规划,主要原因为离线航迹规划中有参数寻优过程,在风场影响确定的情况下能够规划出最优航迹。而在线航迹规划为了保证规划的快速性,缺少参数寻优过程,因此在无风和常值风环境下规划出的航迹不是最优解,导致误差存在。离线航迹规划在无风环境和常值风环境下的落点误差极小,在常值风＋

絮流风的风场环境下,离线航迹的落点误差较大。而在现实中,无风的情况和常值风的情况很少,大部分风场环境是常值风+絮流风的环境。在常值风+絮流风环境下,离线航迹规划的期望落点误差为 126.2 m,在线航迹规划的期望落点误差为 42.6 m,可以看出在线航迹规划能够有效减小常值风+絮流风环境下的落点误差。

# 6.5　基于最小二乘拟合和模型预测静态规划算法的在线航迹规划

严格来说,一子级-翼伞组合体归航过程中风场大小和方向都是时变的,其对一子级的精确回收航迹规划的影响是实时的、不可忽略的。为此,本节给出一种应对时变风场环境的一子级-翼伞组合体在线航迹规划方法,该方法在上一章离线最优航迹规划基础上,结合风场实时测量和估计,通过航迹点提取、航迹点在线调整、最小二乘拟合(Least Square Fitting,LSF)、基于模型预测静态规划(Model Predictive Static Programming,MPSP)算法的航迹在线生成等环节实现对一子级-翼伞组合体位置偏移的实时补偿。

## 6.5.1　算法框架

本节在线航迹规划算法示意图见图 6-42。

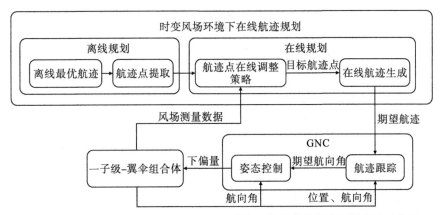

图 6-42　基于 LSF 和 MPSP 的一子级-翼伞组合体在线航迹规划算法示意图

该算法主要环节包括:离线最优航迹规划;航迹点提取;航迹点在线调整;在线航迹生成;姿态控制;航迹跟踪。其中,离线最优航迹规划采用 5.3 节的最优控制法生成各种风况下的最优航迹,再从中提取航迹点;然后应用最小二乘拟合法建立输入为风速和风向、输出为航迹偏差的航迹点偏差模型;接着,在翼伞开伞后利用航迹点偏差模型和实时测量的风速、风向在线更新目标航迹点,并通过 MPSP 算法在线生成满足约束的航迹,并以此作为航迹跟踪控制的输入,控制一子级-翼伞组合体的姿态完成归航,其中的姿态控制和航迹跟踪环节将在第 8 章和第 9 章中详细介绍。

## 6.5.2　在线航迹点调整策略

本节首先给出一种适用于时变风场环境的在线航迹点调整策略。该策略基于 5.3 节中获得的离线最优航迹及其随风场规律变化的特点,从中提取典型航迹点,并根据最小二乘回归拟合建立航迹点偏差模型。依据该模型,只需在模型中输入实时测量的风速和风向便可更新目标航迹点,实现航迹点的在线调整。

### 1. 航迹点提取

本节在 5.3 节中生成的不同风场环境下的离线最优航迹中提取典型航迹点。风速为 0 m/s 时的离线最优航迹的典型航迹点提取示意图见图 6-43,图中提取了三个航迹点 $P_1$、$P_2$、$P_3$ 加上航迹起点与终点共 5 个点,将一条离线最优航迹划分成四段圆弧航迹。

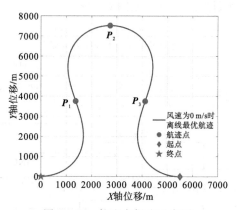

图 6-43　航迹点提取示意图

由于在质点模型中设定一子级-翼伞组合体的垂直下降速度不变,三维航迹中组合体的高度只与飞行时间有关,因此在选取航迹点时以高度为基准,每条航迹的三个航迹点将组合体初始高度 $z_0$ 四等分,即每一段圆弧航迹对应的组合体下降高度相等，$P_1$、$P_2$、$P_3$ 的高度分别为 $0.75z_0$、$0.5z_0$、$0.25z_0$。在提取时将各条航迹在对应高度处的大地坐标系下的水平位置 $x$、$y$ 及水平方向的偏航角 $\psi$ 作为提取航迹点的数据，构成航迹点向量 $\boldsymbol{P}_i = [x_i^p, y_i^p, \psi_i^p]^T$，$(i=1,2,3)$。以 5.3 节仿真结果中风速为 0 m/s 时的离线最优航迹为例，航迹点提取结果见图 6-44。

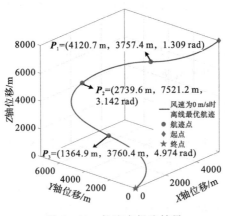

图 6-44　航迹点提取结果

### 2. 在线航迹点计算

在提取一系列航迹点后，用离散的航迹点数据和其对应的风场（风速、风向）建立航迹点偏差模型，该模型以水平方向风速 $V_w$ 和风向 $\psi_w$ 作为输入，计算出当前风况下的航迹点补偿量，将其与无风情况下的基准航迹点向量叠加得到新的目标航迹点。

根据已知的离散航迹点，计算出一系列离散的航迹点偏差向量如下：

$$\Delta\boldsymbol{P}_i(V_{w,m},\psi_{w,n}) \triangleq \boldsymbol{P}_i(V_{w,m},\psi_{w,n}) - \boldsymbol{P}_i^0 \qquad i=1,2,3 \qquad (6-68)$$

式中，$V_{w,m}$、$\psi_{w,n}(m,n\in\mathbf{N}^*)$ 为一系列已知的用于生成最优航迹的离散的风速和风向；$\boldsymbol{P}_i(V_{w,m},\psi_{w,n})$ 为从风速为 $V_{w,m}$、风向为 $\psi_{w,n}$ 的最优航迹中提取的第 $i$ 个航迹点向量；$\boldsymbol{P}_i^0 \triangleq \boldsymbol{P}_i(0,0)$ 为从无风情况下的最优航迹中提取的基准航迹点向量。

将航迹点偏差向量 $\Delta\boldsymbol{P}_i(V_{w,m},\psi_{w,n})$ 和对应的已知风场数据 $V_{w,m}$、$\psi_{w,n}(m,n\in\mathbf{N}^*)$ 通过最小二乘法拟合出航迹点偏差模型。考虑到数据拟合精度和模型复杂度，采用下式所示的二阶多项式进行模型参数拟合：

$$\boldsymbol{\Phi}(V_w,\psi_w) = [1 \quad V_w \quad \psi_w \quad V_w^2 \quad V_w\psi_w \quad \psi_w^2]^T \qquad (6-69)$$

通过构建式(6-70)所示的最小二乘法来获得每个航迹点偏差的回归模型

的系数矩阵 $\boldsymbol{b}_i \in \mathbf{R}^{3 \times 6} (i=1,2,3)$。

$$\boldsymbol{b}_i = \arg\min_{b} \sum_{V_{w,m} \in S_{V_w}, \psi_{w,n} \in S_{\psi_w}} \| \Delta\boldsymbol{P}_i(V_{w,m},\psi_{w,n}) - \boldsymbol{b}\,\boldsymbol{\Phi}(V_{w,m},\psi_{w,n}) \|^2 \qquad i=1,2,3$$

$$(6-70)$$

式中，$\boldsymbol{b}_i = [\,\boldsymbol{b}_{i,x}^{\mathrm{T}} \quad \boldsymbol{b}_{i,y}^{\mathrm{T}} \quad \boldsymbol{b}_{i,\psi}^{\mathrm{T}}\,]^{\mathrm{T}} (\boldsymbol{b}_{i,x}, \boldsymbol{b}_{i,y}, \boldsymbol{b}_{i,\psi} \in \mathbf{R}^{1 \times 6})$。

在得到系数矩阵后，在风场可以实时测量的条件下各航迹点向量计算如下：

$$\boldsymbol{P}_i(V_w,\psi_w) = \boldsymbol{P}_i^0 + \boldsymbol{b}_i\boldsymbol{\Phi}(V_w,\psi_w) \qquad i=1,2,3 \qquad (6-71)$$

式中，$V_w$、$\psi_w$ 为实时测得的风速和风向。

## 6.5.3　在线航迹生成

上一节中的航迹点提取方案将一子级-翼伞组合体最优航迹划分为四段形状简单的航迹，每段航迹对应的下降高度固定且相同，每一段航迹规划时不仅要使组合体在水平方向的位置和航向达到目标航迹点，同时要匹配组合体到目标航迹点之间的剩余高度，即组合体飞行过程中航迹能够随目标航迹点变化实时生成并满足终端约束和过程时间约束。针对这一问题，本小节采用 MPSP 算法[20]实现在线航迹生成。MPSP 算法是一种可以解决带有终端约束最优控制问题的高效算法，它结合了近似动态规划和模型预测控制的思想，基于已知的初始控制量序列，利用已有偏差信息对控制量进行更新，从而找到合适的控制量序列使终端输出接近期望值[21]。

**1. 模型预测静态规划算法原理**

对于下式所示的一般形式的离散非线性系统：

$$\begin{cases} \boldsymbol{X}_{k+1} = \boldsymbol{F}_k(\boldsymbol{X}_k, \boldsymbol{U}_k) \\ \boldsymbol{Y}_k = \boldsymbol{G}(\boldsymbol{X}_k) \end{cases} \qquad (6-72)$$

式中，$\boldsymbol{X}_k$、$\boldsymbol{U}_k$、$\boldsymbol{Y}_k$ 分别为系统状态向量、输入向量和输出向量；$\boldsymbol{F}_k$、$\boldsymbol{G}$ 分别为系统矩阵和输出矩阵。

$N$ 为终端时刻的离散点，即 $k=1,2,3,\cdots,N$，定义终端时刻的输出偏差向量为

$$\Delta\boldsymbol{Y}_N = \boldsymbol{Y}_N - \boldsymbol{Y}_N^* \qquad (6-73)$$

式中，$\boldsymbol{Y}_N$ 为实际着陆时刻的输出；$\boldsymbol{Y}_N^*$ 为期望着陆时刻的输出。将 $\boldsymbol{Y}_N$ 进行泰勒级数展开并忽略高阶项得到

$$\Delta \boldsymbol{Y}_N \approx \mathrm{d}\boldsymbol{Y}_N = \left(\frac{\partial \boldsymbol{Y}_N}{\partial \boldsymbol{X}_N}\right)\mathrm{d}\boldsymbol{X}_N \tag{6-74}$$

在 $k+1$ 时刻对状态量 $\boldsymbol{X}_{k+1}$ 进行泰勒级数展开并忽略高阶项得到

$$\mathrm{d}\boldsymbol{X}_{k+1} = \left(\frac{\partial \boldsymbol{F}_k}{\partial \boldsymbol{X}_k}\right)\mathrm{d}\boldsymbol{X}_k + \left(\frac{\partial \boldsymbol{F}_k}{\partial \boldsymbol{X}_k}\right)\mathrm{d}\boldsymbol{U}_k \tag{6-75}$$

式中, $\mathrm{d}\boldsymbol{X}_k$ 为第 $k$ 步的状态量偏差; $\mathrm{d}\boldsymbol{U}_k$ 为第 $k$ 步的控制量偏差。$\mathrm{d}\boldsymbol{X}_N$ 可以展开为由 $\mathrm{d}\boldsymbol{X}_{N-1}$ 和 $\mathrm{d}\boldsymbol{U}_{N-1}$ 组成的等式,以此类推可以将式(6-74)展开如下:

$$\begin{aligned}
\mathrm{d}\boldsymbol{Y}_N &= \left(\frac{\partial \boldsymbol{Y}_N}{\partial \boldsymbol{X}_N}\right)\left[\left(\frac{\partial \boldsymbol{F}_{N-1}}{\partial \boldsymbol{X}_{N-1}}\right)\mathrm{d}\boldsymbol{X}_{N-1} + \left(\frac{\partial \boldsymbol{F}_{N-1}}{\partial \boldsymbol{U}_{N-1}}\right)\mathrm{d}\boldsymbol{U}_{N-1}\right] \\
&= \left(\frac{\partial \boldsymbol{Y}_N}{\partial \boldsymbol{X}_N}\right)\left(\frac{\partial \boldsymbol{F}_{N-1}}{\partial \boldsymbol{X}_{N-1}}\right)\left[\left(\frac{\partial \boldsymbol{F}_{N-2}}{\partial \boldsymbol{X}_{N-2}}\right)\mathrm{d}\boldsymbol{X}_{N-2} + \left(\frac{\partial \boldsymbol{F}_{N-2}}{\partial \boldsymbol{U}_{N-2}}\right)\mathrm{d}\boldsymbol{U}_{N-2}\right] + \left(\frac{\partial \boldsymbol{Y}_N}{\partial \boldsymbol{X}_N}\right)\left(\frac{\partial \boldsymbol{F}_{N-1}}{\partial \boldsymbol{U}_{N-1}}\right)\mathrm{d}\boldsymbol{U}_{N-1} \\
&\vdots \\
&= \boldsymbol{A}\mathrm{d}\boldsymbol{X}_1 + \boldsymbol{B}_1\mathrm{d}\boldsymbol{U}_1 + \boldsymbol{B}_2\mathrm{d}\boldsymbol{U}_2 + \cdots + \boldsymbol{B}_{N-1}\mathrm{d}\boldsymbol{U}_{N-1}
\end{aligned} \tag{6-76}$$

式中,

$$\boldsymbol{A} \triangleq \left(\frac{\partial \boldsymbol{Y}_N}{\partial \boldsymbol{X}_N}\right)\left(\frac{\partial \boldsymbol{F}_{N-1}}{\partial \boldsymbol{X}_{N-1}}\right)\left(\frac{\partial \boldsymbol{F}_{N-2}}{\partial \boldsymbol{X}_{N-2}}\right)\cdots\left(\frac{\partial \boldsymbol{F}_1}{\partial \boldsymbol{X}_1}\right) \tag{6-77}$$

$$\boldsymbol{B}_k \triangleq \left(\frac{\partial \boldsymbol{Y}_N}{\partial \boldsymbol{X}_N}\right)\cdots\left(\frac{\partial \boldsymbol{F}_{k+1}}{\partial \boldsymbol{X}_{k+1}}\right)\left(\frac{\partial \boldsymbol{F}_k}{\partial \boldsymbol{U}_k}\right) \qquad k=1,2,\cdots,N-1 \tag{6-78}$$

在初始状态 $\boldsymbol{X}_1$ 已知的条件下不存在初始状态偏差,即 $\mathrm{d}\boldsymbol{X}_1=0$,式(6-76)可简化为

$$\mathrm{d}\boldsymbol{Y}_N = \boldsymbol{B}_1\mathrm{d}\boldsymbol{U}_1 + \boldsymbol{B}_2\mathrm{d}\boldsymbol{U}_2 + \cdots + \boldsymbol{B}_{N-1}\mathrm{d}\boldsymbol{U}_{N-1} = \sum_{k=1}^{N-1}\boldsymbol{B}_k\mathrm{d}\boldsymbol{U}_k \tag{6-79}$$

经过转化后的终端约束如式(6-79)所示,其中每个 $\mathrm{d}\boldsymbol{U}_k$ 都是一个控制量偏差。由式(6-78)可知,矩阵 $\boldsymbol{B}$ 可以递归计算,减小了 MPSP 算法的计算复杂度。

MPSP 算法以过程消耗能量最少为性能指标,选择如下目标函数获得最优解:

$$\boldsymbol{J} = \frac{1}{2}\sum_{k=1}^{N-1}\boldsymbol{U}_k^{\mathrm{T}}\boldsymbol{R}_k\boldsymbol{U}_k = \frac{1}{2}\sum_{k=1}^{N-1}(\boldsymbol{U}_k^0 - \mathrm{d}\boldsymbol{U}_k)^{\mathrm{T}}\boldsymbol{R}_k(\boldsymbol{U}_k^0 - \mathrm{d}\boldsymbol{U}_k) \tag{6-80}$$

式中, $\boldsymbol{U}_k^0$ 为控制输入 $\boldsymbol{U}_k$ 的初值。在满足终端约束式(6-79)的条件下,引入拉格朗日乘子 $\lambda$,将目标函数转化为

$$\boldsymbol{J}' = \frac{1}{2}\sum_{k=1}^{N-1}(\boldsymbol{U}_k^0 - \mathrm{d}\boldsymbol{U}_k)^{\mathrm{T}}\boldsymbol{R}_k(\boldsymbol{U}_k^0 - \mathrm{d}\boldsymbol{U}_k) + \lambda^{\mathrm{T}}\left(\mathrm{d}\boldsymbol{Y}_N - \sum_{k=1}^{N-1}\boldsymbol{B}_k\mathrm{d}\boldsymbol{U}_k\right) \tag{6-81}$$

使式(6-81)所示性能指标最优的控制方程为

$$\frac{\partial J'}{\partial \mathrm{d}U_k} = -R_k(U_k^0 - \mathrm{d}U_k) - B_k^{\mathrm{T}}\lambda = 0 \qquad (6-82)$$

求解出最优控制量偏移为

$$\mathrm{d}U_k = -R_k^{-1}B_k^{\mathrm{T}}\lambda + U_k^0 \qquad (6-83)$$

将式(6-83)代入式(6-82)则有

$$\lambda = -\Big(\sum_{k=1}^{N-1} B_k R_k^{-1} B_k^{\mathrm{T}}\Big)^{-1}\Big(\mathrm{d}Y_N - \sum_{k=1}^{N-1} B_k U_k^0\Big) \qquad (6-84)$$

通过联立式(6-83)和式(6-84)可求得

$$\mathrm{d}U_k = R_k^{-1}B_k^{\mathrm{T}}\Big(\sum_{k=1}^{N-1} B_k R_k^{-1} B_k^{\mathrm{T}}\Big)^{-1}\Big(\mathrm{d}Y_N - \sum_{k=1}^{N-1} B_k U_k^0\Big) + U_k^0 \qquad (6-85)$$

进而可得

$$U_k = U_k^0 - \mathrm{d}U_k = R_k^{-1}B_k^{\mathrm{T}}\Big(\sum_{k=1}^{N-1} B_k R_k^{-1} B_k^{\mathrm{T}}\Big)^{-1}\Big(\mathrm{d}Y_N - \sum_{k=1}^{N-1} B_k U_k^0\Big) \qquad (6-86)$$

式(6-86)即为 MPSP 算法的控制量更新公式,每次迭代更新 $U_k$ 直到当前性能指标与上一代性能指标差值达到收敛精度要求。

### 2. 一子级-翼伞组合体在线航迹生成

将如式(6-71)所示的航迹点在线调整策略以时间间隔 $T$ 离散化可得

$$P_{i,k}(V_{\mathrm{w},k}, \psi_{\mathrm{w},k}) = P_i^0 + b_i \Phi(V_{\mathrm{w},k}, \psi_{\mathrm{w},k}) \qquad i=1,2,3 \qquad (6-87)$$

由式(6-87)可知,当前时刻的目标航迹点 $P_k$ 与上一时刻的目标航迹点 $P_{k-1}$ 的差值由当前时刻风场相较于与上一时刻风场的变化量决定,由于在一子级-翼伞组合体下降过程中,风速和风向都是连续变化的,所以当离散时间间隔 $T$ 越小时,每次在线计算得到的目标航迹点 $P_k$ 与上一时刻目标航迹点 $P_{k-1}$ 之间的差值越小,其对应的最优控制量 $U_k$ 和 $U_{k-1}$ 的差值越小。由式(6-86)可知,MPSP 算法在控制量初始值 $U_k^0$ 基础上,利用已有偏差信息对控制量进行更新,$U_k^0$ 与最终达到精度要求的控制量的差值越小,MPSP 算法达到精度要求所需的迭代次数越少,计算速度越快。因此在 $T$ 较小时,每次航迹生成都以上一时刻生成的控制量作为 MPSP 算法的控制量初始值便可使 MPSP 算法快速收敛,实现在线航迹生成。

MPSP 算法适用于离散系统最优控制问题,将式(5-1)所示一子级-翼伞组合体质点模型离散化后得到

$$\begin{cases} x_{k+1}=x_k+Tv_1\cos\psi_k+TV_{w,k}\cos\psi_{w,k} \\ y_{k+1}=y_k+Tv_1\sin\psi_k+TV_{w,k}\sin\psi_{w,k} \\ z_{k+1}=z_k+Tv_z \\ \psi_{k+1}=\psi_k+Tu_k \end{cases} \tag{6-88}$$

式中，$v_1$ 表示一子级-翼伞组合体的水平速度；$v_z$ 表示一子级-翼伞组合体的垂直速度；$\psi$ 为一子级-翼伞组合体飞行过程中的偏航角；$V_w$ 为水平风速；$\psi_w$ 为水平风风向；$u$ 为质点模型的控制量，在数值上等于偏航角速度。

为了使在线航迹生成满足时间约束，终端时刻 $N$ 由下式确定：

$$N=\left\lceil\frac{z_k-h_{pi}}{|Tv_z|}\right\rceil+1 \tag{6-89}$$

式中，$h_{pi}$ 为第 $i$（$i=1,2,3$）个目标航迹点的高度。

本节航迹点在线调整策略将一子级-翼伞组合体完整的归航航迹分为四段圆弧，对于前 3 段航迹，在线航迹生成问题的终端约束为

$$\begin{cases} x(N)=x_{i,k}^p \\ y(N)=y_{i,k}^p \\ \psi(N)=\psi_{i,k}^p \end{cases} \tag{6-90}$$

式中，$\boldsymbol{P}_{i,k}=[x_{i,k}^p,y_{i,k}^p,\psi_{i,k}^p]^T$ 中各分量分别表示第 $i$ 段航迹在 $k$ 时刻目标航迹点的 $X$、$Y$ 轴位置和偏航角。

当组合体执行最后一段航迹规划时目标航迹点的位置固定为 $(0,0)$，为实现逆风着陆，该段航迹的终端约束为

$$\begin{cases} x(N)=0 \\ y(N)=0 \\ \psi(N)=\psi_{w,k}\pm\pi \end{cases} \tag{6-91}$$

选择合适的离散时间步长 $T$，将式（6-88）所示的离散系统状态方程和式（6-90）、式（6-91）所示的终端约束应用于 MPSP 算法，可以实现一子级-翼伞组合体从当前位置到目标航迹点的单段航迹在线生成，进而完成时变风场环境下的一子级-翼伞组合体在线航迹规划。

## 6.5.4　仿真及结果分析

本节对上述在线规划方法进行仿真验真。仿真条件参考表 5-4 中的参数设置，翼伞初始位置为（5500 m，0 m，8000 m），初始航向角为 π rad，目标着陆点为（0 m，0 m，0 m），着陆时目标航向角与风向相反。根据 6.5.2 节中的航迹点

提取策略从离线最优航迹中提取的基准航迹点见表6-4。

表6-4　基准航迹点提取结果

| 航迹点 | 位置/m | 偏航角/rad |
|---|---|---|
| 第一个航迹点 $\boldsymbol{P}_1^0$ | (4120.7,3757.4,6000) | 1.309 |
| 第二个航迹点 $\boldsymbol{P}_2^0$ | (2739.6,7521.2,4000) | 3.142 |
| 第三个航迹点 $\boldsymbol{P}_3^0$ | (1364.9,3760.4,2000) | 4.974 |

根据航迹点在线调整策略得到航迹点偏差模型的拟合结果见图6-45。

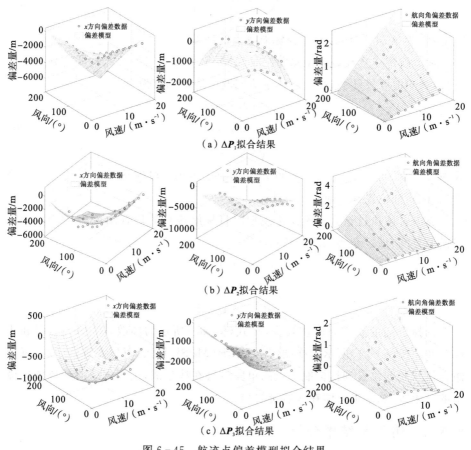

图6-45　航迹点偏差模型拟合结果

可以看出,各航迹点偏差向量与风速、风向的关系可由简单的曲面表示。通过已有数据可以拟合出较好的航迹点偏差模型,证明了本节所提出的基于最小二乘回归的在线航迹点调整策略的可行性。

　　获得航迹点偏差模型后，在时变风场环境下对基于 MPSP 算法的在线航迹生成进行仿真验证。为提高 MPSP 算法计算效率，保证航迹能够在线生成，设置离散时间间隔 $T=0.1$ s，使每一次航迹点变化量较小，并且设置 MPSP 算法每次计算只迭代一次。

　　设置一子级-翼伞组合体飞行过程中风向由初始时刻的 $\pi/3$ rad 随高度线性变化至 $\pi/2$ rad，基于 MPSP 算法在线生成的各段航迹见图 6-46。其中圆点表示由航迹点在线调整策略计算出的各时刻的目标航迹点，虚线表示不同时刻在线生成的航迹（部分显示）。

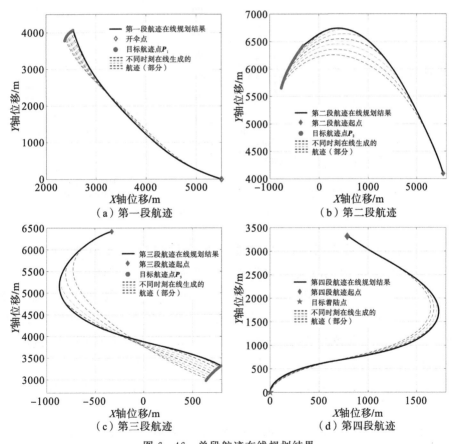

图 6-46　单段航迹在线规划结果

　　可以看出，航迹点在线调整策略能够根据风场变化在线更新目标航迹点，并且基于 MPSP 算法的在线航迹生成方法能够根据实时变化的航迹点快速地生成新的航迹。由于 MPSP 算法每次计算只迭代一次,因此各段航迹的终端会有一定误差。第一段到第四段航迹的水平位置终端误差分别为:8.02 m,8.86 m,6.11 m,4.55 m。其中第一段航迹的终端误差较大是因为其所处高度风速较快,第三、四段航迹的终端误差随高度(风速)降低而减小,第二段航迹终端误差较大是因为其目标航迹点随风场变化较大。

上述仿真结果验证了航迹点在线调整策略和基于 MPSP 算法在线航迹生成的可行性和有效性,由此构成了时变风场环境下在线航迹规划方法,该方法规划出的完整航迹与无风环境下离线最优航迹的对比见图 6 - 47。

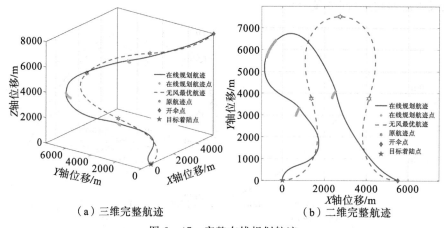

（a）三维完整航迹　　　　　　　　（b）二维完整航迹

图 6 - 47　完整在线规划航迹

可以看出,在线规划出的航迹与原离线最优航迹的运动趋势大致相同,对比前两段航迹的长度,在线航迹规划长于离线最优航迹,这是因为 $\pi/3\sim\pi/2$ 风向的风场使一子级-翼伞组合体在前两段航迹运动过程中的合速度增大,在下降相同高度(时间相同)的情况下,在线规划出的航迹长度更长。同理,对比后两段航迹长度,在线规划的航迹长度更短。在最后一段航迹的对比中还可以看出在线规划航迹能够满足逆风着陆。

在线规划航迹与离线最优航迹的控制量和偏航角对比见图 6 - 48、图6 - 49。

可以看出,在线规划航迹与离线最优航迹的控制量和偏航角有相同的变化趋势,在线规划航迹在最后阶段为完成逆风着陆控制量有大幅变化,体现在偏航角在最后阶段增大至 4.712 rad(约为 $3\pi/2$)。在线规划航迹的控制量在单段航迹中变化连续,但在各段连接处存在跳变,这是由于 MPSP 算法生成航迹只迭代一次并优先考虑了终端约束,没有对控制量进行约束。

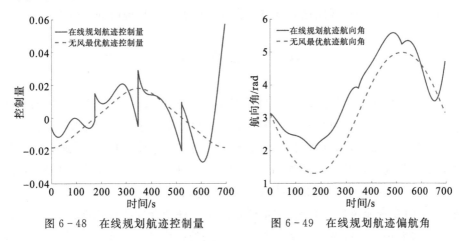

图 6 - 48　在线规划航迹控制量　　　图 6 - 49　在线规划航迹偏航角

在相同的时变风场环境下分别执行在线航迹规划与离线最优航迹规划,结果对比见图 6 - 50,其中虚线航迹为在无风环境下的离线最优航迹,点画线为以开伞点处风场作为常值风场规划出的离线最优航迹。在仿真实验中只考虑风场对航迹的影响,并不考虑一子级-翼伞组合体在风场环境下对航迹的跟踪性能。

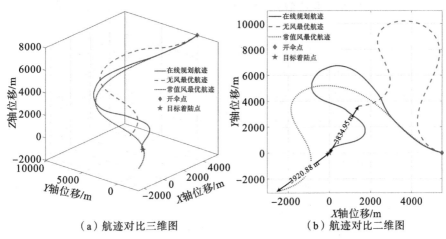

（a）航迹对比三维图　　　　　（b）航迹对比二维图

图 6 - 50　相同风场环境下不同规划方式航迹对比

可以看出,通过最优控制规划出的离线航迹在时变风场环境下会产生较大的落点误差,无风和常值风情况下的离线最优航迹落点误差分别为 3834.95 m 和 3920.88 m。并且由在线航迹规划结果和常值风况下的最优航迹规划结果的对比可以看出,两条航迹在初始阶段重合度较高,这是因为常值风况下的最优航迹考虑了开伞点处的风场,因此其初始阶段的航迹可以应对风场影响,这也证明了本节提出的在线航迹规划方法在应对时变风场环境时的有效性。

## 6.6　本章小结

本章主要研究了复杂风场干扰情况下的一子级回收翼伞控制阶段的在线实时航迹规划问题。首先建立了风场的主风模型和 Dryden 紊流风模型。然后根据所建风场模型,结合实时风场测量、基于卡尔曼滤波的实时风速风向估计计算复杂风场带来的一子级-翼伞组合体落点漂移量,并附加至虚拟目标落点,采用贝塞尔曲线进行在线航迹规划,较好地修正了风场导致的落点偏移。此外,针对时变紊流风风场影响,本章还采用了一种结合离线最优航迹点提取、最小二乘法航迹点在线调整策略和 MPSP 算法的在线航迹生成的一子级-翼伞航迹规划方法,较好地实现了时变风场下的组合体航迹规划。

## 参考文献

［1］　胡明宝．风廓线雷达数据处理与应用研究［D］．南京:南京信息工程大学,2012.

［2］　熊菁,秦子增,程文科．回收过程中高空风场的特点及描述［J］．航天返回与遥感,2003(3):9-14.

［3］　张爱萍,李岩瑛,杨吉萍,等．甘肃民勤地区中低空飞行气象条件分析［J］．中国民航飞行学院学报,2018,29(5):65-69.

［4］　EWING E G,BIXBY H W. Recovery systems design guide［J］. Beijing: Aviation Industry Press,1978.

［5］　YAKIMENKO I. Development of control algorithm for the autonomous gliding delivery system［M］. Faculty Publications,2003.

［6］　周健,王新民,陈晓,等．紊流风场下无人机飞行状态多模型估计算法［J］．火力与指挥控制,2012,37(9):6-9.

［7］　肖业伦,金长江．大气扰动中的飞行原理［M］．国防工业出版社,1993.

［8］　张奇正,黄雪梅,蔡述江．有色噪声条件下扩展卡尔曼滤波算法研究［J］．计算机仿真,2019,36(6):271-277.

［9］　马丽丽,张曼,陈金广．有色噪声条件下的高斯和卡尔曼滤波算法［J］.

计算机工程与设计, 2015, 36(10): 2856 - 2859.

[10]　胡峰, 王硕. 基于 Bezier 曲线的多无人机路径规划算法[C]. 第二十九届中国控制会议, 2010.

[11]　化祖旭, 张文海. 基于贝塞尔曲线的自动驾驶汽车避障路径规划[J]. 汽车文摘, 2021(7): 46 - 49.

[12]　余星宝, 杨慧斌, 周玉凤, 等. 改进 A～* 的 4 阶贝塞尔曲线路径规划[J]. 轻工机械, 2020, 38(6): 64 - 67.

[13]　SATAI H A L, ABDUL ZAHRA M M, RASOOL Z I, et al. Bezier curves - based optimal trajectory design for multirotor uavs with any - angle pathfinding algorithms[J]. Sensors, 2021, 21(7):2460.

[14]　LATTARULO R, PEREZ J. Fast real - time trajectory planning method with 3rd - order curve optimization for automated vehicles[C]. 23rd IEEE International Conference on Intelligent Transportation Systems, 2020.

[15]　BULUT V. Path planning for autonomous ground vehicles based on quintic trigonometric Bezier curve: path planning based on quintic trigonometric Bezier curve[J]. Journal of the Brazilian Society of Mechanical Sciences and Engineering, 2021, 43(2):1 - 14.

[16]　SABETGHADAM B, CUNHA R, PASCOAL A. Real - time trajectory generation for multiple drones using bezier curves[C]. 21st IFAC World Congress 2020, 2020.

[17]　曹如月, 张振乾, 李世超, 等. 基于改进 A～* 算法和 Bezier 曲线的多机协同全局路径规划[J]. 农业机械学报, 2021, 52(S1): 548 - 554.

[18]　卜新苹, 苏虎, 邹伟, 等. 基于非均匀环境建模与三阶 Bezier 曲线的平滑路径规划[J]. 自动化学报, 2017, 43(5): 710 - 724.

[19]　FOWLER L, ROGERS J. Bezier curve path planning for parafoil terminal guidance[J]. Journal of Aerospace Information Systems, 2014, 11(5): 300 - 315.

[20]　PADHI R. Model predictive static programming: a promising technique for optimal missile guidance [J]. Annals of the Indian National Academy of Engineering, 2008,5:185 - 194.

[21]　王萌萌, 张曙光. 基于模型预测静态规划的自适应轨迹跟踪算法 [J]. 航空学报, 2018, 39(9): 9.

# 第 7 章　一子级回收翼伞控制阶段终端避障航迹规划

当一子级-翼伞组合体归航进入低空段后,会遭遇山峰等地形阻碍或受到移动的热力湍流的影响。为保证组合体在低空环境中的飞行安全并实现定点着陆,本章将山峰和热力湍流视为组合体需要规避的复杂静态和动态障碍,根据翼伞的飞行和运动特点提出一种终端避障航迹规划方法。该方法包括如下两种情况:其一,针对仅有地形障碍的情况,设计了静态终端避障航迹规划方法;其二,考虑到热力湍流这类纵向动态障碍,基于 MPSP 算法生成初始航迹,引入松弛变量将避障问题中的不等式约束转化成等式约束,并设计滑模面来控制松弛变量的运动,保证组合体与障碍安全边界间的距离始终满足不等式约束,进而得到能够实现避障和满足定点着陆要求的终端航迹。在此基础上结合能量消耗最少的性能指标,通过微分动态规划(Differential Dynamic Programming, DDP)进行终端航迹优化。

## 7.1　复杂地形和热力湍流障碍环境下翼伞终端航迹规划

### 7.1.1　问题描述

在翼伞低空飞行中常见的安全威胁除了山峰外,还有热力湍流。当空气受热形成热气流或空气柱向上爬升时四周空气被扰动在其下方或旁边出现热力湍流,见图 7-1。

空气中热气流越强,爬升越快,形成的湍流也就越强。对于翼伞这一轻质、欠驱飞行器而言,热力湍流会引起严重的操纵问题,易造成折翼或翼面塌陷等,对飞行安全有极大威胁。针对这一问题,本节提出一种一子级-翼伞组合体终端航迹规划方法,将山峰和热力湍流(上升气流)分别视为组合体需要规避的静

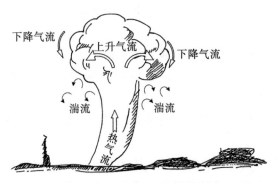

图 7 - 1　热力湍流形成示意图

态和动态障碍,两种障碍的描述如下。

**1. 静态障碍**

将有明显起伏的山峰视为静态障碍,并采用如下函数描述:

$$H(x,y) = \sum_{i=1}^{n} h_i \exp\left[ -\left( \frac{x - x_{oi}}{x_{si}} \right)^2 - \left( \frac{y - y_{oi}}{y_{si}} \right)^2 \right] \tag{7-1}$$

式中,$(x,y)$ 为大地坐标系下水平面任一点坐标;$H(x,y)$ 为 $(x,y)$ 点处山峰的高度;$(x_{oi},y_{oi})$ 为第 $i$ 座山峰的中心坐标;$h_i$ 为第 $i$ 座山峰的峰顶高度;$x_{si}$、$y_{si}$ 表示山峰沿大地坐标系 $X$ 轴和 $Y$ 轴方向的衰减量,用于控制坡度;$n$ 表示山体总数。

**2. 动态障碍**

将热力湍流视为在三维空间中半径为 $r_{oi}$、沿水平方向做匀速直线运动或匀速转弯运动的圆柱体障碍,运动学方程为

$$\begin{cases} \dot{x}_{oi} = V_{oi} \cos\psi_{oi} \\ \dot{y}_{oi} = V_{oi} \sin\psi_{oi} \\ \dot{\psi}_{oi} = \dfrac{a_{oi}}{V_{oi}} \end{cases} \tag{7-2}$$

式中,$(x_{oi},y_{oi})$ 为第 $i$ 个障碍物中心位置;$V_{oi}$ 为障碍物运动速度;$\psi_{oi}$ 为障碍物轨迹倾角;$a_{oi}$ 为障碍物法向加速度,当 $a_{oi}=0$ 时障碍物做直线运动。

一子级-翼伞组合体的终端航迹规划需要满足以下条件。

1)组合体在终端飞行中需规避静态障碍和动态障碍,始终与障碍保持安全距离。

2)组合体能够降落至预定目标点并且在着陆前要以逆风方向飞行以便完成雀降减速。

为简化问题,对终端航迹规划做如下假设。

1)障碍的半径及运动信息已知,将静态障碍视为运动速度为 0 的动态障碍。

2)一子级-翼伞组合体在进入终端航迹时有足够的剩余高度完成避障和定点着陆。

3)一子级-翼伞组合体执行终端航迹的初始时刻由 MPSP 算法生成一条初始航迹,并且在障碍规避段航迹规划时不执行基于 MPSP 的在线航迹生成。

## 7.1.2　基于松弛变量与滑模控制的终端航迹规划

根据一子级-翼伞组合体终端航迹规划要求,将组合体的终端航迹分为障碍规避段和着陆段。针对终端航迹中的复杂障碍规避问题,本节借鉴文献[1-2]中的二维动态规避轨迹规划方法,将松弛变量与滑模控制相结合,并结合 6.5 节中 MPSP 在线航迹生成方法,给出一种一子级-翼伞组合体终端三维航迹规划方法。其中,引入松弛变量目的是将组合体避障问题中的不等式约束有效转化为等式约束[1],并对系统进行增广。在此基础上设计滑模面的趋近律有效控制松弛变量的运动,保证避障问题中的不等式约束始终满足。一子级-翼伞组合体在飞离障碍区后进入着陆段航迹规划,着陆前利用 MPSP 算法根据风向变化在线生成航迹使组合体完成逆风定点着陆。

### 1. 动态障碍规避航迹实现原理

假设非线性系统 $\dot{x} = F(x, u)$ 的避障不等式约束为

$$B(x, t) \leqslant 0 \tag{7-3}$$

式中,$x$ 为状态向量;$u$ 为控制向量;$B(x, t)$ 为避障性能指标。

引入松弛变量 $\zeta$ 将上述不等式约束转化为如下等式约束:

$$B(x, t) + \frac{\zeta^2}{2} = 0 \tag{7-4}$$

当松弛变量 $\zeta$ 一直具有实数意义时,式(7-3)表示的不等式约束始终成立。对式(7-4)连续求导直到出现控制量 $u$。

$$
\begin{cases}
\boldsymbol{B}^{(1)}(\boldsymbol{x},t)+\zeta\zeta^{(1)}=0 \\
\boldsymbol{B}^{(2)}(\boldsymbol{x},t)+\zeta\zeta^{(2)}+[\zeta^{(1)}]^2=0 \\
\vdots \\
\boldsymbol{B}^{(m)}(\boldsymbol{x},\boldsymbol{u},t)+\zeta\zeta^{(m)}+H(\zeta,\zeta^{(1)},\cdots,\zeta^{(m-1)})=0
\end{cases} \tag{7-5}
$$

控制量 $\boldsymbol{u}$ 可表示为

$$
\boldsymbol{u}=\boldsymbol{S}(\boldsymbol{x},\zeta\zeta^{(m)},\zeta^{(m-1)},\zeta^{(m-2)},\cdots,\zeta^{(1)}) \tag{7-6}
$$

将原系统状态方程扩展为

$$
\begin{cases}
\dot{\boldsymbol{x}}=\boldsymbol{F}[\boldsymbol{x},\boldsymbol{S}(x,\zeta\zeta^{(m)},\zeta^{(m-1)},\zeta^{(m-2)},\cdots,\zeta^{(1)})] \\
\dot{\zeta}=\zeta^{(1)} \\
\dot{\zeta}^{(1)}=\zeta^{(2)} \\
\vdots \\
\dot{\zeta}^{(m-1)}=\zeta^{(m)}
\end{cases} \tag{7-7}
$$

当约束条件 $\boldsymbol{B}(\boldsymbol{x},t)$ 的值趋近 0 时,即一子级-翼伞组合体趋近于障碍物安全边界时,松弛变量 $\zeta$ 趋近于 0 且 $\zeta^{(1)}<0$,因此对状态量 $[\zeta,\zeta^{(1)},\zeta^{(2)},\cdots,\zeta^{(m-1)}]$ 设计如下线性滑模面:

$$
s_1=c_1\zeta+c_2\zeta^{(1)}+\cdots+c_{m-1}\zeta^{(m-2)}+\zeta^{(m-1)} \tag{7-8}
$$

式中,$c_i>0$;$i=1,2,\cdots,m-1$。以 $\zeta^{(m)}$ 作为控制量输入控制滑模面 $s_1$ 趋近于 0,且保证在 $\zeta$ 接近 0 时 $\zeta^{(1)}=0$,即一子级-翼伞组合体在安全边界附近趋近障碍物的速率为 0。本节选取如下指数趋近律并用饱和函数代替符号函数来抑制振动。

$$
\dot{s}_1=-\varepsilon_1\,\mathrm{sat}(s_1)-k_1s_1=-\varepsilon_1\,\frac{s_1}{|s_1|+\delta_1}-k_1s_1 \qquad k_1>0,\varepsilon_1>0,\delta_1>0 \tag{7-9}
$$

联立式(7-8)和式(7-9)可得

$$
\zeta^{(m)}=-\varepsilon_1\,\frac{s_1}{|s_1|+\delta_1}-ks_1-c_1\zeta^{(1)}-\cdots-c_{m-1}\zeta^{(m-1)} \tag{7-10}
$$

再由式(7-6)可求出用于动态障碍规避的控制量,记为 $\tilde{\boldsymbol{u}}$。

上述过程给出了一子级-翼伞组合体这一非线性系统解决避障问题中不等式约束的方法。在终端航迹规划中,当组合体成功绕过一个障碍后,需要继续完成归航。因此,组合体在完成避障后需要跟踪原初始航迹,组合体在非障碍区域对初始航迹跟踪方法如下。

设计滑模面 $s_2$ 来完成对初始航迹的跟踪,表示为

$$s_2 = q(x - x_0) \tag{7-11}$$

式中，参数矩阵 $q$ 根据系统特性选取；$x_0$ 为初始航迹对应的系统状态。

滑模面 $s_2$ 同样采用指数趋近律并以饱和函数代替符号函数，即

$$\dot{s}_2 = -\varepsilon_2 \mathrm{sat}(s_2) - k_2 s_2 = -\varepsilon_2 \frac{s_2}{|s_2| + \delta_2} - k_2 s_2 \tag{7-12}$$

将式(7-11)代入式(7-12)，并以 $qF(x, u) - qF(x_0, u_0)$ 近似 $\dot{s}_2$，可得

$$qF(x, u) = qF(x_0, u_0) - \varepsilon_2 \frac{q(x - x_0)}{|q(x - x_0)| + \delta_2} - k_2 q(x - x_0) \tag{7-13}$$

由上式可计算出初始航跟踪的控制量，记为 $\bar{u}$。

结合以上动态避障航迹和初始航迹跟踪两部分，实现完整的动态避障航迹规划平面示意图见图7-2。

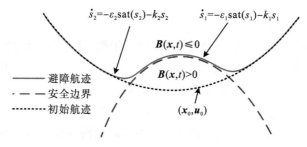

图 7-2　动态避障航迹规划原理示意图

图7-2中，初始航迹在部分区域（安全边界以下）内不满足不等式约束，在系统状态 $x$ 沿着初始航迹不断接近安全边界的过程中，通过引入松弛变量结合滑模控制方法控制状态 $x$ 以所设计的滑模趋近律接近安全边界，并且在非常接近边界的时候基本沿着边界在运动，而当初始航迹再次满足不等式约束时，状态 $x$ 又在保证满足不等式约束(7-10)的情况下逐渐跟踪至初始状态 $x_0$ 并完成后续目标。

### 2. 一子级-翼伞组合体终端航迹规划

忽略风场影响，将式(5-1)的组合体质点模型和式(7-2)的动态障碍运动方程离散化，得到避障问题的数学描述为

$$
\begin{cases}
x_{k+1} = x_k + Tv_1\cos\psi_k \\
y_{k+1} = y_k + Tv_1\sin\psi_k \\
z_{k+1} = z_k + Tv_z \\
\psi_{k+1} = \psi_k + Tu_k \\
x_{oik+1} = x_{oik} + TV_{oi}\cos\psi_{oik} \\
y_{oik+1} = y_{oik} + TV_{oi}\sin\psi_{oik} \\
\psi_{oik+1} = \psi_{oik} + Ta_{oik}/V_{oi}
\end{cases}
\tag{7-14}
$$

式中，$T$ 为离散时间步长。当障碍物为静态障碍时，$V_{oi}=0$，当障碍物做匀速直线运动时 $a_{oik}=0$。

由于一子级-翼伞组合体在进行避障时会增加水平方向的滑翔距离，产生额外的高度消耗，因此在由 MPSP 算法生成初始航迹时应留有高度余量，使组合体完成避障后在着陆前仍有剩余高度完成位置和航向角调整，记由 MPSP 算法生成初始航迹为 $(\boldsymbol{x}_0, \boldsymbol{u}_0)$。由于一子级-翼伞组合体飞行过程中垂直下降速度 $v_z$ 基本保持不变，因此在有足够剩余高度且没有垂直运动的障碍物的情况下，在避障航迹规划时仅考虑水平方向的二维航迹，根据组合体水平速度和垂直速度的关系将其扩展至三维航迹。

假设一子级-翼伞组合体在终端飞行过程中遇到的动态障碍物有 $n$ 个，其避障不等式约束为

$$
\sqrt{(x_k - x_{oik})^2 + (y_k - y_{oik})^2} \geqslant (r_{oi} + D_s)
\tag{7-15}
$$

式中，$r_{oi}$ 为第 $i$ 个障碍物的半径；$D_s$ 为一子级-翼伞组合体到障碍物边界的安全距离。

根据式(7-4)引入松弛变量 $\zeta_i (i=1, 2, \cdots n)$，将避障问题中的不等式约束转化为如下等式约束：

$$
-\frac{(x_k - x_{oik})^2}{2} - \frac{(y_k - y_{oik})^2}{2} + \frac{(r_{oi} + D_s)^2}{x} + \frac{\zeta_{ik}^2}{2} = 0
\tag{7-16}
$$

对式(7-16)连续求导直至出现控制量 $\psi_k'$。

一次求导可得

$$
-(x_k - x_{oik})(x_k' - x_{oik}') - (y_k - y_{oik})(y_k' - y_{oik}') + \zeta_{ik}\zeta_{ik}' = 0
\tag{7-17}
$$

式中

$$
\begin{cases}
x_k' = v_1\cos\psi_k \\
y_k' = v_1\sin\psi_k \\
x_{oik}' = V_{oi}\cos\psi_{oik} \\
y_{oik}' = V_{oi}\sin\psi_{oik}
\end{cases}
\tag{7-18}
$$

二次求导可得

$$-(x'_k-x'_{oik})^2-(x_k-x_{oik})(x''_k-x''_{oik})-(y'_k-y'_{oik})^2- \\ (y_k-y_{oik})(y''_k-y''_{oik})+(\zeta'_{ik})^2+\zeta_{ik}\zeta''_{ik}=0 \tag{7-19}$$

式中

$$\begin{cases} x''_k=-v_1\psi'_k\sin\psi_k \\ y''_k=v_1\psi'_k\cos\psi_k \\ x''_{oik}=-V_{oi}\psi'_{oik}\sin\psi_{oik} \\ y''_{oik}=V_{oi}\psi'_{oik}\cos\psi_{oik} \end{cases} \tag{7-20}$$

由式(7-20)可以看出经过两次求导后式(7-19)中包含控制量 $\psi'_k$，因此根据式(7-16)建立滑模面如下：

$$s_1=c_1\zeta_{ik}+\zeta'_{ik} \tag{7-21}$$

根据式(7-9)可得

$$\zeta''_{ik}=-\varepsilon_1\frac{c_1\zeta_{ik}+\zeta'_{ik}}{|c_1\zeta_{ik}+\zeta'_{ik}|+\delta_1}-k_1(c_1\zeta_{ik}+\zeta'_{ik})-c_1\zeta'_{ik} \tag{7-22}$$

由式(7-19)可得

$$\zeta''_{ik}=\frac{(x'_k-x'_{oik})^2+(x_k-x_{oik})(x''_k-x''_{oik})+(y'_k-y'_{oik})^2+(y_k-y_{oik})(y''_k-y''_{oik})-(\zeta'_{ik})^2}{\zeta_{ik}} \tag{7-23}$$

联立式(7-22)和式(7-23)可得一子级-翼伞组合体在 $k$ 时刻用于避障的控制量 $\tilde{u}_k$ 为

$$\begin{cases} \tilde{u}_k=\dfrac{\tilde{u}^a_k+\tilde{u}^b_k+\tilde{u}^c_k}{\tilde{u}^d_k} \\ \tilde{u}^a_k=v_1^2+V_{oi}^2-2v_1V_{oi}\cos(\psi_k-\psi_{oik}) \\ \tilde{u}^b_k=V_{oi}\dot{\psi}_{oik}[\sin\psi_{oik}(x_k-x_{oik})-\cos\psi_{oik}(y_k-y_{oik})] \\ \tilde{u}^c_k=\left[\varepsilon_1\dfrac{c_1\zeta_{ik}+\zeta'_{ik}}{|c_1\zeta_{ik}+\zeta'_{ik}|+\delta_1}+k_1(c_1\zeta_{ik}+\zeta'_{ik})+c_1\zeta'_{ik}\right]\zeta_{ik}-(\zeta'_{ik})^2 \\ \tilde{u}^d_k=v_1[(x_k-x_{oik})\sin\psi_k-(y_k-y_{oik})\cos\psi_k] \end{cases} \tag{7-24}$$

由于翼伞是一种欠驱动飞行器，这导致其用于一子级回收时组合体的机动性较差，为获得良好的避障效果，以障碍物为圆心以不同半径对其周围进行避障区域划分[1]，一子级-翼伞组合体根据所处区域采取相应的避障策略，对障碍物的避障区域划分见图7-3。

图7-3中，$p_e$、$p_s$ 为安全系数，$p_e>p_s\geqslant1$；Ⅰ区域代表半径为 $r_o$ 的障碍物，

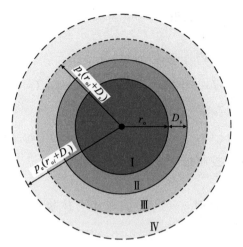

图 7 - 3　一子级-翼伞组合体避障区域划分示意图

Ⅱ区域为禁飞区域,Ⅲ区域为二级避障区域,Ⅳ区域为一级避障区域,在不同的避障区域内,一子级-翼伞组合体根据不同的飞行状态采取不同的避障控制策略,具体如下。

1)一级避障

当 $\zeta_{ik}$ 满足如下条件时,一子级-翼伞组合体执行一级避障控制策略。

$$\begin{cases} \sqrt{p_{\mathrm{s}}^2-1}\,(r_{oi}+D_{\mathrm{s}}) \leqslant \zeta_{ik} \leqslant \sqrt{p_{\mathrm{e}}^2-1}\,(r_{oi}+D_{\mathrm{s}}) \\ \zeta_{ik}' < 0 \end{cases} \quad (7-25)$$

式(7-25)表示一子级-翼伞组合体位于一级避障区域内且正在向禁飞区域靠近,此时组合体的控制指令 $u_k$ 与避障的控制量 $\tilde{u}_k$ 相同。

2)二级避障

当 $\zeta_{ik}$ 满足如下条件时,一子级-翼伞组合体执行二级避障控制策略。

$$\begin{cases} 0 \leqslant \zeta_{ik} < \sqrt{p_{\mathrm{s}}^2-1}\,(r_{oi}+D_{\mathrm{s}}) \\ \zeta_{ik}' < 0 \end{cases} \quad (7-26)$$

式(7-26)表示一子级-翼伞组合体位于二级避障区域内且正在向禁飞区域靠近,此时为了阻止组合体继续向禁飞区域靠近,设定 $\dot{s}_1 = 0$,由式(7-8)、式(7-9)、式(7-23)可得新的避障控制量 $\tilde{u}_k$:

$$
\begin{cases}
\tilde{u}_k = \dfrac{\tilde{u}_k^a + \tilde{u}_k^b + \tilde{u}_k^c}{\tilde{u}_k^d} \\[2mm]
\tilde{u}_k^a = v_1^2 + V_{oi}^2 - 2 v_1 V_{oi} \cos(\psi_k - \psi_{oik}) \\[2mm]
\tilde{u}_k^b = V_{oi} \dot{\psi}_{oik} \big[ \sin\psi_{oik}(x_k - x_{oik}) - \cos\psi_{oik}(y_k - y_{oik}) \big] \\[2mm]
\tilde{u}_k^c = c_1 \zeta_{ik}' \zeta_{ik} - (\zeta_{ik}')^2 \\[2mm]
\tilde{u}_k^d = v_1 \big[ (x_k - x_{oik}) \sin\psi_k - (y_k - y_{oik}) \cos\psi_k \big]
\end{cases}
\tag{7-27}
$$

此时，令组合体的控制指令 $u_k = \tilde{u}_k$，完成避障。

3）初始航迹跟踪

当 $\zeta_{ik}$ 满足如下条件时，一子级-翼伞组合体执行对初始航迹 $(\boldsymbol{x}_0, \boldsymbol{u}_0)$ 的跟踪。

$$
\zeta_{ik}' \geqslant 0 \quad \text{或} \quad
\begin{cases}
\zeta_{ik} > \sqrt{p_e^2 - 1}\, r_{oi} \\[2mm]
\zeta_{ik}' < 0
\end{cases}
\tag{7-28}
$$

此时组合体执行对初始航迹的跟踪，控制指令计算方法如下。

选取滑模面 $s_2$ 为

$$
s_2 = q_1 [x_k - x_{ok}] + q_2 [y_k - y_{ok}] + q_3 [\psi_k - \psi_{ok}]
\tag{7-29}
$$

初始航迹跟踪部分组合体的控制指令 $u_k$：

$$
u_k = \bar{u}_k = u_{ok} - \frac{q_1}{q_3}(x_k' - x_{ok}') - \frac{q_2}{q_3}(y_k' - y_{ok}') - \varepsilon_2 \frac{s_2}{|s_2| + \delta_2} - k_2 s_2
\tag{7-30}
$$

在组合体完成最后一次避障后进入着陆段航迹，在着陆段航迹的初始时刻，组合体的高度是不定的。因此着陆段航迹规划有着固定目标着陆点和随风向变化的目标航向的终端约束以及需要匹配剩余高度的时间约束。根据此需求，可采用 6.5 节中的方法，利用基于 MPSP 算法在线生成航迹进行着陆段航迹规划。

综上所述，一子级-翼伞组合体的终端航迹由基于松弛变量和滑模控制的避障航迹和基于 MPSP 算法在线生成的着陆段航迹组成，规划出的完整终端航迹记为 $(\boldsymbol{x}_c, \boldsymbol{u}_c)$。

## 7.1.3　仿真及结果分析

假设一子级-翼伞组合体在下降至 2 km 高度时进入终端航迹，设置终端航迹规划仿真相关参数见表 7-1。

**表 7-1　终端航迹规划仿真参数设置**

| 参数 | 值 |
| --- | --- |
| 终端航迹起点/m | (1364.9,3760.4,2000) |
| 组合体初始偏航角/rad | 4.974 |
| 终端航迹目标点/m | (0,0,0) |
| 着陆段风向变化范围/rad | $\pi/4\sim\pi/3$ |
| 初始航迹预留高度/m | 200 |
| 到障碍边界的安全距离/m | 50 |
| 安全系数$(p_e,p_s)$ | (1.7,1.3) |
| 滑模面 $s_1$ 参数$(c_1,k_1,\varepsilon_1,\delta_1)$ | (0.2,3,0.01,0.1) |
| 滑模面 $s_2$ 参数$(q_1,q_2,q_3,k_2,\varepsilon_2,\delta_2)$ | (0.01,−0.01,0.1,0.2,0.1,0.01) |

　　由 MPSP 算法生成初始航迹时留有 200 m 的高度余量,使组合体完成避障后在着陆前仍有剩余高度完成位置和偏航角调整。初始航迹和其对应的控制量、偏航角见图 7-4。

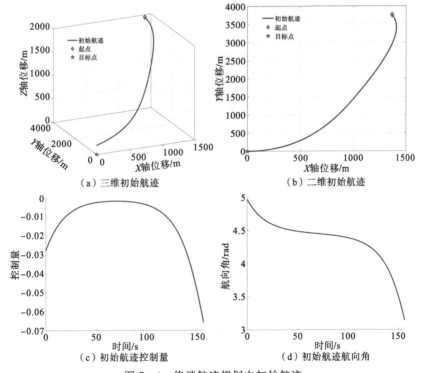

（a）三维初始航迹　　　　　（b）二维初始航迹

（c）初始航迹控制量　　　　（d）初始航迹航向角

图 7-4　终端航迹规划中初始航迹

本节仿真设置一子级-翼伞组合体在 2 km 高度以下遭遇一个静态山峰障碍(障碍 1)和两个动态热力湍流障碍(障碍 2、障碍 3),各障碍的具体参数见表7-2。

表 7-2　终端航迹规划仿真障碍参数设置

| 参数 | 值 | 参数 | 值 |
|---|---|---|---|
| 障碍 1 中心坐标/m | (1300,3234) | 障碍 2 半径/m | 220 |
| 障碍 1 峰顶高度/m | 2000 | 障碍 3 初始中心坐标/m | (1300,1300) |
| 障碍 1 坡度 | (450,450) | 障碍 3 初始速度方向/rad | 0 |
| 障碍 2 初始中心坐标/m | (800,2153) | 障碍 3 水平运动速度 /(m·s$^{-1}$) | 7 |
| 障碍 2 初始速度方向/rad | 0 | 障碍 3 法向加速度 /(m·s$^{-2}$) | -0.432 |
| 障碍 2 水平运动速度 /(m·s$^{-1}$) | 6 | 障碍 3 半径/m | 200 |
| 障碍 2 法向加速度 /(m·s$^{-2}$) | 0 | | |

在上述障碍环境中一子级-翼伞组合体根据本节中的航迹规划方法得到终端航迹,见图 7-5。可见,完整终端航迹由动态避障航迹和着陆段航迹组成,图7-5(b)~(g)为面对动态障碍不同时刻的终端航迹规划结果。

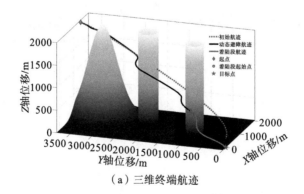

(a)三维终端航迹

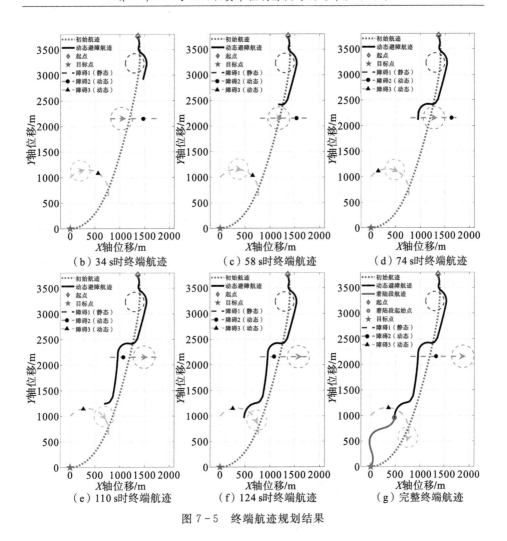

图 7-5　终端航迹规划结果

可以看出,一子级-翼伞组合体在航迹初始阶段没有障碍的情况下跟踪初始航迹飞行,当接近障碍时组合体对静态和动态障碍均能进行有效规避,并在完成一次避障后可以继续按照初始航迹的趋势飞行直到遇到下一个障碍物。组合体在该终端航迹飞行过程与各障碍边界的距离和各障碍物对应的松弛变量变化曲线见图 7-6 和 7-7。

可以看出,一子级-翼伞组合体在遭遇复杂障碍时可以沿着安全距离边界飞行,始终与障碍边界保持 50 m 的安全距离。因此,基于松弛变量与滑模控制的航迹规划方法能够使组合体在飞行过程中实现对复杂障碍的规避。

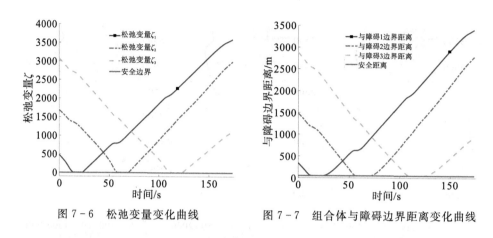

图 7 - 6　松弛变量变化曲线　　　　图 7 - 7　组合体与障碍边界距离变化曲线

当组合体规避掉最后一个障碍后进入着陆段航迹，完成对剩余高度的消耗并实现定点逆风着陆，着陆段航迹规划结果见图 7 - 8。

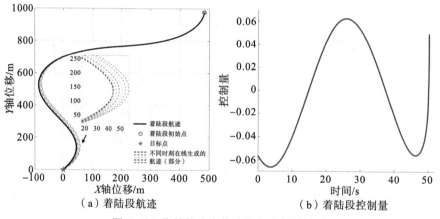

（a）着陆段航迹　　　　　　　　　（b）着陆段控制量

图 7 - 8　终端航迹中着陆段航迹规划结果

一子级-翼伞组合体进入着陆段航迹时风向为 $\pi/4$ rad，在组合体着陆时风向变化至 $\pi/3$ rad。由图 7 - 8(a)可以看出，着陆段航迹规划过程可以根据风向变化在线生成新的航迹，最终组合体落点为(2.01 m，3.46 m，0 m)，着陆时偏航角为 4.1842 rad，位置误差为 4 m，偏航角误差为 0.0046 rad，着陆误差在可接受范围内。由图 7 - 8(b)可以看出着陆段航迹对应的控制量连续且平滑，利于组合体实现对其跟踪。上述证明了基于 MPSP 算法的着陆段航迹规划方法的可行性。

完整的终端航迹对应的控制量与偏航角见图 7 - 9 和 7 - 10。

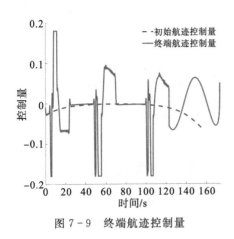

图 7 - 9　终端航迹控制量

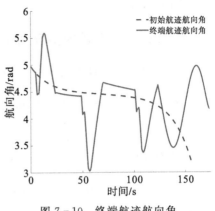

图 7 - 10　终端航迹航向角

由图 7 - 9 可见,在 0~4.3 s、25~47 s、71~99 s 三个时间段,终端航迹控制量与初始航迹控制量基本重合,这表明一子级-翼伞组合体在障碍区域外跟踪初始航迹。在 123~174 s 时间段,组合体执行着陆段航迹规划,控制量与图 7 - 8(b)控制量相同。其余时间段组合体处于障碍区域,执行避障操作时控制量有较大的波动,这是因为本章提出的复杂障碍环境下的航迹规划首要考虑组合体能够安全地规避障碍,未将控制过程能量消耗最优作为性能指标,在实际应用中牺牲能量消耗换取组合体的飞行安全是可以接受的。由图 7 - 10 可以看出,一子级-翼伞组合体避障过程中由于控制量的波动其偏航角变化率会发生突变。

由上述仿真实验结果可知,基于松弛变量和滑模控制的终端航迹规划方法能够使一子级-翼伞组合体在低空段飞行过程中规避复杂障碍,并结合基于 MPSP 算法的在线航迹生成方法能够使组合体在着陆前根据风向调整航向,完成逆风定点着陆。由于该方法没有考虑避障过程中的能量消耗,使得组合体在避障阶段的控制量波动较大,这一问题将在下一节中予以考虑。

# 7.2　基于微分动态规划的终端航迹优化

在上一节中,基于松弛变量和滑模变结构的方法能够实现一子级-翼伞组合体在低空段规避复杂障碍并精确归航,然而所提出的终端航迹规划方法仅考虑了避障性能和逆风定点着陆性能,没有考虑飞行过程中的能量消耗最少等性能指标,因此规划出的终端航迹不是能量最优的。针对这一问题,本节在已规划出的终端航迹的基础上,建立最优性能指标,并利用微分动态规划算法对终端航迹进行优化。

## 7.2.1　微分动态规划算法原理

对于离散的非线性系统 $x_{k+1}=F(x_k,u_k)$，选取如下二次型性能指标：

$$J = x_N^T Q_N x_N + \sum_{k=1}^{N-1} f^T(x_k,u_k)f(x_k,u_k) \triangleq l_f(x_N) + \sum_{k=1}^{N-1} l(x_k,u_k)$$

$$(7-31)$$

定义逆序控制量 $U_k \triangleq [u_k,u_{k+1},\cdots,u_{N-1}]$ 和剩余性能指标为

$$J_k(x_k,U_k) \triangleq l_f(x_N) + \sum_{j=k}^{N-1} l(x_j,u_j) \qquad (7-32)$$

最优剩余性能指标定义为

$$L_k(x_k) \triangleq \min_{U_k} J_k(x_k,U_k) = \min_{u_k} \{l(x_k,u_k)+L_{k+1}[F(x_k,u_k)]\} \quad (7-33)$$

令 $M(x_k,u_k)=l(x_k,u_k)+L_{k+1}[F(x_k,u_k)]$，则其在 $(x_k,u_k)$ 附近的变分为

$$M(x_k+\delta x,u_k+\delta u) \approx M(x_k,u_k)+(M_x)_k\delta x+(M_u)_k\delta u+$$

$$\frac{1}{2}\begin{bmatrix}\delta x^T & \delta u^T\end{bmatrix}\begin{bmatrix}(M_{xx})_k & (M_{xu})_k \\ (M_{ux})_k & (M_{uu})_k\end{bmatrix}\begin{bmatrix}\delta x \\ \delta u\end{bmatrix} \qquad (7-34)$$

式中

$$\begin{cases}
(M_x)_k=(l_x)_k+(F_x)_k^T(L_x)_{k+1} \\
(M_u)_k=(l_u)_k+(F_u)_k^T(L_x)_{k+1} \\
(M_{xx})_k=(l_{xx})_k+(F_x)_k^T(L_{xx})_{k+1}(F_x)_k+(L_x)_{k+1}(F_{xx})_k \\
(M_{uu})_k=(l_{uu})_k+(F_u)_k^T(L_{xx})_{k+1}(F_u)_k+(L_x)_{k+1}(F_{uu})_k \\
(M_{xu})_k=(l_{xu})_k+(F_x)_k^T(L_{xx})_{k+1}(F_u)_k+(L_x)_{k+1}(F_{xu})_k \\
(M_{ux})_k=(M_{xu})_k^T
\end{cases} \qquad (7-35)$$

根据变分法，最优控制量偏移 $\delta u^*$ 为

$$\delta u^* = \arg\min[M(x_k+\delta x,u_k+\delta u)]$$

$$= -(M_{uu})_k^{-1}[(M_u)_k+(M_{ux})_k\delta x] \qquad (7-36)$$

将式(7-36)代入式(7-34)可得

$$M(x_k+\delta x,u_k+\delta u^*) \approx M(x_k,u_k)-\frac{1}{2}(M_u)_k^T(M_{uu})_k^{-1}(M_u)_k+$$

$$[(M_x)_k-(M_u)_k(M_{uu})_k^{-1}(M_{ux})_k]\delta x+$$

$$\frac{1}{2}\delta x^T[(M_{xx})_k-(M_{xu})_k(M_{uu})_k^{-1}(M_{ux})_k]\delta x$$

$$(7-37)$$

$L_k(x_k)$ 在 $x_k$ 附近的变分可表示为

$$L_k(x_k+\delta x)\approx L_k(x_k)+(L_x)_k\delta x+\frac{1}{2}(\delta x)^{\mathrm{T}}(L_{xx})_k\delta x \qquad (7-38)$$

通过对比式(7-37)和式(7-38),可得以下近似关系:

$$\begin{cases} L_k(x_k)\approx M(x_k,u_k)-\dfrac{1}{2}(M_u)_k^{\mathrm{T}}(M_{uu})_k^{-1}(M_u)_k \\ (L_x)_k\approx(M_x)_k-(M_u)_k(M_{uu})_k^{-1}(M_{ux})_k \\ (L_{xx})_k\approx(M_{xx})_k-(M_{xu})_k(M_{uu})_k^{-1}(M_{ux})_k \end{cases} \qquad (7-39)$$

由此,式(7-35)和式(7-39)构成了微分动态规划的逆向递推公式,其正向递推公式可以表示为

$$\begin{cases} \hat{x}_1=x_{c1} \\ \hat{u}_k=u_{ck}-\eta(M_{uu})_k^{-1}(M_u)_k-(M_{uu})_k^{-1}(M_{ux})_k(\hat{x}_k-x_{ck}) \\ \hat{x}_{k+1}=F(\hat{x}_k,\hat{u}_k) \end{cases} \qquad (7-40)$$

式中,$(x_{ck},u_{ck})$为标称航迹中的状态量和控制量;$0<\eta\leqslant1$为算法中的可调节系数。

最终,微分动态规划算法的逆向和正向递推过程就已获得,运算步骤如下。

1)根据需求设计二次型性能指标 $J$。

2)根据已知标称航迹$(x_c,u_c)$,非线性系统 $F(x_k,u_k)$ 与性能指标 $J$ 结合式(7-35)计算偏导数矩阵$(M_x)_k$、$(M_u)_k$、$(M_{xx})_k$、$(M_{uu})_k$、$(M_{xu})_k$、$(M_{ux})_k$。

3)根据步骤 2)中的运算结果计算式(7-40)中 $(M_{uu})_k^{-1}(M_u)_k$、$(M_{uu})_k^{-1}(M_{ux})_k$。

4)根据式(7-40)正向递推获得新的标称航迹。

5)将新的标称航迹与上一代航迹的性能指标对比,当二者差值减小时,则认为算法处于收敛状态,当收敛精度达到要求时迭代结束,航迹优化完成;若收敛精度没有达到要求则根据式(7-40)更新$(L_x)_k$、$(L_{xx})_k$并返回步骤1)。

## 7.2.2　一子级-翼伞组合体终端航迹优化

上一节实现了一子级-翼伞组合体的终端航迹规划,其中包括动态障碍规避航迹规划、初始航迹跟踪和着陆前末端航迹规划,该小节主要考虑了安全规避和着陆精度问题,却忽略了航迹的最优性,因此本节将利用微分动态规划方法对上一节中规划出的终端航迹进行优化。

根据一子级-翼伞组合体终端航迹要求,航迹优化需要考虑以下几个因素。

1)航迹优化需保证一子级-翼伞组合体在着陆时刻满足位置约束和偏航角约束,保证着陆精准度和逆风着陆。

2)航迹优化需保证一子级-翼伞组合体能够对复杂障碍进行动态规避。

3)在因素 1)和 2)的基础上,航迹优化应当减少能量消耗。

由此,在标称航迹$(x_{ck}, u_{ck})$已知的情况下建立如下航迹优化的性能指标:

$$J = (x_N - x_f)^T Q_N (x_N - x_f) + \sum_{k=1}^{N-1} \left[ u_k^T R_k u_k + (x_k - x_{ck})^T Q_k (x_k - x_{ck}) \right]$$

$$(7-41)$$

式中,$(x_N - x_f)^T Q_N (x_N - x_f)$表示着陆时刻状态的误差指标;$u_k^T R_k u_k$ 表示能量消耗指标;$(x_k - x_{ck})^T Q_k (x_k - x_{ck})$表示对标称航迹的跟踪误差指标;$Q_k$、$Q_N$ 为非负定对角矩阵;$R_k$ 为正定对角矩阵。$Q_k$ 在不同的航迹阶段取值不同,当一子级-翼伞组合体航行至障碍区域时选取较大的 $Q_k$ 值,使得组合体在障碍区域的航迹与原标称航迹接近,保证良好的避障效果,在其余航迹阶段由于原标称航迹不具备最优性,$Q_k$ 应取较小值来实现能量消耗最小。

结合式(7-31),由式(7-41)可得

$$l(x_k, u_k) = u_k^T R_k u_k + (x_k - x_{ck})^T Q_k (x_k - x_{ck}) \tag{7-42}$$

$$l_f(x_N) = (x_N - x_f)^T Q_N (x_N - x_f) \tag{7-43}$$

进而可得

$$(L_x)_N = Q_N (x_N - x_f) \tag{7-44}$$

$$(L_{xx})_N = Q_N \tag{7-45}$$

$$(l_x)_k = Q_k (x_k - x_{ck}) \tag{7-46}$$

$$(l_u)_k = R_k u_k \tag{7-47}$$

$$\begin{cases} (l_{xx})_k = Q_k \\ (l_{uu})_k = R_k \\ (l_{ux})_k = O_{3\times1} \\ (l_{xu})_k = (l_{ux})_k^T \end{cases} \tag{7-48}$$

$$(F_x)_k = \frac{\partial F_k}{\partial x_k^T} = \begin{bmatrix} 1 & 0 & -Tv_1\sin\psi(k) \\ 0 & 1 & Tv_1\cos\psi(k) \\ 0 & 0 & 1 \end{bmatrix} \tag{7-49}$$

$$(F_u)_k = \frac{\partial F_k}{\partial u_k^T} = \begin{bmatrix} 0 \\ 0 \\ T \end{bmatrix} \tag{7-50}$$

$$(\boldsymbol{F}_{xx})_k = \frac{\partial}{\partial \boldsymbol{x}_k^{\mathrm{T}}}\left(\frac{\partial \boldsymbol{F}_k}{\partial \boldsymbol{x}_k^{\mathrm{T}}}\right)^{\mathrm{T}} = \begin{bmatrix} & 0 & 0 & 0 \\ \boldsymbol{O}_{3\times 6} & 0 & 0 & 0 \\ & -Tv_1\cos\psi(k) & -Tv_1\sin\psi(k) & 0 \end{bmatrix}$$

$$(7-51)$$

$$(\boldsymbol{F}_{ux})_k = \frac{\partial}{\partial \boldsymbol{u}_k^{\mathrm{T}}}\left(\frac{\partial \boldsymbol{F}_k}{\partial \boldsymbol{x}_k^{\mathrm{T}}}\right)^{\mathrm{T}} = \boldsymbol{O}_{3\times 3} \tag{7-52}$$

$$(\boldsymbol{F}_{xu})_k = \frac{\partial}{\partial \boldsymbol{x}_k^{\mathrm{T}}}\left(\frac{\partial \boldsymbol{F}_k}{\partial \boldsymbol{u}_k^{\mathrm{T}}}\right)^{\mathrm{T}} = \boldsymbol{O}_{1\times 9} \tag{7-53}$$

$$(\boldsymbol{F}_{uu})_k = \frac{\partial}{\partial \boldsymbol{u}_k^{\mathrm{T}}}\left(\frac{\partial \boldsymbol{F}_k}{\partial \boldsymbol{u}_k^{\mathrm{T}}}\right)^{\mathrm{T}} = \boldsymbol{O}_{1\times 3} \tag{7-54}$$

将以上偏导数矩阵代入 7.2.1 节中的微分动态规划算法,即可求得优化后的一子级-翼伞组合体终端航迹,记为 $(\boldsymbol{x}_d, \boldsymbol{u}_d)$。

## 7.2.3　仿真及结果分析

本小节对上述一子级-翼伞组合体终端航迹优化方法进行仿真实验和结果分析[2-4]。

以 7.1 节中规划出的终端航迹为标称航迹,以控制过程能量消耗最少的指标对其进行优化并同时保证其复杂障碍规避和逆风定点着陆的性能。式(7-41)的性能指标中的权重系数矩阵 $\boldsymbol{Q}_N$、$\boldsymbol{R}_k$、$\boldsymbol{Q}_k$ 设置见表 7-3,其他参数设置与 7.1.3 节中相同。

表 7-3　终端航迹优化仿真参数设置

| 参数 | 值 |
|---|---|
| $\boldsymbol{R}_k$ | 10 |
| $\boldsymbol{Q}_N$ | $\begin{bmatrix} 1 & & \\ & 1 & \\ & & 5000 \end{bmatrix}$ |
| 当组合体在障碍区内时 $\boldsymbol{Q}_k$ | $\begin{bmatrix} 0.01 & & \\ & 0.01 & \\ & & 0 \end{bmatrix}$ |
| 当组合体在障碍区外时 $\boldsymbol{Q}_k$ | $\boldsymbol{O}_{3\times 3}$ |
| 可调节系数 $\eta$ | 1 |

根据以上参数设置得到基于微分动态规划的终端航迹优化性能指标收敛曲线见图 7 - 11。

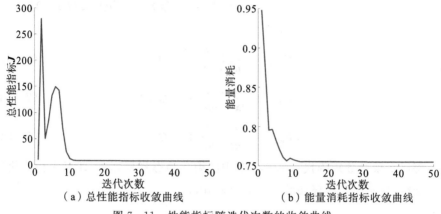

（a）总性能指标收敛曲线　　　　　（b）能量消耗指标收敛曲线

图 7 - 11　性能指标随迭代次数的收敛曲线

由图 7 - 11 可以看出，终端航迹优化过程经过约 12 次迭代后收敛，迭代次数少，计算效率高。总性能指标 $J$ 在前几次迭代时发散后逐渐收敛，从 9.485 减少至 8.152；经过优化后能量消耗从原来的 0.948 减少至 0.755，能量消耗得到明显优化。

微分动态规划算法优化后的终端航迹见图 7 - 12。

优化后的航迹落点为（− 0.0027 m，− 0.0057 m，0 m），着陆偏航角为 4.1887 rad，位置误差为 0.006 m，偏航角误差为 0.0001 rad，着陆误差相较于标称航迹明显减小。这是由于权重系数矩阵 $R_k$ 设置的值较大使微分动态规划有更强的终端约束。

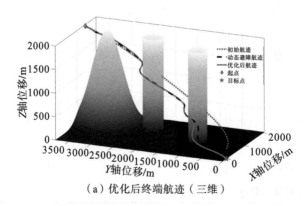

（a）优化后终端航迹（三维）

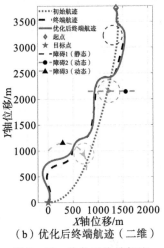

（b）优化后终端航迹（二维）

图 7 - 12　优化后终端航迹

由图 7 - 12 可以看出相较于原终端航迹,优化后的终端航迹更加的平滑,靠近障碍物处优化后的航迹与原标称航迹基本重合,结合图 7 - 13 和图 7 - 14 中松弛变量和组合体与各障碍边界的距离变化曲线可以看出,优化后的航迹依然能保证一子级-翼伞组合体成功规避复杂障碍物,这体现了权重系数矩阵 $Q_k$ 设置的合理性。

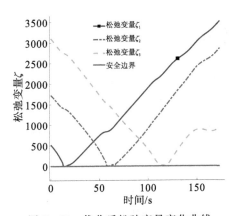

图 7 - 13　优化后松弛变量变化曲线

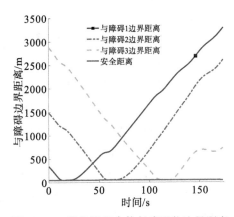

图 7 - 14　优化后组合体与障碍物边界距离

经优化后的终端航迹对应的控制量与偏航角变化见图 7 - 15 和图 7 - 16。

由图 7 - 15 可知,经微分动态规划算法优化后的控制量与原控制量曲线有相同的变化趋势,但幅值变化更平滑、幅值更小,即控制过程消耗的能量更少,同时控制量变化也变得平滑连续,更利于组合体实施跟踪控制。由图 7-16 可知,经微分动态规划算法优化后,一子级-翼伞组合体在初始和着陆时刻偏航角满足约束并且偏航角变化更加平缓。

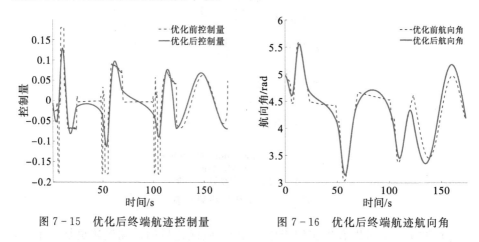

图 7-15　优化后终端航迹控制量　　　图 7-16　优化后终端航迹航向角

由上述仿真实验结果可知,经优化的终端航迹在保证一子级-翼伞组合体能够安全地对低空环境中的复杂障碍进行规避的前提下提高了组合体的着陆精度、降低了控制过程的能量消耗,使控制量更加连续,进而使组合体偏航角变化更加平滑,体现了微分动态规划算法的有效性。

# 7.3　本章小结

本章主要完成了障碍物环境下一子级-翼伞组合体终端航迹规划和航迹优化。首先,针对 2 km 以下的低空环境一子级回收会遭遇山峰和恶劣天气等威胁,为保证组合体飞行安全和达到逆风定点着陆这一要求,将山峰和恶劣天气威胁区抽象为组合体在低空飞行时遭遇的静态和动态障碍,并提出了结合松弛变量、滑模控制和 MPSP 算法的终端航迹规划方法,规划航迹能够使一子级-翼伞组合体安全地飞出障碍区域并完成逆风定点着陆。其次,针对终端航迹规划中控制量非最优的问题,通过 DDP 算法对终端航迹进行优化,设计合适的性能指标函数,在保证组合体能够安全规避并满足逆风定点着陆的前提下减小组合体执行终端航迹时的能量消耗,该航迹优化方法对组合体终端航迹中的能量消耗有明显的优化效果,在保证组合体飞行安全和落点精度的条件下,控制量连续、平滑,有利于后续组合体航迹的跟踪控制。

# 参考文献

［1］　郭行．高超声速飞行器博弈突防策略研究［D］．西安：西北工业大学，2018．

［2］　郭行，符文星，付斌，等．复杂动态环境下无人飞行器动态避障近似最优轨迹规划［J］．宇航学报，2019，40（2）：182．

［3］　BHITRE N G，PADHI R．State constrained model predictive static programming：a slack variable approach［J］．IFAC Proceedings Volumes，2014，47（1）：832－839．

［4］　宫千超．复杂环境下火箭一子级翼伞回收航迹规划研究［D］．西安：西北工业大学，2023．

# 第8章  一子级回收翼伞控制阶段鲁棒姿态控制

前面的章节中已根据一子级伞降回收任务要求为翼伞归航设计出了满足精确落点、逆风着陆、能耗最低的规划航迹。为了精确跟踪上述规划航迹以实现一子级落区控制和回收,设计高性能的一子级-翼伞组合体姿态控制器是关键。由于翼伞是欠驱动飞行器,组合体运动也具有很强的耦合性和非线性,且内外存在各类干扰、不确定因素和输入饱和等影响,给姿态控制器的设计带来了极大的挑战。由于翼伞的俯仰角和滚转角主要依靠气动特性稳定,因此本章姿态控制器设计主要针对翼伞偏航角控制展开,主要包括非线性动态逆控制、自抗扰控制、有限时间反步法控制、预设性能反步法控制等方法。

## 8.1  非线性动态逆姿态控制

### 8.1.1  非线性动态逆基础

非线性动态逆(Nonlinear Dynamic Inversion,NDI)是一种通过动态系统"逆"的概念来研究一般非线性控制系统反馈线性化设计的方法,其基本思想是利用全状态反馈抵消原系统中的非线性特性,得到输入输出之间具有线性行为的新系统(称为伪线性系统),从而可以应用线性方法对新系统进行控制器设计。NDI 的主要特点是不依赖于非线性系统的求解或稳定性分析,而只需讨论系统的反馈变换,因而具有一定的普遍性,也是非线性控制中一种比较有效的方法,在非线性飞行器模型仿真以及控制器设计中应用广泛[1]。

一般的非线性系统可以写成如下形式:

$$\begin{cases} \dot{x} = f(x) + g(x)u \\ y = H(x) \end{cases} \tag{8-1}$$

式中,$x$、$u$ 分别为系统状态和控制输入;$f(x)$、$g(x)$、$H(x)$ 分别表示非线性动态函数、控制函数和输出函数。如果对于任意的 $x,g(x)$ 都是可逆的,则系统控制

律可通过反解非线性方程得到,任意期望输出下的控制律为

$$u = g^{-1}(x)[\dot{x} - f(x)] \tag{8-2}$$

若满足特性方程 $\dot{x} = k_{\text{N}}(x_{\text{c}} - x)$,其中,$k_{\text{N}}$ 为增益,$x_{\text{c}}$ 为输入指令,则系统的控制律可改写为

$$u = g^{-1}(x)[k_{\text{N}}(x_{\text{c}} - x) - f(x)] \tag{8-3}$$

上述非线性动态逆控制律推导过程见图 8-1。

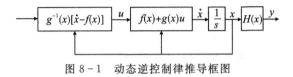

图 8-1　动态逆控制律推导框图

## 8.1.2　一子级-翼伞动态逆姿态控制器设计

本节利用非线性动态逆来设计一子级-翼伞组合体偏航角姿态控制器。根据奇异摄动理论,结合一子级-翼伞组合体偏航角、偏航角速度随外界变化而响应速度不同,可以将状态变量分为快、慢两个动态回路,控制结构图见图 8-2。

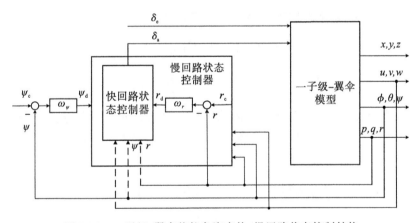

图 8-2　一子级-翼伞偏航角姿态快、慢回路状态控制结构

图中,一子级-翼伞模型为第 4 章建立的组合体模型,其输出包括三轴的位置 $(x,y,z)$、速度 $(\dot{x},\dot{y},\dot{z})$、姿态角 $(\phi,\theta,\psi)$、姿态角速度 $(p,q,r)$ 共 12 个变量;$\psi_{\text{c}}$ 为偏航角指令输入,$\omega_r$ 为快回路的带宽,$\omega_\psi$ 为慢回路带宽。

选取偏航角速度 $r$ 作为快回路状态变量,控制输出为翼伞单侧下偏量 $\delta_{\text{a}}$。选择偏航角 $\psi$ 作为慢回路状态变量,控制输出为偏航角速度 $r_{\text{c}}$。慢回路的期望

指令 $r_c$ 经过变换后得到 $r_d$ 作为快回路的输入指令,来产生一子级-翼伞系统航迹控制的单侧下偏量 $\delta_a$。

此时系统转化为一阶线性、解耦系统。下面分别针对一子级-翼伞系统进行快、慢姿态回路控制器的设计。

**1. 快回路动态逆控制器设计**

快回路系统设计的目的是跟踪慢回路产生的偏转角速度指令 $r_c$,将回路状态方程写成仿射格式

$$\dot{r} = f_r(x) + g_r(x)u + d_1 \qquad (8-4)$$

式中,$u = \delta_a$ 为一子级-翼伞组合体模型控制输入;$d_1$ 表示所有不确定因素的总和;$f_r(x)$ 表示 $r$ 不受控制输入影响的部分;$g_r(x)$ 只包含 $r$ 受控制输入影响的部分。根据系统模型可以得到

$$f_r = \{I_{xz}\tilde{l} + I_{xx}\tilde{n} - I_{xz}(I_{xx} - I_{yy} + I_{zz})qr + [I_{zz}(I_{xx} - I_{yy}) + I_{xz}{}^2]pq\}/(I_{xx}I_{zz} - I_{xz}{}^2) \qquad (8-5)$$

式中,$I_{xz}$、$I_{xx}$、$I_{yy}$、$I_{zz}$ 分别为翼伞交叉转动惯量、绕伞体 $X$ 轴转动惯量、绕伞体 $Y$ 轴转动惯量和绕伞体 $Z$ 轴的转动惯量;$\tilde{l}$、$\tilde{n}$ 分别表示翼伞单侧或双侧下偏均为零时的滚转力矩及偏航力矩,可按照下式进行计算:

$$\begin{cases} \tilde{l} = \dfrac{1}{2}\rho v_a^2 b S_p \left( C_{l\beta}\beta + C_{lp}\dfrac{bp}{2v_a} + C_{lr}\dfrac{br}{2v_a} \right) \\ \tilde{n} = \dfrac{1}{2}\rho v_a^2 b S_p \left( C_{n\beta}\beta + C_{np}\dfrac{bp}{2v_a} + C_{nr}\dfrac{br}{2v_a} \right) \end{cases} \qquad (8-6)$$

式中,$v_a$、$b$、$S_p$、$\beta$ 分别为翼伞的空速、展长、有效面积和侧滑角;$\rho$ 为空气密度;$C_{l\beta}$、$C_{lp}$、$C_{lr}$、$C_{n\beta}$、$C_{np}$、$C_{nr}$ 为翼伞的各项气动导数,具体可参考相关文献。

$g_r(x)$ 的表达式为

$$g_r = \left( \dfrac{1}{2}I_{xz}\rho v_a^2 b S_p C_{l\delta_a} + \dfrac{1}{2}I_{xx}\rho v_a^2 b S_p C_{n\delta_a} \right)/(I_{xx}I_{zz} - I_{xz}^2) \qquad (8-7)$$

式中,$C_{l\delta_a}$、$C_{n\delta_a}$ 分别为翼伞下偏的滚转力矩和偏航力矩操纵性导数。

由图 8-2 可知,快回路状态方程期望达到的形式为

$$\dot{r}_d = \omega_r(r_c - r) \qquad (8-8)$$

上式的拉普拉斯变换在频域中为一阶惯性环节,根据一阶惯性环节的响应特性可知,$r$ 会逐渐逼近慢回路输出指令 $r_c$。

将上述公式代入(8-4),得到快回路输出控制表达式

$$u = \delta_a = [\omega_r(r_c - r) - f_r]/g_r \qquad (8-9)$$

此时,快回路的控制输出状态即一子级-翼伞系统控制器的期望输入量。

**2. 慢回路动态逆控制器设计**

与快回路相比,慢回路的状态响应速度较慢,假定其在快回路稳定之后开始响应。同理,将状态方程写成仿射非线性方程

$$\dot{\psi} = f_\psi(x_1) + g_\psi(x_1)r + d_2 \tag{8-10}$$

式中,$d_2$ 表示慢回路所有不确定因素及误差的总和。

由一子级-翼伞系统模型的角运动方程可知

$$\dot{\psi} = q\frac{\sin\phi}{\cos\theta} + r\frac{\cos\phi}{\cos\theta} \tag{8-11}$$

根据偏航角与转动角速度的关系可知,$f_\psi(x_1)=0$,用 $r_c$ 代替 $r$,则式(8-11)转化为

$$\dot{\psi}_d = q_c\frac{\sin\phi}{\cos\theta} + r_c\frac{\cos\phi}{\cos\theta} \tag{8-12}$$

为使慢回路中的输出能够跟踪输入指令,闭环响应选择一阶惯性环节

$$\dot{\psi}_d = \omega_\psi(\psi_c - \psi) \tag{8-13}$$

求解逆函数,得到慢回路的输出控制

$$r_c = \left[\omega_\psi(\psi_c - \psi) - q_c\frac{\sin\phi}{\cos\theta}\right]\Big/\frac{\cos\phi}{\cos\theta} \tag{8-14}$$

## 8.1.3　非线性动态逆姿态控制器的改进

非线性动态逆方法因其设计简单、控制效果好等特点,广泛应用于非线性飞行器等的控制器设计当中。但动态逆控制方法过于依赖精确数学模型,对于建模过程中存在的误差以及干扰难以自行克服[2],因此对于精确回收的一子级-翼伞系统来讲,需要对设计的动态逆控制器进一步改进。为此,在反馈回路中引入误差($\dot{x}_d - \dot{x}$)的积分,当存在误差或者干扰时,通过将 $\dot{x}_d$ 与 $\dot{x}$ 偏差值反馈到控制器来消除误差,实现对输入的跟踪。改进后的动态逆姿态控制框图见图8-3。

为方便测量,用 $\omega(x_c - x)$ 代替 $\dot{x}_d$,根据上述结构图做如下推导:

$$\frac{k}{s}(\dot{x}_d - \dot{x}) = \frac{k}{s}[\omega(x_c - x) - \dot{x}] = \frac{k\omega}{s}(x_c - x) - kx \tag{8-15}$$

则改进后的控制律为

$$u = g^{-1}(x)\left[-f(x) + \omega(x_c - x) + \frac{k\omega}{s}(x_c - x) - kx\right] \tag{8-16}$$

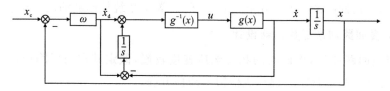

图 8-3 改进动态逆姿态控制器结构

由于慢回路在整个控制回路中为外回路，而控制器设计目的是跟踪外回路给定的期望指令，因而考虑直接在慢回路中引入积分环节，对模型的误差及干扰进行补偿，使系统更好地逼近期望指令。

## 8.1.4 仿真及结果分析

下面分别对基于非线性动态逆和 PID 控制所设计的一子级-翼伞偏航角姿态控制器进行仿真。非线性动态逆控制器仿真参数设置：$\omega_r = 2.5$ rad/s，$\omega_\psi = 10$ rad/s。PID 控制器仿真参数设置：$k_p = 1.78$，$k_i = 0.55$，$k_d = 0$。此外，设一子级-翼伞初始时刻处于无动力滑翔状态，偏航角 $\psi = 0°$，在 $t = 100$ s 时刻给出偏转指令 $\psi_d = 0.5$ rad，即向左偏转 $28.6°$。

姿态控制器的偏航角响应曲线和控制量输出见图 8-4 和图 8-5。可见，通过 PID 控制器和动态逆控制器的调节，一子级-翼伞系统均能较好地跟踪期望偏航角，完成偏转动作。PID 控制器在初始时刻出现较大的超调，而动态逆控制器响应速率更快且较为平稳，保证了姿态跟踪的准确性；在动态逆控制器方面，改进后的控制算法不仅能有效缩短跟踪期望偏航角的响应时间，同时稳态误差减小，40 s 后能准确逼近期望指令，动态性能也有所提高。此外，传统动态逆的控制输出量出现振荡，导致跟踪期望偏航角过程出现不稳定的抖动，而改进动态逆算法控制量响应速度更快，输出更平稳。

一子级-翼伞在归航过程若高度过大，则需要在着陆点上空做盘旋运动，呈现在水平面内，组合体将以持续、稳定的单侧下偏操纵进行圆形轨迹运动。该过程中需要对盘旋半径进行控制。不同单侧下偏控制量对应不同的转弯半径，单侧下偏量越大，转弯半径越小。转弯半径 $R_d$ 与偏航角 $\psi$ 之间存在如下关系：

$$R_d = \frac{v_1}{\dot{\psi}} \tag{8-17}$$

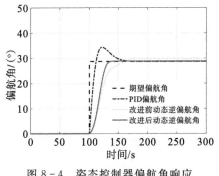

图 8-4　姿态控制器偏航角响应

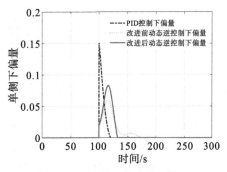

图 8-5　姿态控制器控制量输出

盘旋过程中,组合体水平速度 $v_l$ 大小保持不变,当偏航角速度一定时,组合体将维持恒定的转弯半径。因此,可将对转弯半径的控制转换为对系统偏航角速度的控制,则

$$\begin{cases} \dot{\psi}_d = \dfrac{v_l}{R_d} \\ \psi_d = \int \dot{\psi}_d \end{cases} \tag{8-18}$$

因此,姿态控制器同样适用于系统盘旋半径的控制,但需要对控制输入做适当修改。

现对一子级-翼伞在姿态控制器作用下的盘旋控制进行仿真,取 $R_d = 135$ m。设定初始时刻组合体处于无动力滑翔状态,仿真结果见图 8-6、图 8-7。

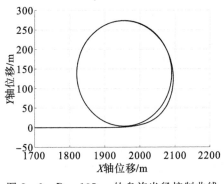

图 8-6　$R_d = 135$ m 的盘旋半径控制曲线

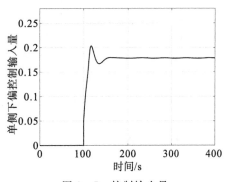

图 8-7　控制输出量

由图 8-6 及图 8-7 可见,姿态控制器可以操纵一子级-翼伞按照指定的盘旋半径进行盘旋。不难看出,在经历初始阶段短暂的振荡后,当单侧下偏量控制 $\delta_a = 0.179$ 时,组合体做半径为 135 m 的稳定盘旋运动。

# 8.2 自抗扰姿态控制

## 8.2.1 自抗扰控制基础

自抗扰控制（Active Disturbance Rejection Control，ADRC）[3]是中科院韩京清研究员结合传统 PID 及现代控制理论提出的一种新的控制方法，具有不依赖于控制对象模型、不区分系统内外扰动的结构特点。ADRC 包含跟踪微分器（Tracking Differentiator，TD）、非线性状态误差反馈控制律（Nonlinear State Error Feedback，NLSEF）、扩张状态观测器（Extended State Observer，ESO）三个部分，见图 8-8。针对实际工程中大量的非线性、强耦合及扰动不确定等问题，ADRC 提供了一种新的解决思路，即采用简单的积分串联标准型构造被控对象模型，降低对模型参数的依赖，再利用 ESO 对集中扰动进行估计，对控制量实施补偿，以抵消集中扰动对系统的影响，既而使得系统具备对大范围扰动的强鲁棒性。

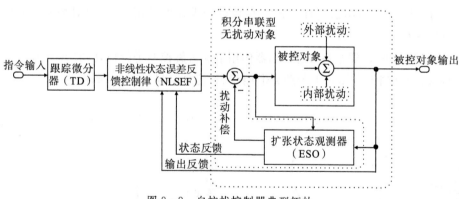

图 8-8　自抗扰控制器典型拓扑

### 1. 跟踪微分器

跟踪微分器旨在为指令输入信号创建平滑过渡过程，以防止输入信号变化率超出系统跟踪能力，造成跟踪误差过大，引发超调。在求取输入信号的微分时，TD 采取最速跟踪思想，通过构建最速跟踪微分方程组，将求取输入信号微分的过程转变为求取方程的积分，从而克服传统欧拉法求微运算引入的噪声放大问题，并在一定程度上缓解微分运算"快速性"和"平滑性"的矛盾。总而言之,TD 可以从变化迅速且含有随机噪声的原始输入信号中准确获取平滑的微分信号。

离散形式的跟踪微分器可表示为

$$
\begin{cases}
v_1(k+1)=v_1(k)+hv_2(k) \\
v_2(k+1)=v_2(k)+h\,fh \\
fh=\text{fhan}\left[v_1(k)-v(k),v_2(k),r,h\right]
\end{cases}
\tag{8-19}
$$

式中,$k$ 表示时间步;$v(k)$ 表示跟踪微分器的输入信号(待跟踪的信号);$v_1(k)$、$v_2(k)$ 表示跟踪曲线和状态曲线,为 $v(k)$ 的跟踪值及其微分;$r$ 为速度因子,决定 TD 的跟踪速度,调节 $r$ 增大,则相应的跟踪速度会变大,同时带来的噪声信号也会被放大;$h$ 为滤波因子,起噪声抑制作用,调节 $h$ 增大,滤波效果会变好,同时跟踪信号的相位损失也变得明显。非线性函数 fhan 表达式为

$$
\begin{cases}
d=rh \\
d_0=hd \\
y=x_1+hx_2 \\
a_0=\sqrt{d^2+8r|y|} \\
a=\begin{cases}
x_2+\dfrac{(a_0-d)}{2}\text{sgn}(y) & |y|>d_0 \\
x_2+\dfrac{y}{h} & |y|\leqslant d_0
\end{cases} \\
\text{fhan}=-\begin{cases}
r\,\text{sgn}(a) & |a|>d \\
r\,\dfrac{a}{d} & |a|\leqslant d
\end{cases}
\end{cases}
\tag{8-20}
$$

**2. 非线性状态误差反馈控制律**

传统 PID 控制方法是根据误差比例、积分、微分三者"线性加权和"产生控制量的,而 ADRC 采用非线性状态误差反馈的组合方式产生控制量,从而显著提高了系统信息处理效率,并且非线性反馈系数具备更广的适应性。其推导过程如下。

$v_1$ 是过渡的平滑信号,$v_2$ 是其微分信号,扩张状态观测器的输出 $z_1$ 和 $z_2$ 为系统的状态变量,取两组输出之差作为系统的状态误差,有

$$
\begin{cases}
e_1=v_1-z_1 \\
e_2=v_2-z_2
\end{cases}
\tag{8-21}
$$

取误差反馈控制律为

$$u_0 = \beta_1 \mathrm{fal}(e_1, \alpha_1, \delta) + \beta_2 \mathrm{fal}(e_2, \alpha_2, \delta) \tag{8-22}$$

式中，$\beta_1$、$\beta_2$ 为可调比例增益；$\mathrm{fal}(e, \alpha, \delta)$ 函数为非线性函数，表达式为

$$\mathrm{fal}(e, \alpha, \delta) = \begin{cases} |e|^{\alpha} \mathrm{sgn}(e) & |e| > \delta \\ e/\delta^{1-\alpha} & |e| \leqslant \delta \end{cases}, \delta > 0 \tag{8-23}$$

式中，$\delta$ 为误差大小的界限。非线性函数的形状取决于 $\alpha$ 的数值，当 $0 < \alpha < 1$、$e$ 较小时，函数曲线的斜率较大，但当 $e$ 较大时，函数的斜率较小；当 $\alpha > 1$ 时，$e$ 较小，斜率大。

**3. 扩张状态观测器**

扩张状态观测器是 ADRC 控制器的核心，其主要作用是对系统扰动进行实时估计，然后将这些扰动扩张成一个新的系统状态并予以补偿。这些扰动不仅包括外在风的扰动，并且包含系统内在的不确定性。

二阶系统的扩张状态观测器的形式为

$$\begin{cases} \dot{z}_1 = z_2 - \beta_{01} e \\ \dot{z}_2 = z_3 - \beta_{02} fe \\ \dot{z}_3 = -\beta_{03} fe_1 \end{cases} \tag{8-24}$$

式中，$e = z_1 - y$；$\beta_{01}$、$\beta_{02}$、$\beta_{03}$ 为可调的适当参数；$fe$、$fe_1$ 为合适的非线性函数，在式（8-22）中取非线性函数 fal，假如选取参数 $\alpha$ 分别取为 0.5 和 0.25，则 $fe$、$fe_1$ 的表达式分别为

$$\begin{cases} fe = \mathrm{fal}(e, 0.5, \delta) \\ fe_1 = \mathrm{fal}(e, 0.25, \delta) \end{cases} \tag{8-25}$$

## 8.2.2　一子级-翼伞自抗扰姿态控制器设计

本节将 ADRC 方法应用到一子级-翼伞组合体姿态控制中，其结构见图 8-9。其中跟踪微分器、非线性状态误差反馈控制律和扩张状态观测器采用上一节给出的形式，$b$ 为系统的输入增益。

ADRC 相关参数设置：补偿因子为 0.5，步长为 0.01；TD 速度因子 $r$ 和滤波因子 $h$ 分别为 100 和 5，NLSEF 中误差反馈因子 $\beta_1$、$\beta_2$ 分别取 10、0.5；ESO 中 3 个增益调节因子 $\beta_{01}$、$\beta_{02}$、$\beta_{03}$ 分别取 30、900、900。

一子级-翼伞模型基于第 6 章给出的组合体模型并对偏航角进行化简，则可得偏航角的二阶导数与单侧下偏控制量之间的表达式

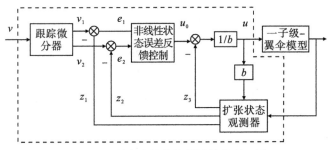

图 8-9　翼伞自抗扰控制器结构原理图

$$\ddot{\psi} = f(t) + bu \tag{8-26}$$

式中，$\psi$ 为偏航角；$f(t)$ 表示系统内部特征及与干扰的总和。

式(8-19)可写成状态空间方程形式

$$\begin{cases} \dot{x}_1 = x_2 \\ \dot{x}_2 = f(t) + bu \end{cases} \tag{8-27}$$

式中，$x_1$、$x_2$ 分别为偏航角的跟踪量和微分量。

## 8.2.3　仿真及结果分析

### 1. 常值风下一子级-翼伞自抗扰姿态控制器仿真及分析

为了验证姿态控制器在风干扰情况下能否稳定，此处设置多种类型的期望信号进行验证。常值风设定为 3 m/s，风向为 Y 轴正方向。

1)期望偏航角为阶跃信号。

假设仿真时间为 100 s，在第 50 s 时期望偏航角从 0 变为 5°。对应的偏航角响应见图 8-10，跟踪误差见图 8-11。可见，姿态控制器能够消除静差并快速跟踪阶跃变化的偏航角。

2)期望偏航角为方波信号。

假设期望偏航角为图 8-12 的方波信号。

假设仿真时间为 100 s，则对应的偏航角响应见图 8-13，跟踪误差见图 8-14。

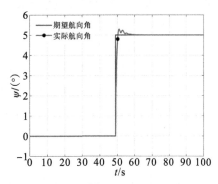

图 8-10　阶跃信号下的偏航角响应

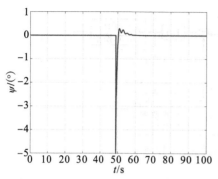

图 8-11　阶跃信号下的偏航角跟踪误差

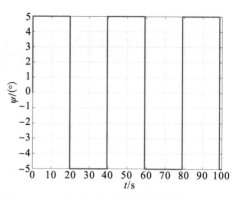

图 8-12　期望方波信号

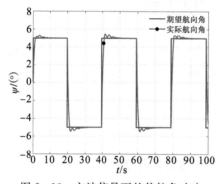

图 8-13　方波信号下的偏航角响应

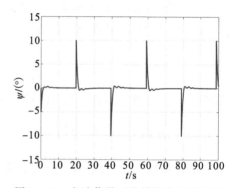

图 8-14　方波信号下的偏航角跟踪误差

　　根据误差曲线可知,在期望信号跳变时短暂误差会增大,然后跟踪误差会很快收敛到 0。说明在方波信号跟踪时,自抗扰姿态控制算法的效果良好。

　　3)期望偏航角为三角波信号。

　　取仿真时间为 100 s,若期望偏航角信号为三角波信号,则对应的偏航角响应见图 8-15,跟踪误差见图 8-16。

　　可见,与之前存在阶跃跳变的情况不同,跟踪误差一直在很小的范围内波动,说明三角波信号输入下的控制效果满足设计需求。

　　4)期望偏航角为斜坡信号。

　　当组合体进行盘旋运动时,其期望偏航角为斜坡信号,因此需要考虑斜坡信号情况下的控制情况。假设斜坡信号的斜率为 1/4,则得到偏航角响应见图 8-17,跟踪误差见图 8-18。

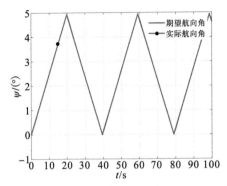

图 8-15　三角波信号下的偏航角响应

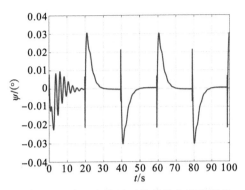

图 8-16　三角波信号下的偏航角跟踪误差

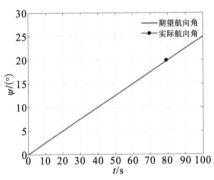

图 8-17　斜坡信号下的偏航角响应

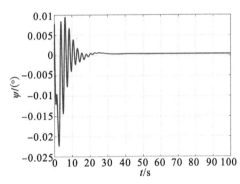

图 8-18　斜坡信号下的偏航角跟踪误差

可见,期望偏航角为斜坡信号时,跟踪误差仅在开始阶段振荡较大,之后其收敛到 0。根据本节的研究可知,常值风干扰下,在 ADRC 控制器的作用下,系统的偏航角姿态可以实现稳定跟踪。

**2. 时变风下一子级-翼伞自抗扰姿态控制器仿真及分析**

为了进一步验证姿态控制器在风干扰情况下能否稳定,需要考虑时变风的影响。类似地,此处设置多种类型的期望信号进行验证。时变风风速设置为 $3\sin t$,风向为 $\cos(2t+\pi/2)+1$。

1)期望偏航角为阶跃信号。

假设仿真时间为 100 s,在第 50 s 时期望偏航角从 0 变为 5°。此时偏航角响应见图 8-19,偏航角跟踪误差见图 8-20。

可见,偏航角在阶跃时短暂误差会增大,偏航角跟踪误差会很快收敛到 0。说明在阶跃输入信号时,偏航角姿态控制算法的效果良好。

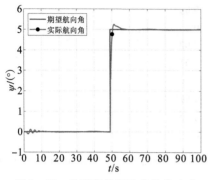

图 8 - 19　阶跃信号下的偏航角响应

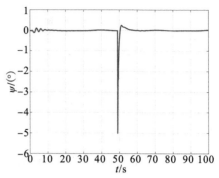

图 8 - 20　阶跃信号下的偏航角跟踪误差

2)期望偏航角为方波信号。

假设仿真时间为 100 s,则偏航角响应见图 8 - 21,偏航角跟踪误差见图8 - 22。

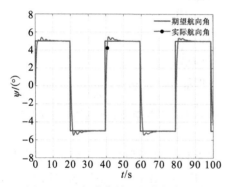

图 8 - 21　方波信号下的偏航角响应

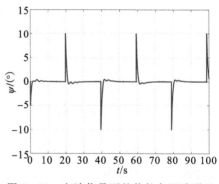

图 8 - 22　方波信号下的偏航角跟踪误差

由图可见,偏航角响应在期望信号跳变时短暂误差会增大,偏航角跟踪误差会很快收敛到 0。说明在方波信号跟踪时,偏航角自抗扰姿态控制算法的效果良好。

3)期望偏航角为三角波信号。

取仿真时间为 100 s,若期望偏航角信号为三角波信号,则偏航角响应和跟踪误差分别见图 8 - 23 和图 8 - 24。

由图可见,偏航角跟踪误差一直在很小的范围内波动,说明三角波信号输入下的偏航角姿态控制器效果良好。

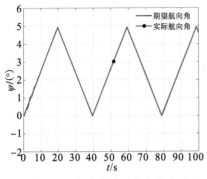

图 8-23　三角波信号下的偏航角响应

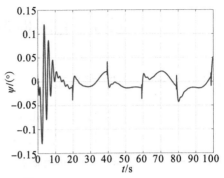

图 8-24　三角波信号下的偏航角跟踪误差

4)期望偏航角为斜坡信号。

当翼伞进行盘旋运动时,其期望偏航角为斜坡信号,因此需要考虑斜坡信号下的控制情况。假设斜坡信号的斜率为 1/4,则得到偏航角响应见图 8-25,偏航角跟踪误差见图 8-26。

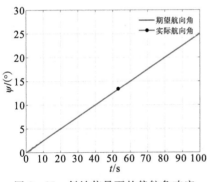

图 8-25　斜坡信号下的偏航角响应

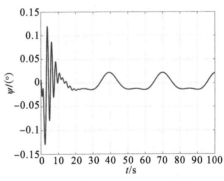

图 8-26　斜坡信号下的偏航角跟踪误差

可见,期望偏航角为斜坡信号时,跟踪误差仅在开始阶段振荡较大,之后收敛到 0。

由上述时变风影响下的偏航角仿真结果分析可知,偏航角自抗扰姿态控制器可满足时变风场扰动下的姿态稳定控制。

从原理上来说,ADRC 控制算法可以将干扰项和已知项一同处理,且不必考虑扰动模型是否可观测及其为何种具体情况,这也是常值风和时变风情况下,获取的跟踪效果类似的主要原因。综上所述,无论是常值风还是时变风干扰,ADRC 算法均能实现稳定的偏航角姿态跟踪控制。

# 8.3 有限时间反步姿态控制

## 8.3.1 反步法控制基础

反步法[4]（backstepping method）是基于李雅普诺夫稳定性的针对参数不确定系统的一种非线性控制方法。由于反步法针对非线性系统不需满足匹配条件，并可以保证系统的全局渐进稳定性和良好的跟踪性，因此得到了广泛应用。如 Aboudonia（阿布多尼亚）等[5]结合反步法和干扰观测器设计控制器，补偿了扰动作用对飞行器的影响，Jia（贾）等[6]引入积分反步滑模控制算法设计飞行器的姿态控制器，Zhang（张）等[7]利用可变增益反步跟踪控制器提高了系统鲁棒性，同时实现了翼伞航迹准确跟踪。但以上方法仅满足系统渐进稳定性，因此本节设计有限时间（finite-time）稳定反步法姿态控制器，使一子级-翼伞组合体在跟踪信号时具有更短的收敛稳定时间。

### 1. 李雅普诺夫稳定性

系统稳定是设计控制器的基本要求。李雅普诺夫稳定性理论是进行反步法控制理论研究的基础。

假设一个非线性系统为

$$\dot{\boldsymbol{x}} = \boldsymbol{f}(\boldsymbol{x}, t) \qquad t \geqslant 0 \tag{8-28}$$

式中，$\boldsymbol{x} = (x_1, x_2, \cdots, x_n)$ 为 $n$ 维状态变量；$\boldsymbol{f}(\boldsymbol{x}, t)$ 为关于 $\boldsymbol{x}$ 的 $n$ 维时变非线性矢量函数。假设系统的初始状态为 $\boldsymbol{x}_0$，且在初始条件下系统存在唯一解 $(\boldsymbol{x}_0, t_0)$。若存在 $\forall t \geqslant t_0$，$\exists \boldsymbol{f}(\boldsymbol{x}_e, t) = \boldsymbol{0}$，则 $\boldsymbol{x}_e$ 为非线性系统的平衡点。

**定理 8.1** 若对于任意给定的正实数 $\varepsilon > 0$，都存在 $\delta(\varepsilon) > 0$，使得满足不等式

$$\| \boldsymbol{x}_0 - \boldsymbol{x}_e \| \leqslant \varepsilon \qquad t \geqslant t_0 \tag{8-29}$$

则称平衡状态 $\boldsymbol{x}_e$ 是在李雅普诺夫意义下稳定的。

**定理 8.2** 若 $\boldsymbol{x}_e$ 稳定，且存在一个邻域，在其内的运动恒有

$$\lim_{t \to \infty} \| \boldsymbol{x} - \boldsymbol{x}_e \| = 0 \tag{8-30}$$

则称平衡状态 $\boldsymbol{x}_e$ 是在李雅普诺夫意义下渐进稳定的。

**引理 8.1** 对于系统（8-28），若存在一个函数 $T_x(\boldsymbol{x}_0): \Omega/\{0\} \to (0, \infty)$，使得对于任意的 $t \in [0, T_x(\boldsymbol{x}_0)]$，满足如下两个条件：

1)当 $t \to T_x(\boldsymbol{x}_0)$ 时，$\lim\limits_{t \to T_x(\boldsymbol{x}_0)} \boldsymbol{x}(t, \boldsymbol{x}_0) = 0$；

2)当 $t > T_x(\boldsymbol{x}_0)$ 时，有 $\boldsymbol{x}(t, \boldsymbol{x}_0) \equiv 0$。

则上述非线性系统若存在一个标量函数 $V(\boldsymbol{x}) > 0$，满足

$$\dot{V}(\boldsymbol{x}) \leqslant -c V^a(\boldsymbol{x}) \qquad \boldsymbol{x} \in D/\{0\} \tag{8-31}$$

式中，$c > 0, 0 < \alpha < 1$，则系统是有限时间稳定的。

其收敛时间为

$$T_x = \frac{1}{c(1-\alpha)} [V(\boldsymbol{x}_0)]^{1-\alpha} \tag{8-32}$$

证明：

由式(8-31)可知

$$-\frac{1}{c} \frac{\mathrm{d}V(\boldsymbol{x})}{V^a(\boldsymbol{x})} \leqslant \mathrm{d}t \tag{8-33}$$

对式两侧同时积分得

$$-\frac{1}{c} \int_0^{V(\boldsymbol{x}_0)} \frac{\mathrm{d}V(\boldsymbol{x})}{V^a(\boldsymbol{x})} \leqslant \int_0^{T_x} \mathrm{d}t \tag{8-34}$$

$$T_x = \frac{1}{c(1-\alpha)} [V(\boldsymbol{x}_0)]^{1-\alpha} \tag{8-35}$$

引理 8.1 得证。

**定理 8.3**　李雅普诺夫直接法：

对于系统(8-28)，若有对 $\boldsymbol{x}$ 和 $t$ 具有一阶连续可微的函数 $V(t, \boldsymbol{x})$，且 $V(t, \boldsymbol{x}) = 0$ 满足如下条件：

1)$V(t, \boldsymbol{x})$ 正定有界；

2)$\dot{V}(t, \boldsymbol{x})$ 负定有界。

则该系统原点平衡状态渐进稳定。

**2. 反步法控制**

反步法是解决非线性系统控制问题的有效工具之一。它的主要思路是首先将复杂、高阶的非线性系统分解为多个简单、低阶的子系统，然后在每个子系统中引入误差变量和相应的李雅普诺夫函数，并设计虚拟控制输入保证子系统的某种性能[8]，如稳定性等，逐步后推至整个系统完成控制器的设计，实现系统的全局调节或跟踪，使系统达到期望的性能指标[9]。反步法实际上是一种由前向后递推的设计方法，引进的虚拟控制本质上是一种静态补偿思想，前面的子系统必须通过后面的子系统的虚拟控制才能达到镇定的目的。反步法的优点主要有[10]：(1)可以控制相对阶为 $n$ 的非线性系统，避免了经典无源性设计中相

对阶为 1 的限制；(2)不需将系统线性化，从而避免丢弃有用的非线性信息；(3)与自适应控制、智能控制等方法结合可以有效解决系统中存在扰动或不确定时的控制问题，尤其是当系统的干扰或不确定不满足匹配条件时，显示出其优越性；(4)它是一种由前向后递推的设计方法，在一定程度上解决了如何构造李雅普诺夫函数的问题，为系统的控制器设计提供了一种结构化和系统化的方法。

## 8.3.2　有限时间反步法姿态控制结构

本节采用李雅普诺夫意义下的有限时间稳定理论对传统的反步法进行改进以实现一子级-翼伞组合体的偏航角有限时间反步法姿态控制，并保证系统的全局稳定性，实现对期望信号的快速跟踪，提高系统鲁棒性。

根据 4.3 节，一子级-翼伞组合体的状态方程为

$$\begin{bmatrix} \dot{\boldsymbol{\phi}}_p \\ \dot{\theta}_p \\ \dot{\psi}_p \end{bmatrix} = \boldsymbol{G}(\boldsymbol{\Omega}_p)\boldsymbol{\omega}_p \tag{8-36}$$

$$\begin{bmatrix} -\boldsymbol{M}_b\boldsymbol{R}_{cb} & \mathbf{0} & \boldsymbol{M}_b\boldsymbol{T}_b & -\boldsymbol{T}_b \\ \mathbf{0} & -(\boldsymbol{M}_p+\boldsymbol{M}_F)\boldsymbol{R}_{cp} & (\boldsymbol{M}_p+\boldsymbol{M}_F)\boldsymbol{T}_p & \boldsymbol{T}_p \\ \boldsymbol{I}_b & \mathbf{0} & \mathbf{0} & \boldsymbol{R}_{cb}\boldsymbol{T}_b \\ \mathbf{0} & \boldsymbol{I}_p+\boldsymbol{I}_F & \mathbf{0} & -\boldsymbol{R}_{cp}\boldsymbol{T}_p \end{bmatrix} \begin{bmatrix} \dot{\boldsymbol{\omega}}_b \\ \dot{\boldsymbol{\omega}}_p \\ \dot{\boldsymbol{V}}_c \\ \boldsymbol{F}_R \end{bmatrix} =$$

$$\begin{bmatrix} \boldsymbol{F}_A^b+\boldsymbol{W}_b-\boldsymbol{M}_b\boldsymbol{\Omega}_b\boldsymbol{\Omega}_b\boldsymbol{X}_{cb} \\ \boldsymbol{F}_A^p+\boldsymbol{W}_p-(\boldsymbol{M}_p+\boldsymbol{M}_F)\boldsymbol{\Omega}_p\boldsymbol{\Omega}_p\boldsymbol{X}_{cp}-\boldsymbol{\Omega}_p\boldsymbol{M}_F(\boldsymbol{T}_p\boldsymbol{V}_c+\boldsymbol{\Omega}_p\boldsymbol{X}_{cp}) \\ \boldsymbol{M}_c-\boldsymbol{\Omega}_b\boldsymbol{I}_b\boldsymbol{\omega}_b \\ \boldsymbol{M}_A^p-\boldsymbol{T}_p\boldsymbol{T}_b^{\mathrm{T}}\boldsymbol{M}_c-\boldsymbol{\Omega}_p(\boldsymbol{I}_p+\boldsymbol{I}_F)\boldsymbol{\omega}_p-\boldsymbol{\Xi}_p\boldsymbol{M}_F\boldsymbol{V}_p \end{bmatrix} \tag{8-37}$$

式中，$\boldsymbol{\Omega}_p = \begin{bmatrix} \phi_p & \theta_p & \psi_p \end{bmatrix}^{\mathrm{T}}$，分别表示一子级-翼伞滚转角、俯仰角和偏航角；$\boldsymbol{\omega}_p = \begin{bmatrix} p_p & q_p & r_p \end{bmatrix}^{\mathrm{T}}$，分别表示一子级-翼伞滚转角速度、俯仰角速度和偏航角速度；$\boldsymbol{G}(\boldsymbol{\Omega}_p) = \begin{bmatrix} 1 & \sin\phi_p\tan\theta_p & \cos\phi_p\tan\theta_p \\ 0 & \cos\phi_p & -\sin\phi_p \\ 0 & \sin\phi_p/\cos\theta_p & \cos\phi_p/\cos\theta_p \end{bmatrix}$，由于 $\phi_p$ 和 $\theta_p$ 在飞行过程中数值较小，因此 $\boldsymbol{G}(\boldsymbol{\Omega}_p)$ 约等于单位矩阵 $\boldsymbol{I}$。

将式(8-37)中翼伞动力学项提取出来，即可将模型简化为如下二阶系统：

$$
\begin{cases}
\dot{\boldsymbol{\Omega}}_p \approx \dot{\boldsymbol{\omega}}_p \\
\dot{\boldsymbol{\omega}}_p = (\boldsymbol{I}_p + \boldsymbol{I}_F)^{-1}[\boldsymbol{M}_A^p + \boldsymbol{R}_{cp}\boldsymbol{T}_p\boldsymbol{F}_R - \boldsymbol{T}_p\boldsymbol{T}_b^T\boldsymbol{M}_c - \dot{\boldsymbol{\Omega}}_p(\boldsymbol{I}_p + \boldsymbol{I}_F)\dot{\boldsymbol{\omega}}_p - \boldsymbol{\Xi}_p\boldsymbol{M}_F\boldsymbol{V}_p] + \tilde{\boldsymbol{d}}
\end{cases}
$$

$$(8-38)$$

式中，$\tilde{\boldsymbol{d}}$ 为一个三维向量，表示作用于三通道的扰动，包括外部的环境变量扰动以及内部一子级与翼伞之间的两体相对干扰和气动力误差等不确定因素。

若基于定理 8.2 设计李雅普诺夫意义下的渐进稳定反步控制律，虽然该控制律可使组合体顺利跟踪姿态期望信号，但是无法实现有限时间内收敛。因此，基于引理 8.1 设计李雅普诺夫意义下的姿态有限时间反步控制律。同时，为避免微分爆炸和实现扰动估计，借鉴 8.2 节中 ADRC 思想，分别引入跟踪微分器（TD）和扩张状态观测器（ESO），控制器结构见图 8-27。

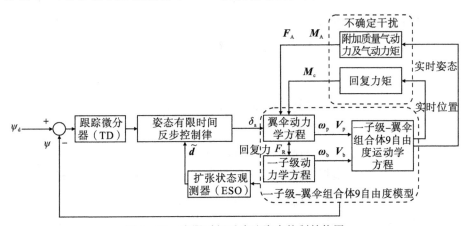

图 8-27　有限时间反步法姿态控制结构图

### 8.3.3　姿态有限时间反步控制律

一子级-翼伞组合体实际运动中存在如下问题：

1）一子级垂直吊挂会产生钟摆效应，长期摆动会增加伞绳断裂的风险，需要设计合适的控制方法使得组合体的姿态能够快速稳定；

2）在未知风场环境中飞行时，翼伞和一子级会发生未知的相对运动，导致组合体持续受到外部及内部复合干扰的影响，提高控制器设计的难度，需要设计鲁棒性更强的控制律来解决该问题。

针对上述问题，这里设计带有扰动观测器的姿态有限时间反步控制律，使偏航角在有限时间内快速收敛，同时减小下偏操纵量饱和对翼伞控制性能的影响,为后续航迹有限时间跟踪控制奠定基础。

取状态量 $\boldsymbol{x}_1 = \boldsymbol{\Omega}_\text{p} = \begin{bmatrix} \phi_\text{p} \\ \theta_\text{p} \\ \psi_\text{p} \end{bmatrix}$, $\boldsymbol{x}_2 = \boldsymbol{\omega}_\text{P} = \begin{bmatrix} p_\text{p} \\ q_\text{p} \\ r_\text{p} \end{bmatrix}$,则 9 自由度动力学方程组为

$$\begin{cases} \dot{\boldsymbol{x}}_1 = \boldsymbol{G}(\boldsymbol{x}_1)\boldsymbol{x}_2 = \boldsymbol{x}_2 \\ \dot{\boldsymbol{x}}_2 = (\boldsymbol{I}_\text{p} + \boldsymbol{I}_\text{F})^{-1}[\boldsymbol{M}_\text{A}^\text{p} + \boldsymbol{R}_\text{cp}\boldsymbol{T}_\text{p}\boldsymbol{F}_\text{R} - \boldsymbol{T}_\text{p}\boldsymbol{T}_\text{b}^\text{T}\boldsymbol{M}_\text{c} - \dot{\boldsymbol{\Omega}}_\text{p}(\boldsymbol{I}_\text{p} + \boldsymbol{I}_\text{F})\dot{\boldsymbol{\omega}}_\text{p} - \boldsymbol{\Xi}_\text{p}\boldsymbol{M}_\text{F}\boldsymbol{V}_\text{p}] + \tilde{\boldsymbol{d}} \end{cases}$$

$$(8-39)$$

步骤 1：

定义 $\boldsymbol{x}_1$ 的跟踪向量 $\boldsymbol{x}_{1\text{d}}$,跟踪误差为

$$\boldsymbol{e}_1 = \boldsymbol{x}_1 - \boldsymbol{x}_{1\text{d}} \tag{8-40}$$

取李雅普诺夫函数为

$$V_1 = \frac{1}{2}\boldsymbol{e}_1^\text{T}\boldsymbol{e}_1 \tag{8-41}$$

对时间求导得

$$\dot{V}_1 = \boldsymbol{e}_1^\text{T}\dot{\boldsymbol{e}}_1 = \boldsymbol{e}_1^\text{T}(\dot{\boldsymbol{x}}_1 - \dot{\boldsymbol{x}}_{1\text{d}}) = \boldsymbol{e}_1^\text{T}(\boldsymbol{x}_2 - \dot{\boldsymbol{x}}_{1\text{d}}) \tag{8-42}$$

为满足系统有限时间稳定,令

$$\dot{\boldsymbol{x}}_{1\text{d}} - \boldsymbol{x}_2 = -|\boldsymbol{e}_1|^{\alpha_1}\text{sgn}(\boldsymbol{e}_1) \tag{8-43}$$

式中,$0 \leqslant \alpha_1 \leqslant 1$,设置虚拟中间控制量 $\boldsymbol{x}_{2\text{d}}$ 及跟踪误差 $\boldsymbol{e}_2 = \boldsymbol{x}_2 - \boldsymbol{x}_{2\text{d}}$,则有

$$\boldsymbol{x}_{2\text{d}} = \dot{\boldsymbol{x}}_{1\text{d}} + |\boldsymbol{e}_1|^{\alpha_1}\text{sgn}(\boldsymbol{e}_1) \tag{8-44}$$

将式(8-44)代入式(8-42)得

$$\dot{V}_1 = \boldsymbol{e}_1^\text{T}[\boldsymbol{e}_2 - |\boldsymbol{e}_1|^{\alpha_1}\text{sgn}(\boldsymbol{e}_1)] \tag{8-45}$$

步骤 2：

取李雅普诺夫函数为

$$V_2 = V_1 + \frac{1}{2}\boldsymbol{e}_2^\text{T}\boldsymbol{e}_2 \tag{8-46}$$

对时间求导得

$$\begin{aligned} \dot{V}_2 &= \dot{V}_1 + \boldsymbol{e}_2^\text{T}\dot{\boldsymbol{e}}_2 = \boldsymbol{e}_1^T[\boldsymbol{e}_2 - |\boldsymbol{e}_1|^{\alpha_1}\text{sgn}(\boldsymbol{e}_1)] + \boldsymbol{e}_2^\text{T}\dot{\boldsymbol{e}}_2 \\ &= \boldsymbol{e}_1\boldsymbol{e}_2 - \boldsymbol{e}_1|\boldsymbol{e}_1|^{\alpha_1}\text{sgn}(\boldsymbol{e}_1) + \boldsymbol{e}_2^\text{T}\dot{\boldsymbol{e}}_2 \\ &= \boldsymbol{e}_2(\boldsymbol{e}_1 + \dot{\boldsymbol{e}}_2) - |\boldsymbol{e}_1|^{\alpha_1+1}\text{sgn}(\boldsymbol{e}_1) \leqslant \boldsymbol{e}_2(\boldsymbol{e}_1 + \dot{\boldsymbol{e}}_2) \\ &= \boldsymbol{e}_2(\boldsymbol{e}_1 + \dot{\boldsymbol{x}}_{2\text{d}} - \dot{\boldsymbol{x}}_2) \end{aligned} \tag{8-47}$$

为满足系统有限时间稳定,令

$$e_1 + \dot{\boldsymbol{x}}_{2d} - \dot{\boldsymbol{x}}_2 = -\mid e_2 \mid^{\alpha_2} \mathrm{sgn}(e_2) \qquad 0 \leqslant \alpha_2 \leqslant 1 \qquad (8-48)$$

得

$$e_1 + \ddot{\boldsymbol{x}}_{1d} + \left[\mid e_1 \mid^{\alpha_1} \mathrm{sgn}(e_1)\right]' - \dot{\boldsymbol{x}}_2 = -\mid e_2 \mid^{\alpha_2} \mathrm{sgn}(e_2) \qquad (8-49)$$

$$\dot{\boldsymbol{x}}_2 = e_1 + \ddot{\boldsymbol{x}}_{1d} + \alpha_1 \mid e_1 \mid^{\alpha_1 - 1} + \mid e_2 \mid^{\alpha_2} \mathrm{sgn}(e_2) \qquad (8-50)$$

将上式代入一子级-翼伞方程(8-39),可得

$$\begin{cases} \boldsymbol{M}_{\mathrm{A}}^{\mathrm{P}} = (\boldsymbol{I}_{\mathrm{p}} + \boldsymbol{I}_{\mathrm{F}}) \left[e_1 + \ddot{\boldsymbol{x}}_{1d} + \alpha_1 \mid e_1 \mid^{\alpha_1 - 1} + \mid e_2 \mid^{\alpha_2} \mathrm{sgn}(e_2)\right] - \\ \qquad \left[\boldsymbol{R}_{\mathrm{cp}} \boldsymbol{T}_{\mathrm{p}} \boldsymbol{F}_{\mathrm{R}} - \boldsymbol{T}_{\mathrm{p}} \boldsymbol{T}_{\mathrm{b}}^{\mathrm{T}} \boldsymbol{M}_{\mathrm{c}} - \dot{\boldsymbol{\Omega}}_{\mathrm{p}} (\boldsymbol{I}_{\mathrm{p}} + \boldsymbol{I}_{\mathrm{F}}) \dot{\boldsymbol{\omega}}_{\mathrm{p}} - \boldsymbol{\Xi}_{\mathrm{p}} \boldsymbol{M}_{\mathrm{F}} \boldsymbol{V}_{\mathrm{p}}\right] \qquad (8-51) \\ \delta_{\mathrm{a}} = \dfrac{1}{C_{n\delta_{\mathrm{a}}}} \left[\dfrac{\boldsymbol{M}_{\mathrm{A}}^{\mathrm{P}}}{\rho S_{\mathrm{p}}} - C_{n\beta_{\mathrm{p}}} \beta_{\mathrm{p}} - \dfrac{(C_{np}p + C_{nq}q)b}{2 \mid \boldsymbol{V}_{\mathrm{p}} \mid}\right] \end{cases}$$

综上,式(8-51)为一子级-翼伞组合体的姿态有限时间反步控制律。由式(8-51)不难发现,由于 $\boldsymbol{x}_{1d}$ 已是虚拟控制量,因此其一阶导数和二阶导数 $\dot{\boldsymbol{x}}_{1d}$、$\ddot{\boldsymbol{x}}_{1d}$ 难以测量,极易出现微分爆炸等问题,因此在求解其导数时,借鉴 8.2 节中 ADRC 的思想,引入非线性微分跟踪器以避免微分爆炸。

## 8.3.4 仿真及结果分析

为验证有限时间反步控制器的跟踪控制效果,采用与 8.2 节 ADRC 姿态控制器[11]同样的指令信号作为输入,并与渐进稳定反步控制器以及 ADRC 控制器进行仿真对比。

### 1. 无风干扰跟踪

期望偏航角指令输入为阶跃、方波、正弦和斜坡信号。阶跃信号的幅值设置为 0.08 rad,在第 20 s 发生;方波信号的幅值设置为 0.08 rad,周期为 30 s,占空比为 50%;正弦信号的频率设置为 0.2 rad/s,幅值设置为 0.05 rad;斜坡信号的斜率设置为 0.1,初值设置为 0.3 rad。设置仿真步长为 0.001 s,渐进稳定反步控制律中 $k_1 = 200, k_2 = 100$;有限时间反步控制律中 $\alpha_1 = 0.8, \alpha_2 = 0.6$;ADRC 控制器中 $b = 0.5, r = 100, h = 5, \beta_1 = 10, \beta_2 = 0.5, \beta_{01} = 30, \beta_{02} = 900, \beta_{03} = 900$。仿真结果见图 8-28。

从图中可以看出,有限时间反步控制器相较于渐进稳定控制器,收敛速度更快、跟踪精度更高。图 8-28(a)、(b)中,渐进稳定控制器的收敛时间为 8.4 s,而有限时间反步控制器的收敛时间为 4.5 s,且有限时间反步控制器能更精确地跟踪期望的阶跃、方波信号;图 8-28(c)、(d)中,渐进稳定反步控制器跟踪正弦信号和斜坡信号时,其相位相比有限时间反步控制器有较明显的滞后,

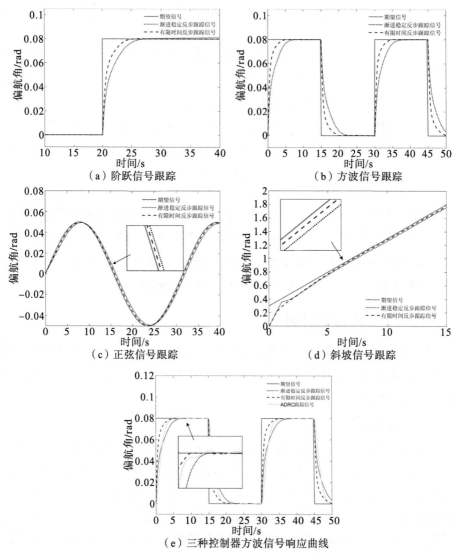

图 8 - 28　无风下偏航信号跟踪响应曲线

说明前者的跟踪响应速度较慢,精度不高,而后者在跟踪斜率较大的信号时,稳态误差更小;从图 8 - 28(e)三种控制器的跟踪效果对比图中,可以看到 ADRC 在给定的 15 s 跟踪周期内振荡收敛,而渐进稳定反步控制器与有限时间反步控制器能够精确跟踪期望信号,且超调量明显小于 ADRC 控制器。其中,有限时间反步控制器的收敛速度是最快的。

#### 2. 时变风干扰跟踪

本节将时变风以外部干扰的形式加入一子级-翼伞模型中,验证有限时间反步控制器对在有风环境下偏航角期望信号的跟踪效果。

设风场的加速度和速度已知,曲线见图 8-29。利用渐进稳定反步控制器及有限时间反步控制器对上述时变风干扰下的组合体进行期望偏航角跟踪控制,设置三个控制器中的参数分别为:渐进稳定反步控制律中 $k_1=100,k_2=60$;有限时间反步控制律中 $\alpha_2=0.6,\alpha_2=0.6$;ADRC 控制器中 $b=0.5,r=100,h=3,\beta_1=10,\beta_2=0.5,\beta_{01}=30,\beta_{02}=900,\beta_{03}=900$,仿真对比见图 8-30。

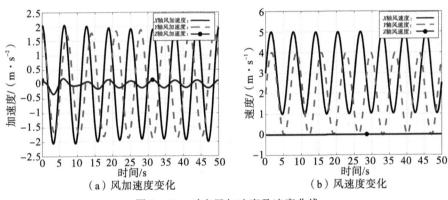

（a）风加速度变化　　　　　（b）风速度变化

图 8-29　时变风加速度及速度曲线

1)由图 8-30(a)~(d)可以看出,在时变风的影响下,两种控制器都可以较好地完成期望信号的跟踪,且稳态响应都在 10 s 以内完成。

2)由图 8-30(a)、(b)可以看出,有限时间反步控制器稳态时间为 3 s,而渐进稳定反步控制器稳态时间为 8 s,前者响应曲线虽在初期有振荡,但是收敛速度快,跟踪效率比后者提升了 2 倍,响应时间大大减小。

3)由图 8-30(c)、(d)可以看出,有限时间反步控制器的稳态误差更小,响应曲线更平滑。

4)由图 8-30(e)可以看出,由于在跟踪一开始时,有时变风加速度不稳定的干扰,因此 ADRC 控制器出现了较大的振荡,在 12 s 左右逐渐稳定下来,而有限时间反步控制器的稳定时间为 3 s,渐进稳定反步控制器稳定时间为 8 s。

由于扩张状态观测器的作用,系统将时变风的干扰当作整个组合体模型的总干扰,这部分扰动被观测器观测了出来并进行了前馈补偿,因此实现了时变风环境下偏航角信号的平滑、快速跟踪。然而相比于 ADRC 控制器和渐近稳定

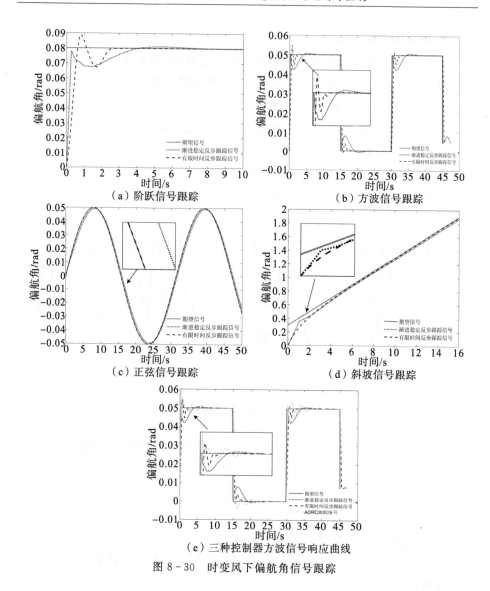

（a）阶跃信号跟踪　　　　（b）方波信号跟踪

（c）正弦信号跟踪　　　　（d）斜坡信号跟踪

（e）三种控制器方波信号响应曲线

图 8-30　时变风下偏航角信号跟踪

反步控制器,有限时间反步控制器有更快的收敛速度,对于干扰能够更快地做出前馈补偿,因此有限时间反步控制器具有更好的鲁棒性和快速性。

**3. 紊流风干扰跟踪**

实际中,紊流常伴随着风出现,其在风速剖线中表现为叠加在平均风上的连续随机脉动。本节采用 6.1 节的 Dryden 模型描述紊流风场,并通过仿真验证控制效果。紊流风速和紊流风加速度见图 8-31。

从图 8 - 31(b)中可以看出,本节设置的紊流风场为水平方向,而不考虑垂直方向。这是因为翼伞系统是一个欠驱动系统,因此对其高度方向的姿态、位置信息的控制能力有限,且在航迹规划时已经加入了垂直速度变化的考虑,所以本节忽略考虑垂直方向的风场干扰情况。

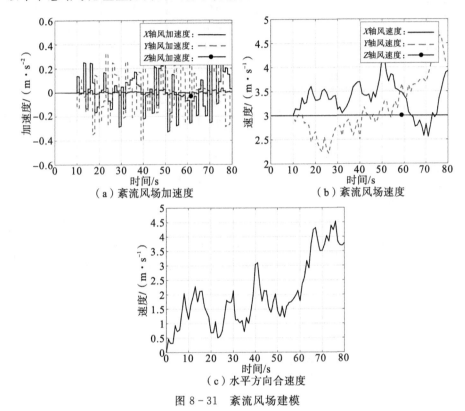

（a）紊流风场加速度　　　　　　　（b）紊流风场速度

（c）水平方向合速度

图 8 - 31　紊流风场建模

利用渐进稳定反步控制器及有限时间稳定反步控制器对上述紊流风干扰下的组合体进行期望偏航角跟踪控制,设置控制器中的参数分别为:渐进稳定反步控制律中 $k_1 = 150, k_2 = 80$;有限时间反步控制律中 $\alpha_1 = 0.9, \alpha_2 = 0.55$;ADRC控制器中 $b = 0.5, r = 100, h = 5, \beta_1 = 10, \beta_2 = 0.5, \beta_{01} = 30, \beta_{02} = 900, \beta_{03} = 900$。仿真对比见图 8 - 32。

1)由图 8 - 32 可以看出,在紊流风的影响下,两种控制器都可以较好地完成期望信号的跟踪,且稳态响应都在 10 s 内完成。

2)由图 8 - 32(a)、(b)可以看出,有限时间反步控制器稳定时间为 3 s,而渐进稳定反步控制器稳定时间为 11 s,前者响应曲线因紊流风干扰最开始会有较

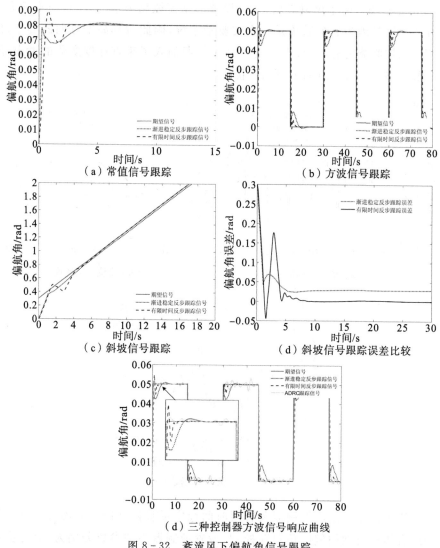

图 8-32　紊流风下偏航角信号跟踪

大幅度振荡，但是收敛速度快，跟踪效率比后者提升了三倍。

3）由图 8-32（c）、（d）可以看出，当跟踪斜坡信号时，有限时间反步控制器的稳态误差更小，说明该控制器可以更为精确地跟踪期望信号，减小跟踪误差。

4）由图 8-32（e）可以看出，紊流风作用下，ADRC 控制器虽然超调小于有限时间反步控制器和渐进稳定反步控制器，但是稳定时间较长，跟踪信号一直处于振荡过程中，而有限时间反步控制器的收敛速度明显快于另外两者，且能够稳定跟踪期望偏航角信号。

# 8.4　预设性能反步姿态控制

一子级-翼伞组合体在归航任务过程中，为了能准确地跟踪期望轨迹，姿态控制器需要在满足输入饱和等约束状态下准确快速地跟踪期望信号。受预设性能控制思想的启发，本节将障碍李雅普诺夫函数（Barrier Lyapunov Function，BLF）中的边界设置为改进的性能包络函数，通过反步法设计控制器，并使用固定时间观测器观测系统扰动以及不确定性，从而使一子级-翼伞组合体姿态控制器能在满足输入饱和限制下在有限时间内收敛。

## 8.4.1　预备知识

在实际的工业生产中，系统不能传输无限大的控制信号，因此输入饱和现象广泛存在于各类系统中，当控制系统产生输入饱和现象时，其系统性能将会显著下降。同样地，一子级-翼伞组合体控制系统中存在输入饱和现象。根据第 4 章的分析可知，组合体控制量主要为单侧下偏控制量 $\delta_a$ 和双侧下偏控制量 $\delta_e$，两者的变化范围是有限的。在归航过程中，组合体当前位置若与规划轨迹偏差过大，则期望控制量极易超出翼伞操纵能力限制。因此，设计组合体姿态控制器时，执行器饱和是需要考虑的一个重要问题。

**1. 障碍李雅普诺夫函数**

障碍李雅普诺夫函数可以运用于有误差变量的有界约束，是解决输入饱和的有效工具，下面给出障碍李雅普诺夫函数的定义[12]。

**定义 8.1**　设现有如下一阶非线性系统：

$$\dot{x}=f(x,t)\qquad x\in D \tag{8-52}$$

式中，$x$ 为状态变量；$D$ 为一个包含原点的开区域。

若存在一个连续且正定的标量函数 $V(x)$，满足：

1）在开区域 $D$ 上的每一点一阶偏导数连续；

2）当状态变量 $x$ 趋于开区域 $D$ 的边界时，$V(x)$ 趋于无穷；

3）存在与初始状态 $x(0)$ 有关的正常数 $b$，使得沿着系统 $\dot{x}=f(x,t)$ 的解有 $V[x(t)]\leqslant b, \forall t>0$ 成立。

则称该标量函数 $V(x)$ 为障碍李雅普诺夫函数。形式上可以根据受约束变量的约束区间是否对称将障碍李雅普诺夫函数分为两种，即对称型（Symmetric

BLF,SBLF)以及非对称型(Asymmetric BLF,ABLF)[13],两者的一般表达式分别为

$$V_S = \ln \frac{\Phi_a^2}{\Phi_a^2 - \boldsymbol{x}^T \boldsymbol{x}} \tag{8-53}$$

$$V_A = \frac{h(x)}{2p} \ln \frac{\Phi_a^2}{\Phi_a^2 - \boldsymbol{x}^T \boldsymbol{x}} + \frac{1-h(x)}{2p} \frac{\Phi_b^2}{\Phi_b^2 - \boldsymbol{x}^T \boldsymbol{x}} \qquad h(x) = \begin{cases} 1 & x > 0 \\ 0 & x \leqslant 0 \end{cases}$$

$$\tag{8-54}$$

式中,$p \in \mathbf{R}^+$;$\Phi_a > 0$,$\Phi_b > 0$,为受约束状态变量边界;$V_S$ 为 SBLF 函数,$V_A$ 为 ABLF 函数。

根据定义 8.1 可知,BLF 的取值会随着函数变量趋近于约束边界而趋近于无穷,见图 8-33。这意味着当 BLF 在所设计的控制器作用下保持有界时,函数变量将会始终保持在约束边界内,即约束得到满足。

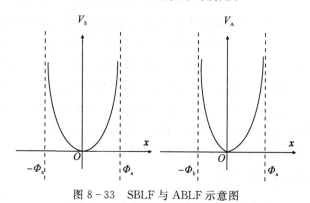

图 8-33　SBLF 与 ABLF 示意图

**引理 8.2**　对于任意正常数 $k_{bi}(i=1,2,\cdots,n)$,假设 $\mathbf{Z}$:$\{e \in \mathbf{R}^n : |e_i| < k_{bi}\} \subset \mathbf{R}^n (i=1,2,\cdots,n)$;$\mathbf{Z}_i$:$\{e_i \in \mathbf{R}: |e_i| < k_{bi}\} \subset \mathbf{R}(i=1,2,\cdots,n)$。对于一阶系统 $\dot{\boldsymbol{x}} = f(\boldsymbol{x},t)$,$\boldsymbol{x}$:$[\boldsymbol{w}^T,\boldsymbol{e}^T]^T \in \mathbf{N}$ 为其状态变量,$\mathbf{N}$:$\mathbf{R}^l \times \mathbf{Z} \subset \mathbf{R}^{n+l}$ 为开集,函数 $f$:$\mathbf{R}^+ \times \mathbf{N} \to \mathbf{R}^{n+l}$。假设存在连续可微正定函数;$U$:$\mathbf{R}^l \to \mathbf{R}^+$,$V_i$:$\mathbf{Z}_i \to \mathbf{R}^+(i=1,2,\cdots,n)$,满足如下条件[14]:

$$e_i \to \pm k_{bi} \Rightarrow \begin{cases} V_i(e_i) \to \infty \\ \gamma_1(\|w\|) \leqslant U(w) \leqslant \gamma_2(\|w\|) \end{cases} \tag{8-55}$$

式中,$\gamma_1$ 和 $\gamma_2$ 为 $K_\infty$ 函数。设

$$V(\boldsymbol{x}) = \sum_{i=1}^n V_i(e_i) + U(\boldsymbol{w}) \qquad e_i(0) \in (-k_{bi}, k_{bi}) \tag{8-56}$$

若此时下式成立,即

$$\dot{V}=\frac{\partial V}{\partial x}f\leqslant -cV+\chi \tag{8-57}$$

式中，$c$ 和 $\chi$ 为正常数。那么对于任意的 $t\in[0,\infty)$，$e_i(t)\in(-k_{bi},k_{bi})$ 仍成立[15]。

由引理 8.2 可得，可以通过限制跟踪误差大小，间接保证系统处于约束范围之内。

**2. 预设性能控制**

预设性能控制（Prescribed Performance Control，PPC）[16]的核心思想是对受控系统的状态或误差人为设定包络线构造性能边界，通过性能包络函数的收敛特性来刻画受控系统的瞬态（如收敛速率、超调量等）和稳态（如稳态误差）性能，其控制响应曲线见图 8-34。

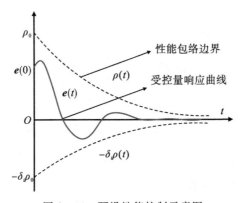

图 8-34　预设性能控制示意图

性能包络函数 $\rho:\mathbf{R}\rightarrow\mathbf{R}^+$ 的选择需要满足以下两个条件[17]：

1）性能包络函数 $\rho(t)$ 在定义时间内恒正且单调递减；

2）$\lim\limits_{t\to\infty}\rho(t)\rightarrow\rho_\infty>0$。

通常应用一组不等式对系统跟踪误差进行上下界限制，即

$$\begin{cases} -\delta_i\rho(t)<e(t)<\rho(t) & e(0)\geqslant 0 \\ -\rho(t)<e(t)<\delta_i\rho(t) & e(0)<0 \end{cases} \tag{8-58}$$

式中，$\delta_i\in(0,1]$ 为超调量抑制参数。

常用的性能包络函数有指数型和双曲正切型两种，其表达式分别如下：

$$\rho(t)=(\rho_0-\rho_\infty)\exp(-lt)+\rho_\infty \tag{8-59}$$

$$\rho(t)=\coth(l_1+l_2)-1+\rho_\infty \tag{8-60}$$

式中，$\rho_0 > \rho_\infty > 0$ 为性能参数；$l, l_1, l_2 > 0$ 为常量参数。

## 8.4.2　预设性能反步姿态控制器设计

一子级-翼伞偏航角预设性能反步姿态控制结构见图 8 - 35。可见与 8.3 节的有限时间反步法控制相比，预设性能反步姿态控制器没有 TD 和 ESO，但引入了固定时间干扰观测器。

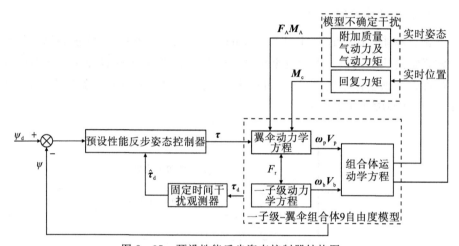

图 8 - 35　预设性能反步姿态控制器结构图

其中一子级-翼伞动力学模型见 8.3.2 节式（8 - 38）。

### 1. 固定时间干扰观测器

**引理 8.3**[18]　若 $\zeta_1, \zeta_2, \cdots, \zeta_n$ 为正标量且 $0 < m \leqslant 1, n \geqslant 1$，那么下列不等式始终成立：

$$\sum_{i=1}^{N} \zeta_i^m \geqslant \left(\sum_{i=1}^{N} \zeta_i\right)^m, \quad \sum_{i=1}^{N} \zeta_i^n \geqslant N^{1-n} \left(\sum_{i=1}^{N} \zeta_i\right)^n \tag{8-61}$$

为了提高控制器鲁棒性，需要对组合体内/外部扰动进行实时的估计和优化。受文献[19]的启发，采用固定时间干扰观测器对文中提到的干扰进行观测。设 $\boldsymbol{\omega}_e$ 为角速度测量值 $\boldsymbol{\omega}_p$ 和期望角速度 $\boldsymbol{\omega}_d$ 之间的跟踪误差，则式（8 - 38）中的动力学部分可以改写为

$$\boldsymbol{I}_p \dot{\boldsymbol{\omega}}_e = -\boldsymbol{S}(\boldsymbol{\omega}_e + \boldsymbol{\omega}_d)\boldsymbol{I}_p(\boldsymbol{\omega}_e + \boldsymbol{\omega}_d) - \boldsymbol{I}_p \dot{\boldsymbol{\omega}}_d + \boldsymbol{\tau} + \boldsymbol{\tau}_d \tag{8-62}$$

式中，$\boldsymbol{S}(\cdot)$ 表示叉乘算子。

引入赫尔维茨矩阵 $\boldsymbol{A} \in \mathbf{R}^{3 \times 3}$ 并定义

$$\boldsymbol{d}_u = -\boldsymbol{S}(\boldsymbol{\omega}_d)\boldsymbol{I}_p \boldsymbol{\omega}_p - \boldsymbol{S}(\boldsymbol{\omega}_e)\boldsymbol{I}_p \boldsymbol{\omega}_d - \boldsymbol{I}_p \dot{\boldsymbol{\omega}}_d + \boldsymbol{\tau}_d \tag{8-63}$$

式(8-62)可以改写为

$$\dot{\boldsymbol{\omega}}_{\mathrm{e}} = \boldsymbol{A}\boldsymbol{I}_{\mathrm{p}}^{-1}\boldsymbol{\omega}_{\mathrm{e}} + \boldsymbol{I}_{\mathrm{p}}^{-1}\boldsymbol{\tau} + \boldsymbol{d}_{\mathrm{lumped\_u}} \qquad (8-64)$$

式中, $\boldsymbol{d}_{\mathrm{lumped\_u}} = \boldsymbol{I}_{\mathrm{p}}^{-1}\boldsymbol{d}_{\mathrm{u}} - \boldsymbol{A}\boldsymbol{I}_{\mathrm{p}}^{-1}\boldsymbol{\omega}_{\mathrm{e}} - \boldsymbol{I}_{\mathrm{p}}^{-1}\boldsymbol{S}(\boldsymbol{\omega}_{\mathrm{e}})\boldsymbol{I}_{\mathrm{p}}\boldsymbol{\omega}_{\mathrm{e}}$ 代表系统集中扰动。

引入与式(8-64)有类似动力学形式的参考辅助线性系统,其具体表达式如下:

$$\dot{\boldsymbol{x}}_{\mathrm{a}} = \boldsymbol{A}\boldsymbol{I}_{\mathrm{p}}^{-1}\boldsymbol{x}_{\mathrm{a}} + \boldsymbol{I}_{\mathrm{p}}^{-1}\boldsymbol{\tau} \qquad (8-65)$$

令 $\dot{\boldsymbol{\omega}}_{\mathrm{e}}$ 与 $\dot{\boldsymbol{x}}_{\mathrm{a}}$ 之间的误差为 $\boldsymbol{z} = \dot{\boldsymbol{\omega}}_{\mathrm{e}} - \dot{\boldsymbol{x}}_{\mathrm{a}}$,由式(8-64)和式(8-65)可得

$$\dot{\boldsymbol{z}} = \dot{\boldsymbol{\omega}}_{\mathrm{e}} - \dot{\boldsymbol{x}}_{\mathrm{a}} = \boldsymbol{A}\boldsymbol{I}_{\mathrm{p}}^{-1}\boldsymbol{z} + \boldsymbol{d}_{\mathrm{lumped\_u}} \qquad (8-66)$$

设计如下的固定时间扰动观测器:

$$\dot{\hat{\boldsymbol{z}}} = \dot{\boldsymbol{y}} + \mathrm{sgn}(\boldsymbol{z} - \hat{\boldsymbol{z}})(k_{\mathrm{a}}\,|\boldsymbol{z} - \hat{\boldsymbol{z}}|^{m} + k_{\mathrm{b}}\,|\boldsymbol{z} - \hat{\boldsymbol{z}}|^{n}) \qquad (8-67)$$

上述固定时间观测器输出为

$$\hat{\boldsymbol{d}}_{\mathrm{u}} = \boldsymbol{I}_{\mathrm{p}}(\hat{\boldsymbol{d}}_{\mathrm{lumped\_u}} + \boldsymbol{A}\boldsymbol{I}_{\mathrm{p}}^{-1}\boldsymbol{\omega}_{\mathrm{e}}) + \boldsymbol{S}(\boldsymbol{\omega}_{\mathrm{e}})\boldsymbol{I}_{\mathrm{p}}\boldsymbol{\omega}_{\mathrm{e}} \qquad (8-68)$$

式中, $\hat{\boldsymbol{d}}_{\mathrm{lumped\_u}} = \dot{\boldsymbol{y}} - \boldsymbol{A}\boldsymbol{I}_{\mathrm{p}}^{-1}\hat{\boldsymbol{z}}$; $\boldsymbol{y} = [y_1 \quad y_2 \quad y_3]^{\mathrm{T}} = \boldsymbol{z}$; $k_{\mathrm{a}} > 0, k_{\mathrm{b}} > 0, 0 < m < 1, n > 1$,为观测器增益; $\hat{\boldsymbol{z}}$ 和 $\hat{\boldsymbol{d}}_{\mathrm{u}}$ 分别为 $\boldsymbol{z}$ 与 $\boldsymbol{d}_{\mathrm{u}}$ 的观测值。

**定理8.4** 在上述固定时间扰动观测器下,观测器误差 $\boldsymbol{e} = \boldsymbol{z} - \hat{\boldsymbol{z}} = [e_1 \quad e_2 \quad e_3]^{\mathrm{T}}$ 以及干扰估计误差 $\boldsymbol{e}_{\mathrm{u}} = \boldsymbol{d}_{\mathrm{u}} - \hat{\boldsymbol{d}}_{\mathrm{u}}$ 是固定时间稳定的,即存在一个标量 $t_{\mathrm{f}}$ 对于任意 $t \geq t_{\mathrm{f}}$ 满足 $\boldsymbol{e}(t) = \boldsymbol{0}$ 和 $\boldsymbol{e}_{\mathrm{u}}(t) = \boldsymbol{0}$。

**证明:**

由式(8-66)和式(8-67)可得观测器误差 $\boldsymbol{e}$ 满足

$$\begin{aligned}
\dot{\boldsymbol{e}} &= \dot{\boldsymbol{z}} - \dot{\hat{\boldsymbol{z}}} = \dot{\boldsymbol{z}} - [\dot{\boldsymbol{y}} + \mathrm{sgn}(\boldsymbol{z} - \hat{\boldsymbol{z}})(k_{\mathrm{a}}\,|\boldsymbol{z} - \hat{\boldsymbol{z}}|^{m} + k_{\mathrm{b}}\,|\boldsymbol{z} - \hat{\boldsymbol{z}}|^{n})] \\
&= -\mathrm{sgn}(\boldsymbol{e})(k_{\mathrm{a}}\,|\boldsymbol{e}|^{m} + k_{\mathrm{b}}\,|\boldsymbol{e}|^{n})
\end{aligned} \qquad (8-69)$$

构造李雅普诺夫函数 $V_e(t) = 0.5\boldsymbol{e}^{\mathrm{T}}\boldsymbol{e}$,对 $V_e(t)$ 求导得

$$\begin{aligned}
\dot{V}_e(t) &= \boldsymbol{e}^{\mathrm{T}}\dot{\boldsymbol{e}} = -\boldsymbol{e}^{\mathrm{T}}\mathrm{sgn}(\boldsymbol{e})(k_{\mathrm{a}}\,|\boldsymbol{e}|^{m} + k_{\mathrm{b}}\,|\boldsymbol{e}|^{n}) \\
&= -k_{\mathrm{a}}\sum_{i=1}^{3}|e_i|^{2\frac{1+m}{2}} - k_{\mathrm{b}}\sum_{i=1}^{3}|e_i|^{2\frac{1+n}{2}}
\end{aligned} \qquad (8-70)$$

根据引理8.3,可以对 $\dot{V}_e(t)$ 进行放缩,得到

$$\mathrm{d}V_e(t)/\mathrm{d}t \leq -2^{\frac{1+m}{2}}k_{\mathrm{a}}V_e^{\frac{1+m}{2}} - 2^{\frac{1+n}{2}}3^{\frac{1-n}{2}}k_{\mathrm{b}}V_e^{\frac{1+n}{2}} \qquad (8-71)$$

$V_e(t)$ 单调递减,设 $t = t_{\mathrm{f}}$ 时 $V_e(t) = 0$,变换式(8-71)同时对两侧求定积分可得

$$\int_0^{t_f} \mathrm{d}t \leqslant \int_{V_e(0)}^{V_e(t_f)} \left( \frac{\mathrm{d}V_e}{-2^{\frac{1+m}{2}}k_a V_e^{\frac{1+m}{2}} - 2^{\frac{1+n}{2}}3^{\frac{1-n}{2}}k_b V_e^{\frac{1+n}{2}}} \right) \tag{8-72}$$

$$t_f \leqslant \frac{1}{(2^{(1+m)/2}k_a)(1-m)/2} + \frac{1}{(2^{(1+n)/2}3^{(1-n)/2}k_b)(n-1)/2} \tag{8-73}$$

通过上述证明可知，当 $t \geqslant t_f$ 时，$V_e(t) \equiv 0$，由 $V_e(t)$ 定义进而可得当 $t \geqslant t_f$ 时，$e(t) = \mathbf{0}$。由式(8-66)和 $\hat{\boldsymbol{d}}_{\text{lumped\_u}}$ 的定义可得

$$\boldsymbol{d}_{\text{lumped\_u}} - \hat{\boldsymbol{d}}_{\text{lumped\_u}} = (\dot{\boldsymbol{z}} - \boldsymbol{AI}_p^{-1}\boldsymbol{z}) - (\dot{\boldsymbol{y}} - \boldsymbol{AI}_p^{-1}\hat{\boldsymbol{z}}) = -\boldsymbol{AI}_p^{-1}\boldsymbol{e} \tag{8-74}$$

干扰观测器误差 $\boldsymbol{e}_u$ 为

$$\boldsymbol{e}_u = \boldsymbol{d}_u - \hat{\boldsymbol{d}}_u = -\boldsymbol{I}_p\boldsymbol{AI}_p^{-1}\boldsymbol{e} \tag{8-75}$$

结合上述证明可得，当 $t \geqslant t_f$ 时，$\boldsymbol{e}_u(t) = \mathbf{0}$。综上可得观测器误差与干扰估计误差是固定时间稳定的。

**2. 预设性能反步姿态控制律**

为使一子级-翼伞组合体姿态在约束状态下完成有限时间收敛，受文献[20]启发，设定性能函数 $\rho(t)$ 为预分配有限时间性能函数（Preassigned Finite-Time Performance Function，PFTPF），其数学表达式为

$$\rho(t) = \begin{cases} \left(\rho_0 - \dfrac{t}{T_f}\right)\exp\left(1 - \dfrac{T_f}{T_f - t}\right) + \rho_{T_f} & t \in [0, T_f) \\ \rho_{T_f} & t \in [T_f, +\infty) \end{cases} \tag{8-76}$$

式中，$\rho_0 > 0$ 为初始性能边界；$\rho_{T_f}$（$0 < \rho_{T_f} < \rho_0$）为稳态性能边界；$T_f > 0$ 为收敛时间。

从式(8-76)不难看出，$\rho(t) > 0$、$\dot{\rho}(t) \leqslant 0$ 恒成立且 $\rho(t)$ 是一个光滑函数[21]。当 $t \geqslant T_f$ 时，$\rho(t) = \rho_{T_f}$。因此可以通过设置 $T_f$ 和 $\rho_{T_f}$ 使得误差在预先指定的 $T_f$ 时间内收敛到 $(-\rho_{T_f}, \rho_{T_f})$。

由于翼伞为完全对称结构，两侧操纵机构动作约束范围相同，因此选用对称李雅普诺夫函数进行控制器设计即可。本节基于预分配有限时间性能函数，构造对称时变对数型障碍李雅普诺夫函数，其具体表达式为

$$V = \frac{1}{2}\ln\frac{\rho^2(t)}{\rho^2(t) - \boldsymbol{e}^{\mathrm{T}}\boldsymbol{e}} \tag{8-77}$$

式中，$\boldsymbol{e}$ 表示系统误差变量。

**引理 8.4[22]**　对于任意大于零的常数 $\Gamma_{b1}$，在满足 $\|\boldsymbol{e}_1\|_2 < \Gamma_{b1}$ 的条件下，有下列不等式恒成立

$$\ln \frac{\varGamma_{\mathrm{b}}^2}{\varGamma_{\mathrm{b}}^2 - e^{\mathrm{T}} e} \leqslant \frac{e^{\mathrm{T}} e}{\varGamma_{\mathrm{b}}^2 - e^{\mathrm{T}} e} \tag{8-78}$$

在上述理论基础上,可以通过如下步骤来进行预设性能反步姿态控制律设计。

**步骤 1:**

定义姿态控制器跟踪误差为

$$e_1 = \boldsymbol{\psi} - \boldsymbol{\psi}_{\mathrm{d}} \tag{8-79}$$

式中,$\boldsymbol{\psi}$ 为翼伞实际的姿态信息;$\boldsymbol{\psi}_{\mathrm{d}}$ 为翼伞期望的姿态角。引入式(8-77)的 BLF 函数,可得

$$V_1 = \frac{1}{2} \ln \frac{\rho_1^2(t)}{\rho_1^2(t) - e_1^{\mathrm{T}} e_1} \tag{8-80}$$

为方便书写,以下 $\rho_i(t)$ 使用 $\rho_i$ 表示。对 $V_1$ 求导得

$$
\begin{aligned}
\dot{V}_1 &= \frac{\rho_1^2 - e_1^{\mathrm{T}} e_1}{\rho_1^2} \frac{\rho_1 \dot{\rho}_1 (\rho_1^2 - e_1^{\mathrm{T}} e_1) - \rho_1^2 (\rho_1 \dot{\rho}_1 - e_1^{\mathrm{T}} \dot{e}_1)}{(\rho_1^2 - e_1^{\mathrm{T}} e_1)^2} \\
&= \frac{\dot{\rho}_1}{\rho_1} - \frac{\rho_1 \dot{\rho}_1 - e_1^{\mathrm{T}} \dot{e}_1}{\rho_1^2 - e_1^{\mathrm{T}} e_1} \\
&= \frac{e_1^{\mathrm{T}} \dot{e}_1}{\rho_1^2 - e_1^{\mathrm{T}} e_1} - \frac{\dot{\rho}_1 e_1^{\mathrm{T}} \dot{e}_1}{\rho_1 (\rho_1^2 - e_1^{\mathrm{T}} e_1)} \\
&= \frac{e_1^{\mathrm{T}}}{\rho_1^2 - e_1^{\mathrm{T}} e_1} \left( \dot{e}_1 - \frac{\dot{\rho}_1}{\rho_1} e_1 \right) \\
&= \frac{e_1^{\mathrm{T}}}{\rho_1^2 - e_1^{\mathrm{T}} e_1} \left( x_2 - \dot{y}_{\mathrm{d}} - \frac{\dot{\rho}_1}{\rho_1} e_1 \right) \\
&= \frac{e_1^{\mathrm{T}}}{\rho_1^2 - e_1^{\mathrm{T}} e_1} \left( x_2 - \boldsymbol{\alpha}_{\mathrm{c}} + \boldsymbol{\alpha}_{\mathrm{c}} - \dot{y}_{\mathrm{d}} - \frac{\dot{\rho}_1}{\rho_1} e_1 \right) \\
&= \frac{e_1^{\mathrm{T}}}{\rho_1^2 - e_1^{\mathrm{T}} e_1} \left( e_2 + \boldsymbol{\alpha}_{\mathrm{c}} - \dot{y}_{\mathrm{d}} - \frac{\dot{\rho}_1}{\rho_1} e_1 \right)
\end{aligned} \tag{8-81}
$$

式中,$e_2 = x_2 - \boldsymbol{\alpha}_{\mathrm{c}}$,$\boldsymbol{\alpha}_{\mathrm{c}}$ 为虚拟控制量。根据式(8-81)设计 $\boldsymbol{\alpha}_{\mathrm{c}}$ 为

$$\boldsymbol{\alpha}_{\mathrm{c}} = \dot{y}_{\mathrm{d}} + \frac{\dot{\rho}_1}{\rho_1} e_1 - \varGamma_1 e_1 \tag{8-82}$$

式中,$\varGamma_1$ 为控制器设计参数,其为大于零的常数。将式(8-75)代入式(8-74)可得

$$\dot{V}_1 = \frac{-\varGamma_1 e_1^{\mathrm{T}} e_1}{\rho_1^2 - e_1^{\mathrm{T}} e_1} + \frac{e_1^{\mathrm{T}} e_2}{\rho_1^2 - e_1^{\mathrm{T}} e_1} \tag{8-83}$$

根据引理 8.4 对式(8-83)进行放缩可得

$$\dot{V}_1 \leqslant -\Gamma_1 V_1 + \frac{\boldsymbol{e}_1^{\mathrm{T}} \boldsymbol{e}_2}{\rho_1^2 - \boldsymbol{e}_1^{\mathrm{T}} \boldsymbol{e}_1} \qquad (8-84)$$

由式(8-84)可知,当 $\boldsymbol{e}_2$ 收敛时,第一个子系统最终一致收敛。在反步法中,为了避免对虚拟控制量求导而带来的"微分爆炸"问题,需要引入一阶滤波器,本节选用的一阶滤波器为[23]

$$\dot{\boldsymbol{\alpha}}_d = -\frac{\boldsymbol{y}_\alpha}{\Upsilon_1} - \frac{l_{1\alpha} \boldsymbol{y}_\alpha}{|\boldsymbol{y}_\alpha|^{1/2} + l_{2\alpha}} \qquad (8-85)$$

式中, $\Upsilon_1, l_{1\alpha}, l_{2\alpha} > 0$ 为待设计参数;滤波误差为 $\boldsymbol{y}_\alpha = \boldsymbol{\alpha}_d - \boldsymbol{\alpha}_c$。

**步骤 2:**

定义误差变量

$$\boldsymbol{e}_2 = \boldsymbol{x}_2 - \boldsymbol{\alpha}_d \qquad (8-86)$$

求导可得

$$\dot{\boldsymbol{e}}_2 = \dot{\boldsymbol{x}}_2 - \dot{\boldsymbol{\alpha}}_d = \boldsymbol{I}_p^{-1}(-\boldsymbol{x}_2^\times \boldsymbol{I}_p \boldsymbol{x}_2 + \boldsymbol{\tau} + \boldsymbol{\tau}_d) - \dot{\boldsymbol{\alpha}}_d \qquad (8-87)$$

定义李雅普诺夫函数为

$$V_2 = V_1 + \frac{1}{2} \ln \frac{\rho_2^2(t)}{\rho_2^2(t) - \boldsymbol{e}_2^{\mathrm{T}} \boldsymbol{e}_2} \qquad (8-88)$$

式中, $\boldsymbol{e}_2$ 的误差初值满足 $\| \boldsymbol{e}_2 \| < \rho_2(0)$。对 $V_2$ 求导可得

$$\begin{aligned}
\dot{V}_2 &= \dot{V}_1 + \frac{\boldsymbol{e}_2^{\mathrm{T}}}{\rho_2^2 - \boldsymbol{e}_2^{\mathrm{T}} \boldsymbol{e}_2} \left( \dot{\boldsymbol{e}}_2 - \frac{\dot{\rho}_2}{\rho_2} \boldsymbol{e}_2 \right) \\
&= \dot{V}_1 + \frac{\boldsymbol{e}_2^{\mathrm{T}}}{\rho_2^2 - \boldsymbol{e}_2^{\mathrm{T}} \boldsymbol{e}_2} \left( \dot{\boldsymbol{x}}_2 - \dot{\boldsymbol{\alpha}}_d - \frac{\dot{\rho}_2}{\rho_2} \boldsymbol{e}_2 \right) \\
&= \dot{V}_1 + \frac{\boldsymbol{e}_2^{\mathrm{T}}}{\rho_2^2 - \boldsymbol{e}_2^{\mathrm{T}} \boldsymbol{e}_2} \left[ \boldsymbol{I}_p^{-1}(-\boldsymbol{x}_2^\times \boldsymbol{I}_p \boldsymbol{x}_2 + \boldsymbol{\tau} + \boldsymbol{\tau}_d) - \dot{\boldsymbol{\alpha}}_d - \frac{\dot{\rho}_2}{\rho_2} \boldsymbol{e}_2 \right]
\end{aligned} \qquad (8-89)$$

由于 $\boldsymbol{\tau}_d$ 属于未知干扰,因此在设计固定时间干扰观测器进行估计时,设当时间 $t \geqslant t_f$ 时, $\boldsymbol{\tau}_d$ 的观测值为 $\hat{\boldsymbol{\tau}}_d$。

根据式(8-89)设计控制输入 $\boldsymbol{\tau}$ 为

$$\boldsymbol{\tau} = \boldsymbol{x}_2^\times \boldsymbol{I}_p \boldsymbol{x}_2 - \hat{\boldsymbol{\tau}}_d + \boldsymbol{I}_p \dot{\boldsymbol{\alpha}}_d + \boldsymbol{I}_p \frac{\dot{\rho}_2}{\rho_2} \boldsymbol{e}_2 - \Gamma_2 \boldsymbol{I}_p \boldsymbol{e}_2 - \boldsymbol{I}_p \frac{\boldsymbol{e}_1}{\rho_1^2 - \boldsymbol{e}_1^{\mathrm{T}} \boldsymbol{e}_1} (\rho_2^2 - \boldsymbol{e}_2^{\mathrm{T}} \boldsymbol{e}_2)$$

$$(8-90)$$

式中, $\Gamma_2$ 为大于零的常数。

## 8.4.3 系统稳定性分析

**定理 8.5** 考虑系统(8-38),设计固定时间干扰观测器(8-67)、(8-68)

以及控制律(8-82)、(8-90),那么系统在各个状态下是渐进稳定的且满足预先设定的性能约束条件。

**证明：**

由于固定时间观测器设计与控制器设计不再满足分离定理,因此在进行稳定性分析时,参考文献[24]的证明方法,按照时间区分为以下两个阶段进行。

阶段一：当 $t < t_f$ 时,即固定时间干扰观测器估计误差未收敛到零时。由于本节设计的固定时间干扰观测器的收敛时间 $t_f$ 与其初始状态无关,因此可以通过调整参数来达到使得观测器误差在任何时间间隔内都不会逃逸到无穷大。

阶段二：当 $t \geqslant t_f$ 时,即固定时间干扰观测器估计误差收敛到零时,此时 $\tau_d = \hat{\tau}_d$。选取如下的李雅普诺夫函数：

$$V = \frac{1}{2}V_2 + V_3 \tag{8-91}$$

式中,$V_3 = 0.5 y_\alpha^2$。

对式(8-91)求导,可得

$$
\begin{aligned}
\dot{V} &= -\frac{\Gamma_1 \boldsymbol{e}_1^{\mathrm{T}} \boldsymbol{e}_1}{\rho_1^2 - \boldsymbol{e}_1^{\mathrm{T}} \boldsymbol{e}_1} + \frac{\boldsymbol{e}_1^{\mathrm{T}} \boldsymbol{e}_2}{\rho_1^2 - \boldsymbol{e}_1^{\mathrm{T}} \boldsymbol{e}_1} - \frac{\Gamma_2 \boldsymbol{e}_2^{\mathrm{T}} \boldsymbol{e}_2}{\rho_2^2 - \boldsymbol{e}_2^{\mathrm{T}} \boldsymbol{e}_2} - \frac{\boldsymbol{e}_2^{\mathrm{T}} \boldsymbol{e}_1}{\rho_1^2 - \boldsymbol{e}_1^{\mathrm{T}} \boldsymbol{e}_1} + \boldsymbol{y}_\alpha \dot{\boldsymbol{y}}_\alpha \\
&= -\frac{\Gamma_1 \boldsymbol{e}_1^{\mathrm{T}} \boldsymbol{e}_1}{\rho_1^2 - \boldsymbol{e}_1^{\mathrm{T}} \boldsymbol{e}_1} - \frac{\Gamma_2 \boldsymbol{e}_2^{\mathrm{T}} \boldsymbol{e}_2}{\rho_2^2 - \boldsymbol{e}_2^{\mathrm{T}} \boldsymbol{e}_2} + \boldsymbol{y}_\alpha \dot{\boldsymbol{y}}_\alpha \\
&\leqslant -\Gamma_1 \ln \frac{\rho_1^2}{\rho_1^2 - \boldsymbol{e}_1^{\mathrm{T}} \boldsymbol{e}_1} - \Gamma_2 \ln \frac{\rho_2^2}{\rho_2^2 - \boldsymbol{e}_2^{\mathrm{T}} \boldsymbol{e}_2} + \boldsymbol{y}_\alpha \dot{\boldsymbol{y}}_\alpha \\
&\leqslant -\Gamma_1 V_1 - \Gamma_2 V_2 + \boldsymbol{y}_\alpha \dot{\boldsymbol{y}}_\alpha
\end{aligned} \tag{8-92}
$$

根据式(8-85)所示的一阶滤波器,对 $V_3$ 求导,可得

$$\dot{V}_3 = \boldsymbol{y}_\alpha \dot{\boldsymbol{y}}_\alpha = \boldsymbol{y}_\alpha \left( -\frac{\boldsymbol{y}_\alpha}{\tau_1} - \frac{l_{1\alpha} l_{2\alpha}}{|\boldsymbol{y}_\alpha|^{1/2} + l_{2\alpha}} \right) \leqslant -\frac{y_\alpha^2}{\tau_1} \tag{8-93}$$

将式(8-93)代入式(8-92),可以得到

$$V \leqslant -\Gamma_1 V_1 - \Gamma_2 V_2 - \frac{y_\alpha^2}{\tau_1} \tag{8-94}$$

式中,$\Gamma_1$、$\Gamma_2$ 以及 $\tau_1$ 均为正数。由此可以判定系统最终符合渐进稳定条件,证毕。

## 8.4.4　仿真及结果分析

为了验证本节所设计的控制器的有效性,下面以一子级-翼伞 9 自由度模型为控制对象,对三种控制方法进行对比仿真实验[28]。其中方法一是基于本节

的障碍李雅普诺夫函数下的预设性能反步控制(Prescribed Performance Backstepping Control under Barrier Lyapunov Function，PBB)方法；方法二是8.3节的渐近反步控制方法[25](Asymptotic Stability Backstepping Control，ASB)方法；方法三是8.2节的自抗扰控制[26](ADRC)方法。在三种控制方法的基础上，分别进行了无风、时变风以及紊流风环境下的偏航角跟踪控制。仿真实验状态初始值及控制器参数设置见表8-1和表8-2。

表 8-1　组合体状态初始值

| 参数名称 | 参数取值 | 参数名称 | 参数取值 |
|---|---|---|---|
| 水平合速度/(m · s$^{-1}$) | 18.13 | 垂直下降速度/(m · s$^{-1}$) | 6.50 |
| 初始高度/m | 3000 | 初始飞行方向/rad | 0 |

表 8-2　PBB 控制器参数

| 参数 | 数值 | 参数 | 数值 | 参数 | 数值 |
|---|---|---|---|---|---|
| $A$ | diag([-3,-4,-5]$^T$) | $\Gamma_1$ | 20 | $\rho_{10}$ | 5 |
| $k_a$ | 16 | $\Gamma_2$ | 10 | $\rho_{1T_f}$ | 0.01 |
| $k_b$ | 9 | $\Upsilon_1$ | 0.08 | $\rho_{20}$ | 3 |
| $m$ | 0.4 | $l_{1a}$ | 2 | $\rho_{2T_f}$ | 0.01 |
| $n$ | 1.6 | $l_{2a}$ | 1 | $T_f$/s | 3 |

**1. 固定时间观测器仿真验证**

为了评估本节所设计的固定时间观测器的估计精度以及收敛速度，假定单通道干扰力矩为 $\tau_{d3}=40\sin(t+\Phi)$，$\Phi$ 为干扰力矩初始相位，通过调整 $\Phi$ 来模拟不同初值状态的干扰，仿真结果见图 8-36。

可以看出，本节设计的固定时间观测器在不同的初始状态下均可稳定快速地实现对干扰的估计。干扰初始值在(-40~40)N · m 间随机产生，50 次对比仿真结果见图 8-37。

与文献[27]中的观测器相比，本节所设计的固定时间观测器收敛更快，且受干扰初始值影响更小，与前述的理论分析一致。综合比较，本节固定时间观测器性能更加优越，具有较好的估计效果。

**2. 无风环境下仿真**

为验证障碍李雅普诺夫函数下的预设性能反步控制器控制效果，将其与渐

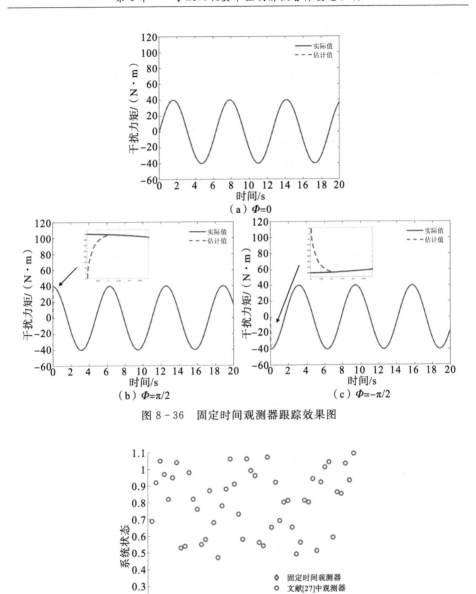

图 8 - 36　固定时间观测器跟踪效果图

图 8 - 37　观测器对比统计图

进稳定反步控制器和 ADRC 控制器进行比较,分别实现期望偏航角对阶跃信号、斜坡信号与正弦信号的跟踪,其中阶跃信号的幅值设置为 3°,在初始时间跳跃;斜坡信号的斜率设置为 0.3,初始值设置为 4°;正弦信号的角频率设置为 0.1 rad/s,幅值设置为 3°,基准设置为 −3.5°。仿真步长设置为 0.001 s。ADRC参数设置见表 8 − 3。三种控制器下的信号响应曲线以及误差曲线见图8 − 38。

表 8 − 3　ADRC 控制器参数

| 参数 | 数值 | 参数 | 数值 |
|---|---|---|---|
| $b$ | 0.5 | $\beta_2$ | 10 |
| $r$ | 25 | $\beta_{01}$ | 50 |
| $h$ | 5 | $\beta_{02}$ | 100 |
| $\beta_1$ | 10 | $\beta_{03}$ | 100 |

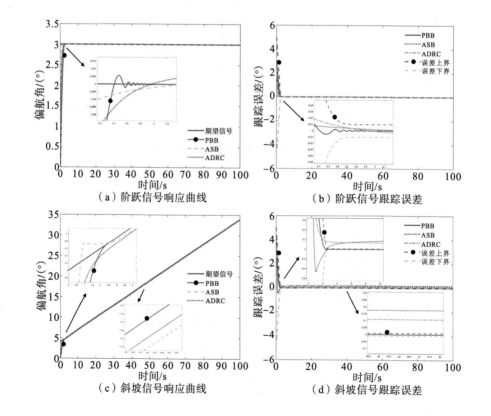

（a）阶跃信号响应曲线　　　　（b）阶跃信号跟踪误差

（c）斜坡信号响应曲线　　　　（d）斜坡信号跟踪误差

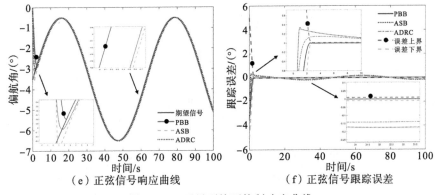

（e）正弦信号响应曲线　　　　　　（f）正弦信号跟踪误差

图 8-38　无风环境下控制响应曲线

　　由图 8-38 可以看到，无风环境下三种控制器针对阶跃、斜坡以及正弦信号均有较好的跟踪效果。由图 8-38（a）和（b）可知当阶跃信号作用时，控制器均能快速响应。其中 ASB 控制器动作速度最快，收敛时间为 4.1 s，明显大于 PBB 控制器 2.8 s 的收敛时间，ADRC 响应曲线整体较为平缓，而 PBB 控制器在收敛前有小幅的信号波动。

　　由图 8-38（c）和（d）可知，PBB 控制器能在最短的时间内跟踪上斜坡信号，其收敛时间为 2.6 s。ASB 控制器比 ADRC 控制器响应速度快，但振荡比较明显。当响应收敛时，PBB 控制器稳态误差最小，ADRC 控制器次之，而 ASB 控制器跟踪误差相对较大。通过图 8-38（e）和（f）可得，在跟踪正弦信号过程中，ASB 和 ADRC 控制器比 PBB 控制器的跟踪相位有明显的滞后，跟踪精度较差。

　　综合来看，在无风环境下，三种控制器的跟踪效果差别不大，均能在一定时间内稳定地跟踪期望信号。而 PBB 控制器拥有更快的收敛速度以及更好的跟踪精度。

### 3. 时变风环境下仿真

　　本节在仿真过程中将时变风场以外部干扰形式加入一子级-翼伞组合体模型中以对比三种控制器的跟踪效果。

　　设时变风场的加速度及速度均已知，其变化曲线见图 8-39。

　　三种控制器对阶跃、斜坡以及正弦信号的响应曲线见图 8-40。

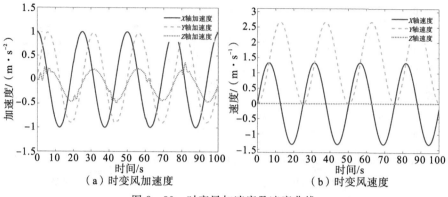

图 8 - 39　时变风加速度及速度曲线

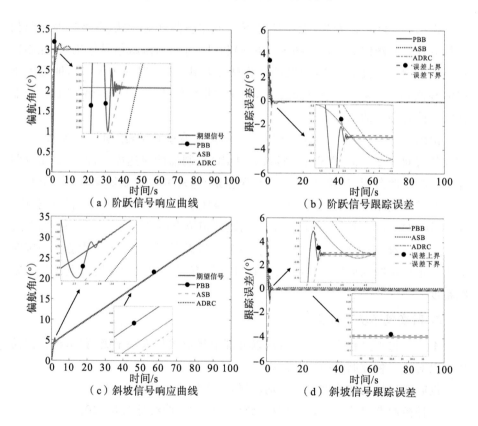

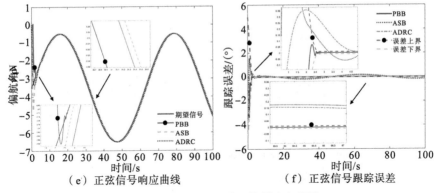

（e）正弦信号响应曲线　　　　　　（f）正弦信号跟踪误差

图 8 - 40　时变风环境下控制响应曲线

可以看出，相较于无风环境，时变风对三种控制器均有影响，且影响各不相同。由图 8 - 40(a)和(b)可以看出，当阶跃信号作用时，风场环境影响下各控制器均有振荡。其中 PBB 控制器超调最大，2.58 s 后在期望信号±0.01°之间逐渐振荡收敛，收敛时间远小于 ASB 与 ADRC 控制器。由图 8 - 40 (c)和(d)可知，PBB 控制器在 2.7 s 内快速地跟踪上期望信号，ASB 控制器比 ADRC 控制器响应速度快，但振荡较大，最终稳态误差最大。从图 8 - 40(e)和(f)可知，跟踪正弦信号时，ASB 控制器振荡尤为明显，跟踪相位有明显滞后，跟踪精度最低。ADRC 控制器前期振荡最小，但收敛速度最慢。相较而言，PBB 控制器收敛速度最快，跟踪精度最高。

由于 PBB 控制器中加入了固定时间观测器，ADRC 控制器中加入了扩张状态观测器，因此两者对干扰有一定的抑制作用。PBB 控制器虽然在初始时刻律动较大，而当观测器作用后，其依旧可以保持快速收敛性能，同时将误差限制于包络性能边界内，因此具有更好的鲁棒性。

**4. 紊流风环境下仿真**

本节采用 Dryden 模型对紊流风场进行模拟，并在此环境下，对比三种控制器的跟踪效果。

前已述及，翼伞是一个欠驱动飞行器，对其垂直方向上的姿态及位置控制能力有限。因此，本节设置的紊流风场方向为水平方向，设紊流风场的加速度及速度均已知，其变化曲线见图 8 - 41。三种控制器对阶跃、斜坡及正弦信号的响应曲线见图 8 - 42。

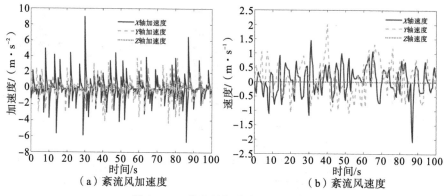

图 8 - 41　紊流风加速度及速度曲线

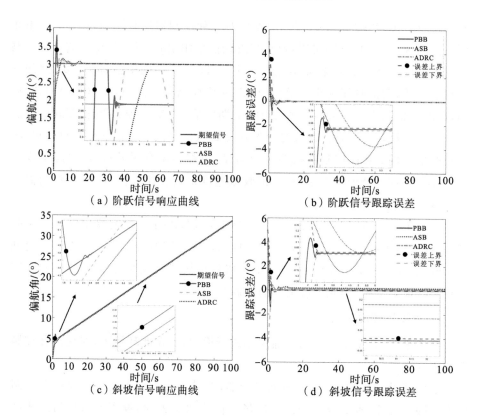

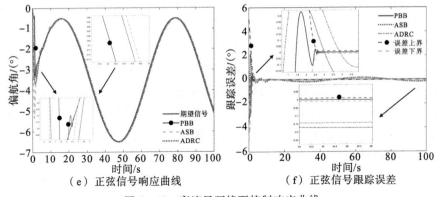

（e）正弦信号响应曲线  （f）正弦信号跟踪误差

图 8 - 42    紊流风环境下控制响应曲线

不难发现，相比于时变风，紊流风环境下三种控制器的性能均有所恶化，ASB 与 ADRC 控制器的收敛时间显著增加。由图 8 - 42(a)和(b)可知，当阶跃信号作用时，PBB 控制器在初始时刻有较大幅度的超调，而在 2.8 s 后逐渐收敛，3.3 s 后结束振荡跟踪误差趋于零。ASB 与 ADRC 控制器均有较长时间的振荡，ADRC 控制器整体振荡更平缓，最终于 15.9 s 完全收敛；ASB 控制器振荡更加剧烈，最终于 12.2 s 完全收敛。通过图 8 - 42 (c)和(d)可以得到，PBB 控制器可以快速跟踪期望信号，稳态误差最小。ASB 控制器虽收敛时间快于 ADRC 控制器，但对干扰更敏感，振荡幅度更大，稳态误差更大。根据图 8 - 42 (e)和(f)，在跟踪正弦信号时，ASB 控制器在初始时刻振荡尤为明显，且在前 14 s 内有明显的波动，跟踪相位滞后。ADRC 控制器响应曲线整体相对平缓，而收敛较慢。PBB 控制器弥补了前两者的不足，虽初始时刻有一定振荡，但在 3 s 内收敛，稳态误差较小。

加入紊流风后，PBB 控制器中加入固定时间干扰观测器与 ADRC 控制器中加入扩张状态观测器的优势更加凸显，两者对干扰的敏感度比 ASB 控制器明显更低。总体看来，本节设计的 PBB 控制器在固定时间干扰观测器精确估计出干扰后，能够准确而又快速地跟踪上期望信号，且最终的稳态误差更小，由此可以验证 PBB 控制器的可行性与有效性。

## 8.5    本章小结

本章针对一子级-翼伞组合体归航控制过程中存在的强耦合、非线性、内外干扰复杂、不确定性和输入饱和等因素影响，重点开展了高性能、鲁棒一子级-

翼伞组合体姿态控制器设计。首先基于非线性动态逆理论设计了组合体姿态控制器，并通过仿真验证了其可行性。其次，基于自抗扰控制具有的不依赖于控制对象模型、不区分系统内外扰动的特点，设计了组合体姿态控制器，并通过仿真验证了其在不同指令信号和风场环境下的适应性和鲁棒性。然后，基于李雅普诺夫理论的有限时间反步法结合扩张状态观测器和跟踪微分器设计了组合体姿态控制器，并通过仿真实验证明了其在不同指令信号和风场环境下响应速度更快、响应曲线更平滑、抗扰动能力更强。最后，设计了基于障碍李雅普诺夫函数的预设性能反步姿态控制器，并通过仿真实验验证了其在不同指令信号和风场环境下均能快速准确地实现对期望信号的跟踪，且稳态时的跟踪精度更高。

# 参考文献

[1] 张立珍，傅健，陈玉林．基于 SMDO - NGPC 的无人机姿态控制律设计[J]．战术导弹技术，2019(2)：78 - 84．

[2] 杜金刚．基于动态逆方法的飞行控制系统设计与仿真[D]．西安：西北工业大学，2006．

[3] 韩京清．利用非线性特性改进 PID 控制律[J]．信息与控制，1995(6)：356 - 364．

[4] 富月．基于多模型与神经网络的非线性自适应解耦控制[D]．沈阳：东北大学，2009．

[5] ABOUDONIA A，EL - BADAWY A，RASHAD R．Active anti - disturbance control of a quadrotor unmanned aerial vehicle using the command - filtering backstepping approach[J]．Nonlinear Dynamics，2017(1)：1 - 17．

[6] JIA Z，YU J，MEI Y，et al．Integral backstepping sliding mode control for quadrotor helicopter under external uncertain disturbances[J]．Aerospace Science and Technology，2017，68：299 - 307．

[7] CHEN Z I，ZHANG H，et al．Altitude control for unmanned powered parafoil based on backstepping method[C]．第 28 届中国控制与决策会议，2016．

[8] 吴加兴．无人水下航行器协同目标跟踪方法研究[D]．哈尔滨：哈尔滨工

程大学.

[9] 李世振. 重型海工装备升沉补偿电液控制系统研究[D]. 杭州:浙江大学, 2016.

[10] 杨俊华, 吴捷, 胡跃明. 反步方法原理及在非线性鲁棒控制中的应用 [J]. 控制与决策, 2002(S1): 641 – 647.

[11] 杨晟萱. 四旋翼飞行器自抗扰控制方法研究[D]. 大连:大连理工大学, 2014.

[12] PENG T K. Adaptive control of uncertain constrained nonlinear systems [M]. National University of Singapore, 2008.

[13] 丁科新. 基于障碍 Lyapunov 函数的机械臂自适应轨迹跟踪控制 [D]. 杭州:浙江工业大学, 2020.

[14] 陈中天. 刚性航天器姿态约束控制研究 [D]. 杭州:浙江工业大学, 2019.

[15] 王芳, 吕紫青, 单锐, 等. 输出受限的不确定非线性系统的自适应固定时间控制 [J]. 控制与决策, 2022, 37(9): 2265 – 2273.

[16] 魏才盛. 航天器姿态预设性能控制方法研究 [D]. 西安:西北工业大学, 2019.

[17] 张刚. 非线性机械系统预设性能控制方法研究 [D]. 徐州:中国矿业大学, 2020.

[18] ZUO Z, TIAN B, DEFOORT M, et al. Fixed – time consensus tracking for multiagent systems with high – order integrator dynamics [J]. IEEE Transactions on Automatic Control, 2017, 63(2): 563 – 570.

[19] WU C, YAN J, LIN H, et al. Fixed – time disturbance observer – based chattering – free sliding mode attitude tracking control of aircraft with sensor noises [J]. Aerospace Science and Technology, 2021, 111: 106565.

[20] LIU Y, LIU X, JING Y, et al. Direct adaptive preassigned finite – time control with time – delay and quantized input using neural network [J]. IEEE transactions on neural networks and learning systems, 2019, 31 (4): 1222 – 1231.

[21] LIU Y, LIU X, JING Y. Adaptive neural networks finite – time tracking control for non – strict feedback systems via prescribed performance

[J]. Information Sciences, 2018, 468: 29 - 46.

[22]　TEE K P, GE S S, TAY E H. Barrier Lyapunov functions for the control of output - constrained nonlinear systems [J]. Automatica, 2009, 45(4): 918 - 927.

[23]　李亚苹, 王芳, 周超. 全状态受限的高超声速飞行器的预定性能滤波反步控制 [J]. 航空学报, 2020, 41(11): 109 - 120.

[24]　YOU M, ZONG Q, TIAN B, et al. Comprehensive design of uniform robust exact disturbance observer and fixed-time controller for reusable launch vehicles [J]. IET Control Theory & Applications, 2018, 12 (5): 638 - 648.

[25]　陈梦萍. 面向火箭子级回收的翼伞建模与自主归航研究[D]. 西安: 西北工业大学, 2022.

[26]　李丰浩. 火箭一子级落区伞控方法研究 [D]. 西安: 西北工业大学, 2021.

[27]　XIAO B, YIN S. A new disturbance attenuation control scheme for quadrotor unmanned aerial vehicles [J]. IEEE Transactions on Industrial Informatics, 2017, 13(6): 2922 - 2932.

[28]　冯磊. 火箭一子级翼伞回收自主归航控制研究[D]. 西安: 西北工业大学, 2023.

# 第9章 一子级回收翼伞控制阶段航迹跟踪控制

前面的章节已经根据一子级回收任务要求及环境参数为一子级-翼伞组合体归航设计出了满足落点精确与能量最优的离线和在线航迹。为了精确跟踪这一航迹实现一子级精确落点控制与回收，航迹跟踪控制器的设计至关重要。不难看出，航迹跟踪控制属于外环制导回路，而内环为姿态控制回路。由于在实际航迹跟踪控制中存在不确定因素，且一子级-翼伞组合体运动呈现出复杂的非线性特性，所以对航迹跟踪控制器的设计提出了更高的要求。本章根据翼伞的位置及偏航角信息，把外环的航迹跟踪控制器设计视为制导问题，采用矢量场理论和视线制导律结合第8章的姿态控制回路实现精确航迹跟踪控制。

## 9.1 基于矢量场理论的航迹跟踪控制

一子级-翼伞组合体航迹跟踪控制的一般结构见图9-1。其中，内环为一子级-翼伞的偏航角姿态控制回路，主要用于跟踪偏航角指令；外环为位置解算跟踪回路，主要根据水平方向偏航距与偏航角来计算偏航角跟踪指令，由姿态控制内环操纵偏航角变化以实现翼伞的航迹跟踪控制。其中内环姿态控制已在第8章完成，本章主要研究外环的位置解算跟踪问题，也即制导问题。由于翼伞高度控制能力有限，故航迹跟踪控制中仅考虑水平方向。本节采用文献[1]中矢量场跟踪制导算法实现偏航角指令计算。

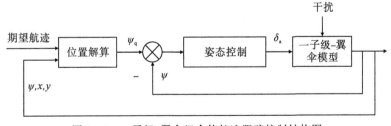

图9-1 一子级-翼伞组合体航迹跟踪控制结构图

### 9.1.1　直线航迹跟踪

一子级-翼伞组合体直线航迹跟踪示意图见图 9-2。图中待跟踪的直线航迹可以表示为

$$P_{\text{line}}(r,q) = \{x \in \mathbf{R}^3 : x = r + \lambda q, \lambda \in \mathbf{R}\} \tag{9-1}$$

式中，$r$ 表示航迹原点；$q$ 为单位矢量，表示规划的飞行方向。因本节中假设跟踪轨迹为平面内的直线跟踪，所以 $q = (x_q, y_q)$ 表示单位向量的 $X$ 轴分量和 $Y$ 轴分量。

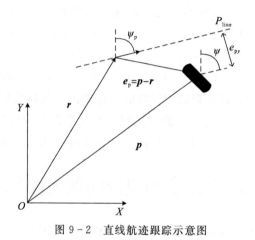

图 9-2　直线航迹跟踪示意图

跟踪期望直线航迹的偏航角可以表示为

$$\psi_p = \arctan2\left(\frac{y}{x}\right) = \begin{cases} \arctan\left(\dfrac{y}{x}\right) & x > 0 \\[2mm] \arctan\left(\dfrac{y}{x}\right) + \pi & y \geqslant 0, x < 0 \\[2mm] \arctan\left(\dfrac{y}{x}\right) - \pi & y < 0, x < 0 \\[2mm] \dfrac{\pi}{2} & y > 0, x = 0 \\[2mm] -\dfrac{\pi}{2} & y < 0, x = 0 \\[2mm] \text{undefined} & y = 0, x = 0 \end{cases} \tag{9-2}$$

式中，$\psi_p$ 的返回值介于 $\pm\pi$，若归航过程中组合体盘旋多圈会使期望偏航角 $\psi_p$ 太大，为了避免由此导致控制输入错误，对式（9-2）进行如下修正：

$$\psi_{p} = \begin{cases} \psi_{p}+2\pi & \psi_{p}-\psi<-\pi \\ \psi_{p}-2\pi & \psi_{p}-\psi>\pi \end{cases} \tag{9-3}$$

式中，$\psi$ 为翼伞的偏航角。

设此时一子级-翼伞的水平位置为 $(x,y)$，航迹原点为 $(r_x,r_y)$，可以得到水平位置误差为

$$e_{py} = -\sin\psi_{p}(x-r_x)+\cos\psi_{p}(y-r_y) \tag{9-4}$$

水平直线跟踪的目标是，选择合适的控制量操纵翼伞下偏改变偏航角，使水平位置误差 $e_{py}$ 为 0。本节策略为在每一个相对于直线航迹的空间点上构造一个期望的偏航角，从而使翼伞向该方向移动，最终得到直线航迹跟踪的指令输入[2]为

$$\psi^{c}(t) = \psi_{p}-\psi^{\infty}\frac{2}{\pi}\arctan[k_{path}e_{py}(t)] \tag{9-5}$$

式中，$\psi^{\infty}$ 表示为翼伞接近于规划航迹的角速度，一般取值为 $[0,\pi/2]$；$k_{path}$ 为一个正常数，表示为直线轨迹跟踪比率，它影响从 $\psi^{\infty}$ 到零的转换速率，大的 $k_{path}$ 值会导致短而突然的转变，小的 $k_{path}$ 值会导致在预期的过程中出现长而平稳的转变，综合考虑该值取为 0.1。

## 9.1.2　圆盘航迹跟踪

圆盘航迹跟踪示意图见图 9-3。圆盘航迹在极坐标下可表示为

$$P_{orbit}(\boldsymbol{c},\rho,\lambda) = \{\boldsymbol{r}\in\mathbf{R}^{3}:\boldsymbol{r}=\boldsymbol{c}+\lambda\rho(\cos\varphi,\sin\varphi),\varphi\in[0,2\pi]\} \tag{9-6}$$

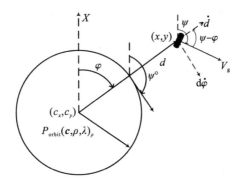

图 9-3　圆盘航迹跟踪示意图

式中，$\boldsymbol{c}$、$\rho$、$\lambda$ 分别为圆盘航迹的圆心、半径和圆的方向，其中 $\lambda=1$ 表示顺时针方向的圆，$\lambda=-1$ 表示逆时针方向的圆；其他参数定义见图 9-3。

根据图9-3,设跟踪圆盘轨迹的圆心到翼伞位置的距离为$d$,翼伞相对于圆盘圆心的方位角设为$\varphi$,$V_g$表示水平方向的合速度,通过方位角给出翼伞运动在径向方向以及切向方向的轨道运动方程为

$$\dot{d} = V_g \cos(\psi - \varphi) \tag{9-7}$$

$$\dot{\varphi} = \frac{V_g}{d}\sin(\psi - \varphi) \tag{9-8}$$

由图9-3可以看出,当顺时针跟踪圆盘时,则翼伞在圆盘轨迹上运动时期望的偏航角可以表示为$\psi^\circ = \varphi + \pi/2$,同理,当逆时针跟踪一个圆盘轨迹时,则期望的偏航角可以表示为$\psi^\circ = \varphi - \pi/2$,所以偏航角可以统一为

$$\psi^\circ = \varphi + \lambda\,\frac{\pi}{2} \tag{9-9}$$

通过上述计算,圆盘旋跟踪的目标是将翼伞与圆心之间的距离$d(t)$控制到圆轨迹的半径,并且使翼伞的偏航角$\psi(t)$跟踪期望的偏航角$\psi^\circ$,最终得出跟踪圆盘段的偏航角指令为

$$\psi^c(t) = \varphi + \lambda\left\{\frac{\pi}{2} + \arctan\left[k_{orbit}\left(\frac{d-\rho}{\rho}\right)\right]\right\} \tag{9-10}$$

式中,$k_{orbit}$为大于0的一个常数,其表示从$\lambda\pi/2$到0的转换速率。

至此,航迹跟踪中偏差量及偏航角的综合计算已经完成,这两个量将作为内环姿态跟踪控制器的指令输入信号,实现翼伞偏航角的控制。此外,本节采用了ADRC方法设计姿态控制器,具体设计思路已经在8.2节给出,此处不再赘述。

### 9.1.3　仿真及结果分析

本小节根据5.2节得到的最优分段航迹结合前述制导律计算一子级-翼伞组合体的偏航角跟踪指令信号,然后应用8.2节ADRC姿态控制器对航迹跟踪策略进行验证。

**1. 无风情况下的航迹跟踪**

1)初始位置及气动力系数无偏差。

假定一子级的初始位置与落点位置(0 m,0 m,7000 m)相同,并且翼伞气动参数不存在偏差。仿真结果见图9-4。

由图9-4(a)可知,无风情况下ADRC控制器能够较好地跟踪预先规划的一子级-翼伞组合体归航航迹,实际跟踪航迹与规划航迹基本重合,组合体在ADRC控制器下的最终落点为(-5103 m,-4000 m,-0.056 m)。综合考虑航

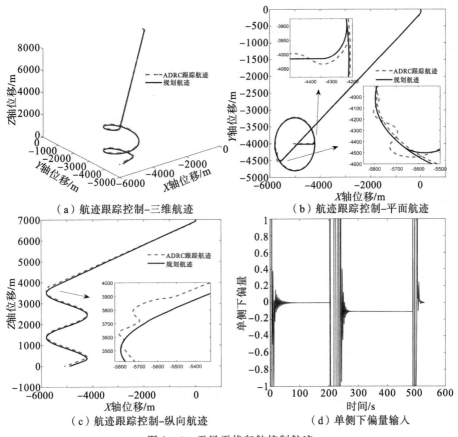

（a）航迹跟踪控制-三维航迹

（b）航迹跟踪控制-平面航迹

（c）航迹跟踪控制-纵向航迹

（d）单侧下偏量输入

图 9-4　无风干扰归航控制航迹

迹规划误差以及控制误差,该落点距离设定目标点($-5000$ m,$-4000$ m,0 m)的偏差为 103 m,而实际跟踪航迹与规划航迹的落点($-4899$ m,$-4017$ m,0.3161 m)相差 204.7 m。由 9-4(b)可知,分段航迹中在直线航迹与圆航迹的切点处会有振荡,但是很快就趋于稳定,因为设计的直线与圆的跟踪偏差策略不一样,所以在直线与圆跟踪时需要切换跟踪指令,重新调节误差。由图 9-4(c)可以看出,一子级-翼伞组合体在稳定滑翔段跟踪下的航迹与规划的航迹两者偏航角保持一致,但斜率不一样,这表明跟踪航迹在 $Z$ 轴上的速度比规划航迹在 $Z$ 轴上的速度要慢。图 9-4(d)表示在航迹跟踪过程中单侧下偏控制信号的输入变化,由图可知,在以最小半径转弯时,一子级-翼伞组合体模型的单侧下偏控制输入量为$-1$;在稳定滑翔段跟踪时,组合体模型的单侧下偏控制输入量又变为 0;盘旋削高段跟踪时,组合体的单侧下偏控制输入量为常值,略微有逐渐下降的趋势,符合规划时控制量输入曲线线型。综上所述,在无风干扰情况下,ADRC控制器可以快速、稳定地完成按照规划航迹进行跟踪的任务,并且纵向航迹也基本与规划航迹相一致。

此外,归航过程中一子级的水平速度与垂直速度响应曲线见图9-5。

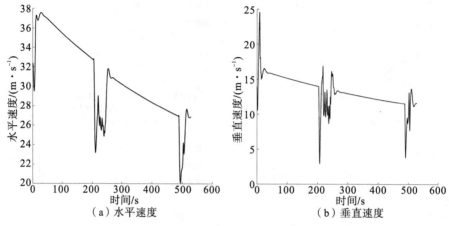

（a）水平速度　　　　　　　　（b）垂直速度

图9-5　归航速度响应曲线

可以看出,在分段航迹的切换处即控制器控制新一段航迹的过渡起始段,组合体的水平速度与垂直速度都会呈现很大的振荡。在稳定滑翔阶段与盘旋阶段,组合体的水平速度与垂直速度均在稳定缓慢减小。假设空气密度不变,稳定滑翔段与盘旋削高段的速度将呈稳定保持状态,见图9-6。

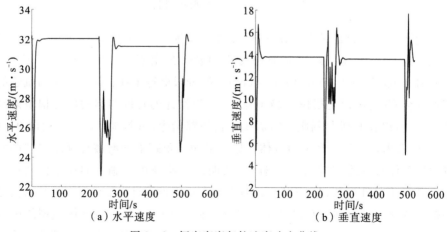

（a）水平速度　　　　　　　　（b）垂直速度

图9-6　恒定密度归航速度响应曲线

2)初始位置偏差的影响分析。

当翼伞开伞工作时,由于各类随机误差的存在,一子级跟踪控制的初始点与规划航迹的初始点可能存在偏差,为验证归航航迹控制在这种情况下的适应性,分别设置起始点 $A$ 坐标为(−400 m,200 m,7000 m),起始点 $B$ 坐标为(200 m,300 m,7000 m),起始点 $C$ 坐标为(0 m,−300 m,7000 m),针对 $A$、$B$、$C$ 这三个不同初始点,分别基于 ADRC 算法进行航迹跟踪仿真,结果见图 9−7。

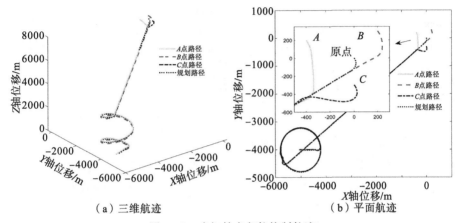

（a）三维航迹　　　　　　　　　（b）平面航迹

图 9−7　多初始点归航控制航迹

由图 9−7(a)可知,在无风干扰情况下,当一子级−翼伞的初始位置距离规划的初始点有一定偏差时,本节方法可以实现航迹的准确跟踪。从图 9−7（b）可以看出,初始位置无论是在规划航迹原点的何处方位,一子级−翼伞均可以实现稳定滑翔段的直线跟踪,初始点 $A$ 对应的最终落点位置为(−5085 m,−4000 m,−0.05 m),落点偏差为 85 m;初始点 $B$ 点对应的最终落点位置为(−4723 m,−4000 m,−0.11 m),落点偏差为 277 m;初始点 $C$ 点对应的落点位置为(−5059 m,−4000 m,−0.08 m),落点偏差为 59 m。从图 9−7(a)可以看出,一子级−翼伞组合体四个归航航迹的 $Z$ 轴位移有所不同,这是因为一子级的实际初始位置与航迹规划的初始位置不同,导致在接近规划航迹时,一子级调整左右下偏量会导致垂直速度改变,与期望航迹的垂直速度不同,所以航迹在高度上有所区别。

3)气动力系数偏差影响分析。

在一子级−翼伞的归航过程中,需要考虑翼伞的气动力参数偏差影响,设气动力参数偏差系数均服从随机正态分布,$C_L \sim N(1,0.03^2)$,$C_D \sim N(1,0.03^2)$,

$C_Y \sim N(1, 0.03^2)$,利用随机函数,生成三个气动力参数偏差系数的值,即设置第一组气动力参数偏差系数为$(1.0394, 1.0340, 0.9996)$,第二组偏差系数为$(1.0349, -0.9618, 0.9836)$,第三组偏差系数为$(0.9885, 1.0551, 0.9749)$,第四组偏差系数为$(0.9892, 0.9847, 0.9962)$,第五组偏差系数为$(1.0180, 1.0260, 0.9941)$,进行气动力参数拉偏落区控制仿真,仿真结果见图9-8。

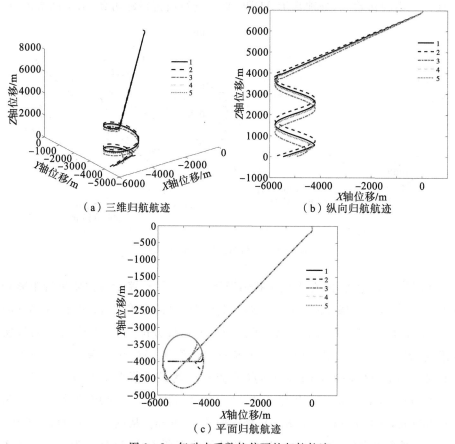

（a）三维归航航迹　　　　（b）纵向归航航迹

（c）平面归航航迹

图9-8　气动力系数拉偏下的归航航迹

在五组气动力参数拉偏下,归航航迹落点中离目标点最远的落点为$(-5817 \text{ m}, -4000 \text{ m}, -0.1064 \text{ m})$,航迹中离目标点最近的落点为$(-5243 \text{ m}, -4000 \text{ m}, -0.0579 \text{ m})$,最远落点距离目标点$(-5000 \text{ m}, -4000 \text{ m}, 0 \text{ m})$的距离为817 m。由图9-8(b)可知,气动力参数偏差影响下,一子级在纵向平面内的航迹不同,这是因为气动力参数改变后,一子级-翼伞组合体的升阻比发生改变,导致各航迹在稳定滑翔段的滑翔比不同。

**2. 常值风情况下的航迹跟踪**

在持续正向逆风干扰情况下,一子级-翼伞组合体一方面会因为逆风导致到达预计点的时间延长,另一方面由于平面航迹跟踪时因垂直速度保持不变导致一子级未到达目的地即已经着陆,跟踪曲线见图 9-9。

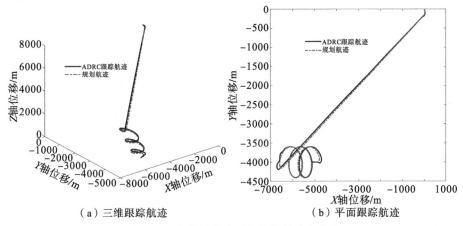

（a）三维跟踪航迹　　　　　　　　　（b）平面跟踪航迹

图 9-9　常值风影响下归航控制响应曲线

由图 9-9(a)可知,常值风下规划航迹的最终落点为(−4992 m,−4003 m,−1.404 m),ADRC 跟踪下的航迹落点为(−5113 m,−4000 m,−0.09 m),两点相距 121.04 m,而跟踪航迹距离设置的目标点偏差为 113.04 m。可见在常值风干扰下,如果将常值风的影响引入航迹规划中,可以使一子级跟踪常值风下的规划航迹,从而使得组合体在常值风下的归航控制航迹的落点更加准确。

**3. 时变风情况下的航迹跟踪**

为验证时变风下基于 ADRC 算法的一子级航迹跟踪控制器的适应性,将时变风模型代入一子级-翼伞组合体的模型中进行仿真,结果见图 9-10。

由图 9-10(a)可见,时变风情况下,本节的矢量场结合 ADRC 算法的航迹跟踪效果较好,一子级-翼伞组合体最终落点为(−5133 m,−4000 m,−0.082 m),综合航迹规划方法的误差以及控制器的误差,距离设定目标点(−5000 m,−4000 m,0 m)偏差为 133 m,比无风情况下偏移了 30 m,而实际航迹落点与规划航迹的落点(−4899 m,−4017 m,0.3161 m)相比偏移了 234.6 m。图 9-10(d)给出了航迹跟踪时的单侧下偏控制量输入。可以看出,控制量曲线与无风下的控制量曲线趋势基本一致,但为了克服风的干扰,控制量在稳定下滑阶段和盘旋跟

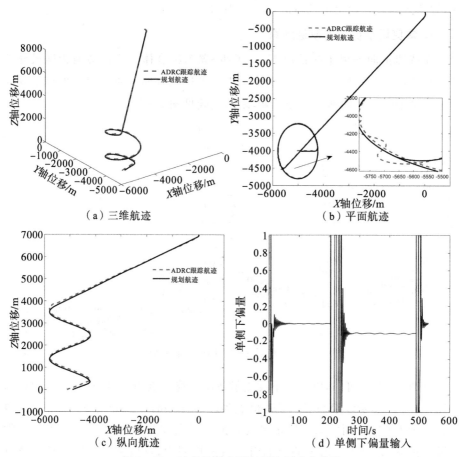

（a）三维航迹　　　　　　　（b）平面航迹

（c）纵向航迹　　　　　　　（d）单侧下偏量输入

图 9-10　时变风影响下归航控制响应曲线

踪阶段不断调节使一子级-翼伞组合体的位置可稳定跟踪规划航迹。综上所述，本节方法对时变风干扰的抑制作用比较明显。

时变风干扰下一子级-翼伞组合体水平速度与垂直速度响应曲线见图9-11。

由图 9-11 可知，风场影响下的稳定滑翔阶段与盘旋阶段，一子级与翼伞组合体的垂直速度以及水平速度不能保持稳定下降，会随着时变正弦风的变化而变化，但是总体变化趋势与无风时相近。

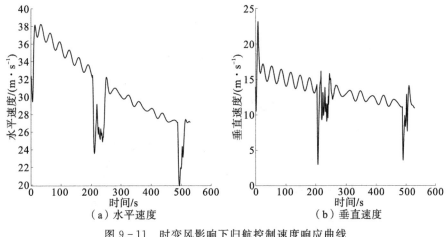

图 9-11　时变风影响下归航控制速度响应曲线

# 9.2　基于视线制导律的航迹跟踪控制

上一节设计的方法能够实现组合体系统对 5.2 节得到的直线和圆弧组成的分段轨迹的跟踪，而在多数情况下，所需跟踪的轨迹并非如此规则，如第 6 章在复杂环境中遇到山峰或热气流时需紧急避险的归航轨迹。因此，在这类场景下需要设计出能够跟踪任意曲线的航迹控制方案。本节基于传统视线（Line of sight，LOS）导引法结合 Serret-Frenet（塞里特-弗勒内，SF）坐标系设计一子级-翼伞组合体航迹跟踪控制器，以实现对任意几何形状航迹的跟踪。

## 9.2.1　传统的 LOS 制导律

LOS 制导律由于具备对噪声不敏感、不依赖于控制对象模型、独立于内环控制器、设计参数较少等优势，而被广泛应用于导弹、船舶、自动驾驶等诸多控制领域[9-11]。在一子级翼伞航迹跟踪中，LOS 制导律可根据当前翼伞与一子级组合体所处位置指向期望航路点，进而解算出期望偏航角，然后利用内环姿态控制器驱动组合体向期望航路点前进，最终使组合体运动轨迹收敛至期望航迹。一子级-翼伞组合体 LOS 制导律跟踪示意图见图 9-12。

图中期望航迹由给定的一组期望航迹点顺序直线连接而得到，$P_w$ 与 $P_{w-1}$ 分别代表两个相邻的期望航迹点。LOS 的引导目标为使组合体位置收敛于目标直线 $P_{w-1}P_w$ 上的 LOS 点 $P_{LOS}$ 并保持翼伞偏航角 $\psi_p$ 与目标直线偏航角 $\alpha_w$

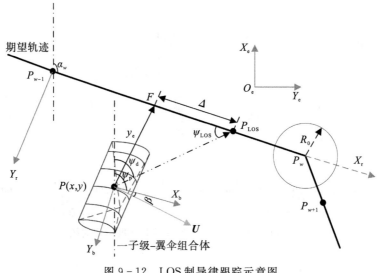

图 9 - 12　LOS 制导律跟踪示意图

一致。

在大地坐标系 $O_e X_e Y_e Z_e$ 下,组合体的水平位置为 $P = (x, y)$,过 $P$ 点做 $P_{w-1} P_w$ 的垂线,$P_{w-1} P_w$ 上与垂足 $F$ 相距前视距离 $\Delta$ 的位置即为 $P_{\text{LOS}}$ 点。建立辅助坐标系 $O_r X_r Y_r$,其中 $P_{w-1}$ 点为原点,直线 $P_{w-1} P_w$ 为 $X$ 轴,向量 $\boldsymbol{P_{w-1} P_w}$ 方向为 $X$ 轴正向。在 $O_e X_e Y_e$ 坐标系下,点 $P_w$、$P_{w-1}$ 坐标分别为 $(x_w, y_w)$、$(x_{w-1}, y_{w-1})$,由此期望航迹的偏航角 $\alpha_w$ 为

$$\alpha_w = \arctan2(y_w - y_{w-1}, x_w - x_{w-1}) \tag{9-11}$$

航迹跟踪过程中组合体当前位置与期望航迹间的沿向误差 $x_e$ 和横侧向误差 $y_e$ 为

$$\begin{bmatrix} x_e \\ y_e \end{bmatrix} = \boldsymbol{R}^{\text{T}}(\alpha_w) \begin{bmatrix} x - x_{w-1} \\ y - y_{w-1} \end{bmatrix} \tag{9-12}$$

式中,$\boldsymbol{R}^{\text{T}}(\alpha_w)$ 为坐标系 $O_e X_e Y_e$ 到辅助坐标系 $O_r X_r Y_r$ 的转换矩阵:

$$\boldsymbol{R}^{\text{T}}(\alpha_w) = \begin{bmatrix} \cos\alpha_w & \sin\alpha_w \\ -\sin\alpha_w & \cos\alpha_w \end{bmatrix} \tag{9-13}$$

将式(9-13)代入式(9-12)可得 $y_e$ 为

$$y_e = -(x - x_{w-1})\sin\alpha_w + (y - y_{w-1})\cos\alpha_w \tag{9-14}$$

由横侧向误差 $y_e$ 和前视距离 $\Delta$,可得引导角 $\psi_{\text{LOS}}$,其数学表达式为

$$\psi_{\text{LOS}} = \arctan2\left(\frac{y_e}{\Delta}\right) \in \left[-\frac{\pi}{2}, \frac{\pi}{2}\right] \tag{9-15}$$

最终可得翼伞期望偏航角 $\psi_d$ 为

$$\psi_d = \alpha_w - \psi_{LOS} \tag{9-16}$$

以 $P_w$ 点为圆心、$R_0$ 为半径构造接纳圆。在跟踪过程中,组合体位置逐渐逼近于 $P_w$ 点,当组合体进入接纳圆,期望航迹由 $P_{w-1}P_w$ 切换至 $P_wP_{w+1}$,期望偏航角计算与上述步骤相同。

从上述推导来看,LOS 制导律本质上是一种三点式导引方法,其计算简单易于实现,有着显著优势。然而,仅跟踪直线航迹无法满足组合体归航任务,因此需要拓展 LOS 制导律对曲线航迹的跟踪。

## 9.2.2　SF 坐标系下的 LOS 制导律

为实现任意几何曲线航迹跟踪,本节引入 SF 坐标系,其示意图见图 9-13。通过 SF 坐标系、大地水平面坐标系 $O_eX_eY_e$ 和伞体水平面坐标系 $O_pX_pY_p$ 之间的相互转换,可以在 SF 坐标系下建立位置跟踪误差表达式,并进一步获得曲线航迹下的翼伞期望偏航角 $\psi_d$。

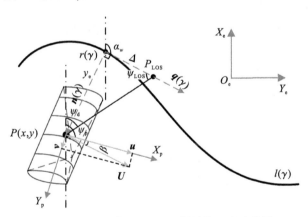

图 9-13　SF 坐标系下 LOS 制导律跟踪示意图

假设 $l(\gamma)$ 是二维欧几里得空间 $\mathbf{R}^2$ 中的一条可微曲线,其任意点的曲率均为非零,$\gamma$ 为航迹变量且 $\gamma \geqslant 0$,则对曲线上的任意一点 $r(\gamma) = [x(\gamma), y(\gamma)]$,该点的单位法向量 $n(\gamma)$ 与单位切向量 $q(\gamma)$ 构成的平面称为曲线航迹 $l(\gamma)$ 在点 $r(\gamma)$ 的 SF 坐标标架。其中,$n(\gamma)$ 和 $q(\gamma)$ 的具体表达式分别为

$$\begin{cases} n(\gamma) = \left[ -\dfrac{\partial y(\gamma)}{\partial \gamma}, \dfrac{\partial x(\gamma)}{\partial \gamma} \right]^{\mathrm{T}} \\[3mm] q(\gamma) = \left[ \dfrac{\partial x(\gamma)}{\partial \gamma}, \dfrac{\partial y(\gamma)}{\partial \gamma} \right]^{\mathrm{T}} \end{cases} \tag{9-17}$$

引入 SF 坐标系，翼伞当前位置点 $P$ 处于 $\boldsymbol{n}(\gamma)$ 延长线上，此时期望航迹偏航角 $\alpha_w$ 为

$$\alpha_w = \arctan2[y'(\gamma), x'(\gamma)] \qquad (9-18)$$

式中，$x'(\gamma) = \partial x(\gamma)/\partial \gamma$；$y'(\gamma) = \partial y(\gamma)/\partial \gamma$。

组合体当前位置与期望航迹间的 $x_e$ 和 $y_e$ 为

$$\begin{bmatrix} 0 \\ y_e \end{bmatrix} = \begin{bmatrix} \cos\alpha_w & -\sin\alpha_w \\ \sin\alpha_w & \cos\alpha_w \end{bmatrix}^T \begin{bmatrix} x - x(\gamma) \\ y - y(\gamma) \end{bmatrix} \qquad (9-19)$$

展开式(9-19)，可得

$$\begin{cases} y - y(\gamma) = -\dfrac{1}{\tan(\alpha_w)}[x - x(\gamma)] \\ y_e = -[x - x(\gamma)]\sin(\alpha_w) + [y - y(\gamma)]\cos(\alpha_w) \end{cases} \qquad (9-20)$$

根据文献[3-4]可得航迹变量导数 $\dot{\gamma}$ 为

$$\dot{\gamma} = \frac{|\boldsymbol{U}|}{\sqrt{x'(\gamma)^2 + y'(\gamma)^2}} > 0 \qquad (9-21)$$

式中，$|\boldsymbol{U}|$ 表示翼伞在水平面下的合速度。

正如 Samson(萨姆森)[5] 所指出的，在航迹为闭合曲线的情况下，式(9-20)可能存在无穷多解。因此，本节仅讨论开放曲线下的跟踪问题，即水平面内跟踪起点与终点不一致的情况。通过最小化 $\dot{\gamma}$ 可求得横侧向误差 $y_e$ 的唯一解 $y_e(\gamma^*)$。$\gamma^*$ 的求解方程为

$$\begin{cases} \gamma^* = \mathrm{argmin}(\dot{\gamma}^2) \\ y - y(\gamma^*) = -\dfrac{1}{\tan(\alpha_w)}[x - x(\gamma^*)] \end{cases} \qquad \gamma \geqslant 0 \qquad (9-22)$$

最终可得组合体期望偏航角 $\psi_d$ 为

$$\psi_d = \alpha_w + \arctan\left[-\frac{y_e(\gamma^*)}{\Delta}\right] \qquad (9-23)$$

### 9.2.3　含侧滑角补偿的改进 LOS 制导律

通过前一小节的计算流程，不难解算出直线或曲线航迹下的期望偏航角 $\psi_d$，将期望偏航角输入内环姿态控制器中得到翼伞下偏控制量 $\delta_a$，即可使组合体轨迹逐渐收敛于期望航迹。然而，由于翼伞在飞行过程中会受到水平风场等外部干扰的影响，其纵向对称平面与飞行速度矢量 $\boldsymbol{U}$ 会形成侧滑角 $\beta$，使控制效果变差，轨迹跟踪偏差增大。因此需要对侧滑角进行补偿。本节在考虑侧滑角影响的情况下进行 LOS 制导律的设计。

**1. 制导律解算**

由于外环位置跟踪过程中，仅考虑翼伞的偏航角 $\psi_p$，忽略其俯仰角和滚转角，因此可简化使用翼伞的质点模型。翼伞质点模型为

$$\begin{cases} \dot{x} = u\cos(\psi_p) - v\sin(\psi_p) \\ \dot{y} = u\sin(\psi_p) + v\cos(\psi_p) \\ \dot{\psi}_p = \delta_a \end{cases} \quad (9-24)$$

式中，$u$ 和 $v$ 为飞行速度矢量 $U$ 在伞体坐标系 $O_pX_p$ 轴和 $O_pY_p$ 轴的分量的模值；$\delta_a$ 为翼伞单侧下偏控制量。

将方程(9-22)的解 $\gamma^*$ 代入方程(9-20)中可得 $y_e(\gamma^*)$ 并对其进行求导

$$\dot{y}_e(\gamma^*) = -[\dot{x} - \dot{x}(\gamma^*)]\sin(\alpha_w) + [\dot{y} - \dot{y}(\gamma^*)]\cos(\alpha_w) -$$
$$\{[x - x(\gamma^*)]\cos(\alpha_w) + [y - y(\gamma^*)]\sin(\alpha_w)\}\dot{\alpha}_w \quad (9-25)$$

由方程(9-20)可得

$$[x - x(\gamma^*)]\cos(\alpha_w) + [y - y(\gamma^*)]\sin(\alpha_w) = 0 \quad (9-26)$$

由式(9-18)可得

$$\dot{x}(\gamma^*)\sin(\alpha_w) - \dot{y}(\gamma^*)\cos(\alpha_w) = 0 \quad (9-27)$$

因此，$\dot{y}_e(\gamma^*)$ 的形式可以变换为

$$\dot{y}_e = -\dot{x}\sin(\alpha_w) + \dot{y}\cos(\alpha_w)$$
$$= -[u\cos(\psi_d) - v\sin(\psi_d)]\sin(\alpha_w) + [u\sin(\psi_d) + v\cos(\psi_d)]\cos(\alpha_w)$$
$$= |U|[\sin(\psi_d - \alpha_w)\cos\beta + \cos(\psi_d - \alpha_w)\sin\beta] = |U|\sin(\psi_d - \alpha_w + \beta)$$
$$(9-28)$$

式中，$|U| = \sqrt{u^2 + v^2}$；$\beta = \arctan2(v, u)$。

由于侧滑角相对较小(通常小于5°)，因此 $\cos\beta \approx 1, \sin\beta \approx \beta$。式(9-28)可以改写为

$$\dot{y}_e = |U|[\sin(\psi_d - \alpha_w) + \cos(\psi_d - \alpha_w)\beta] \quad (9-29)$$

为满足对侧滑角 $\beta$ 的补偿，设计期望偏航角指令为

$$\psi_d = \alpha_w + \arctan\left(-\frac{y_e + \alpha}{\Delta}\right) \quad (9-30)$$

式中，$\alpha$ 为稍后设计的补偿输入量；$\Delta$ 为固定的前视距离且 $0 < \Delta_{\min} \leqslant \Delta \leqslant \Delta_{\max}$。

$$\sin\left[\arctan\left(-\frac{y_e + \alpha}{\Delta}\right)\right] = -\frac{y_e + \alpha}{\sqrt{\Delta^2 + (y_e + \alpha)^2}} \quad (9-31)$$

$$\cos\left[\arctan\left(-\frac{y_e+\alpha}{\Delta}\right)\right]=-\frac{\Delta}{\sqrt{\Delta^2+(y_e+\alpha)^2}} \tag{9-32}$$

将式(9-31)、式(9-32)代入式(9-29),可得

$$\dot{y}_e=|\boldsymbol{U}|\left[-\frac{y_e+\alpha}{\sqrt{\Delta^2+(y_e+\alpha)^2}}+\frac{\Delta}{\sqrt{\Delta^2+(y_e+\alpha)^2}}\beta\right] \tag{9-33}$$

假设侧滑角 $\beta$ 已知,令补偿输入量 $\alpha=\Delta\beta$,可消除侧滑角 $\beta$ 的影响。下面证明补偿侧滑角后系统的李雅普诺夫稳定性[6]。

证明:构造李雅普诺夫函数:

$$V_1(t,y_e)=\frac{1}{2}y_e^2 \tag{9-34}$$

对于所有 $y_e\neq0$,都有 $V_1(t,y_e)>0$。

$$\dot{V}_1(t,y_e)=y_e\dot{y}_e=-\frac{|\boldsymbol{U}|y_e^2}{\sqrt{\Delta^2+(y_e+\alpha)^2}}\leqslant0 \tag{9-35}$$

由于 $V_1(t,y_e)>0$,$\dot{V}_1(t,y_e)\leqslant0$,因此 $\forall t\geqslant t_0$,$|y_e(t)|\leqslant|y_e(t_0)|\leqslant\lambda$。其中 $\lambda$ 为正实数。

定义

$$\chi^*(t,y_e)=\frac{|\boldsymbol{U}|}{\sqrt{\Delta^2+(y_e+\alpha)^2}} \tag{9-36}$$

那么

$$\chi^*(t,y_e)\geqslant\frac{|\boldsymbol{U}|_{\min}}{\sqrt{\Delta_{\max}{}^2+(\lambda+\Delta_{\max}|\beta|)^2}}=c^*(\lambda) \tag{9-37}$$

$$\dot{V}_1(t,y_e)=-2\gamma^*(t,y_e)\cdot V_1(t,y_e)\leqslant-2c^*(\lambda)\cdot V_1(t,y_e) \tag{9-38}$$

根据文献[7]可知,针对线性系统 $\dot{w}=-2c^*(\lambda)w$ 有解 $w(t)=\exp[-2c^*(\lambda)(t-t_0)]w(t_0)$,因此可得

$$\dot{V}_1(t,y_e)\leqslant\exp[-2c^*(r)(t-t_0)]V_1(t_0) \tag{9-39}$$

在 $\forall t\geqslant t_0$,$|y_e(t_0)|\leqslant\lambda$ 的条件下,始终有

$$y_e(t)\leqslant\exp[-c^*(r)(t-t_0)]y_e(t_0) \tag{9-40}$$

因此,平衡点 $y_e=0$ 符合一致半全局指数稳定。

## 2. 侧滑角估计

通过设计虚拟控制量,可以将侧滑角 $\beta$ 加入期望偏航角 $\psi_d$ 中实现对侧滑角的补偿,而在组合体飞行过程中,翼伞侧滑角是实时改变的,因此需要实现对侧滑角的观测。由于飞行过程中侧滑角较小,因此假设 $|\beta|\leqslant\beta^*$,采用如下降阶扩

张状态观测器[7]实现对未知侧滑角的估计。

将式(9-29)改写为

$$\dot{y}_e = |\boldsymbol{U}| \sin(\psi_d - \alpha_w) + g_n \tag{9-41}$$

式中，$g_n = |\boldsymbol{U}| \cos(\psi_d - \alpha_w)\beta$。

由于 $g_n$ 中包含了未知侧滑角 $\beta$，设计如下的降阶状态观测器：

$$\begin{cases} \dot{p}_a = -k_E p_a - k_E^2 y_e - k_E [|\boldsymbol{U}|\sin(\psi_d - \alpha_w)] \\ \hat{g}_n = p_a + k_E y_e \end{cases} \tag{9-42}$$

式中，$p_a$ 为观测器辅助状态；$k_E$ 为观测器增益；$\hat{g}_n$ 为 $g_n$ 的观测值。设观测器初始状态值为 $p_a(t_0) = -k_E y_e(t_0)$，$\hat{g}_n(t_0) = 0$。

侧滑角估计值可由 $\hat{g}_n$ 解算出来为

$$\hat{\beta} = \frac{\hat{g}_n}{|\boldsymbol{U}|\cos(\psi_d - \alpha_w)} \tag{9-43}$$

定义观测器估计误差为 $\tilde{g}_n = \hat{g}_n - g_n$，对其求导可得

$$\dot{\tilde{g}}_n = -k_E p_a - k_E^2 y_e - k_E [|\boldsymbol{U}|\sin(\psi_d - \alpha_w)] + k_E [|\boldsymbol{U}|\sin(\psi_d - \alpha_w) + g_n] - \dot{g}_n \tag{9-44}$$

根据文献[8]，式(9-44)可以看作是一个输入为 $\dot{g}_n$、状态为 $\tilde{g}_n$ 的系统，其满足输入-状态稳定特性。

## 9.2.4　仿真及结果分析

### 1. 任意几何航迹跟踪

由于传统的 LOS 制导律只能实现对直线的跟踪，为了验证本章在 SF 坐标系下可以实现对任意几何航迹的跟踪，分别设置折线航迹以及正弦航迹进行跟踪测试。水平面坐标点(4200 m,6000 m),(3000 m,3000 m),(2000 m,2500 m),(1500 m,1000 m),(500 m,300 m)构成折线航迹。跟踪折线航迹时，组合体初始位置为(4200 m,6000 m,7000 m),初始偏航角为 0°。设置水平正弦航迹曲线为 $y = \theta$, $x = \sin(\theta/400)/200$。跟踪正弦航迹时，组合体初始位置为(0 m,0 m,7000 m),初始偏航角为 0°。航迹跟踪结果见图 9-14。

由图 9-14 可见，本节设计的 LOS 制导律可以实现对折线及正弦航迹的精确跟踪。说明本节将 SF 坐标系与传统 LOS 制导律相结合可以打破跟踪航迹的几何约束，实现对任意航迹的跟踪。

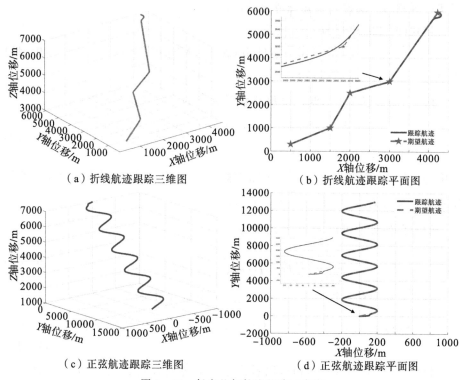

（a）折线航迹跟踪三维图　　　　　（b）折线航迹跟踪平面图

（c）正弦航迹跟踪三维图　　　　　（d）正弦航迹跟踪平面图

图 9-14　任意几何航迹跟踪示意图

## 2. 终端航迹跟踪

验证了前面设计的 LOS 制导律可以跟踪任意几何航迹后，将期望航迹替换为需要避障的终端航迹，以验证第 7 章终端规划的可行性。组合体初始位置为（0 m,0 m,1100 m），目标位置为（1500 m,2000 m,0 m），初始偏航角为 0°，目标风向为 $-\pi/4$ rad。利用本节所设计的 LOS 航迹跟踪控制方法，最终的跟踪效果见图 9-15。

由图 9-15（a）、（b）不难看出，本节给出的航迹跟踪控制方案可使组合体在满足各类约束条件下精确快速地跟踪期望航迹。然而，由于在进行终端航迹规划时假设组合体滑翔比固定不变，因而最终得到的跟踪曲线在高度上与规划轨迹有一定偏差，最大偏差为 17.6 m。总的来看，组合体最终落点为（1523 m,2026 m,0 m），与期望落点（1500 m,2000 m,0 m）的偏差为 34.7 m，满足组合体落点误差要求。由图 9-15（c）可以看出，在跟踪初段横侧向偏差快速收敛，当到达贝塞尔曲线终点时即停止横侧向偏差解算，而由于高度误差，在抵达贝塞尔曲线终点时,仍有高度余量,组合体继续逆风着陆,直至最终落地。由图 9-15(d)可见,在跟踪初段,组合体控制量虽有快速调整而并未达到饱和值,可见控制器对控制量的约束是有效的。

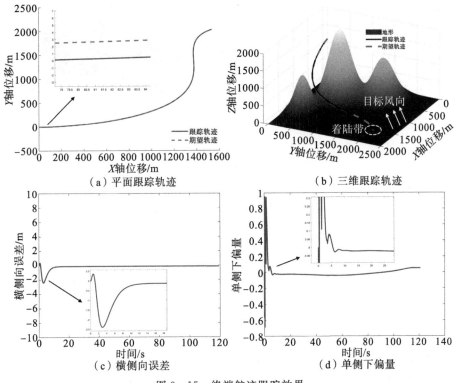

图 9-15　终端航迹跟踪效果

　　本节所设计的制导律是具备侧滑角补偿的,为了验证所设计的制导律对侧滑角的补偿效果,下面将不含侧滑角补偿的 LOS 制导律与含侧滑角补偿的 LOS 制导律进行对比,对比结果见图 9-16。

　　不难看出,不含侧滑角补偿的 LOS 制导律下的组合体虽然可以大致跟踪上期望轨迹,然而相比含侧滑角补偿的 LOS 制导律,其平面轨迹以及高度偏差尤为明显,横侧向偏差最大值为 36.6 m。通过图 9-16(d)可以发现,在跟踪过程中,由于侧滑角较小,因而不含侧滑角补偿的 LOS 制导律与含侧滑角补偿的 LOS 制导律的偏航角响应曲线整体相差不大。由此可见,在组合体飞行过程中,虽然产生的侧滑角很小,但也应考虑其对整体轨迹跟踪的影响。综上,本节所设计的含侧滑角补偿的 LOS 制导律是可行且有效的。

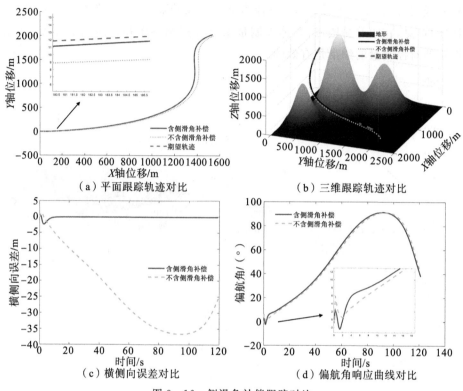

（a）平面跟踪轨迹对比　　　　　　（b）三维跟踪轨迹对比

（c）横侧向误差对比　　　　　　（d）偏航角响应曲线对比

图 9 - 16　侧滑角补偿跟踪对比

### 3. 拉偏跟踪测试

为了测试本节设计的航迹跟踪控制方案的鲁棒性,本节对组合体终端归航段初始位置、气动参数等进行拉偏测试,以验证不同偏差情况下组合体轨迹跟踪效果。

1)初始位置拉偏跟踪测试。

假设翼伞其余参数不变,将一子级-翼伞组合体的初始位置从 $O_0$（0 m,0 m,1100 m）拉偏为 $O_1$（100 m,－200 m,1100 m）和 $O_2$（150 m,200 m,1100 m）,三个不同初始点下的跟踪轨迹、横侧向误差、偏航角响应曲线如图 9 - 17 所示。

由图 9 - 17(a)、(b)和(c)可知,初始位置拉偏后,组合体依旧可以快速跟踪期望轨迹。初始位置为 $O_0$ 时,其最终落点为(1523 m,2026 m,0 m);组合体初始位置为 $O_1$ 时,其最终落点为(1516 m,2017 m,0 m);组合体初始位置为 $O_2$ 时,其最终落点为(1553 m,2045 m,0 m)。由此可见,由于组合体对高度控制能

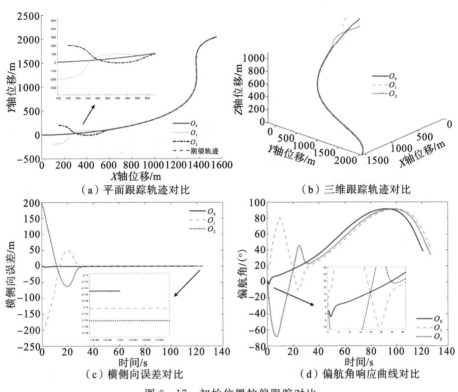

（a）平面跟踪轨迹对比　　　　　　　　（b）三维跟踪轨迹对比

（c）横侧向误差对比　　　　　　　　（d）偏航角响应曲线对比

图 9-17　初始位置拉偏跟踪对比

力有限,这会对最终落点以及归航时间造成一定的影响。通过图 9-17(d)可知,初始位置拉偏对偏航角响应相位有所影响。产生这一现象的原因为不同初始位置拉偏对组合体水平运动距离有所影响,因而最终影响了组合体归航时间(即高度由初始高度变化为零的时间),因此不同位置拉偏下的偏航角响应会有一定的相位偏差。

2)气动参数拉偏跟踪测试。

考虑到翼伞是柔性飞行器,其受力以及运动状态受气动力影响较大,因此针对其气动系数进行拉偏测试,观察组合体最终航迹跟踪效果。翼伞其余各参数不变,对翼伞升力系数、阻力系数、侧力系数等进行拉偏。气动参数偏差范围均设置为±20%,在此基础上,将升力、阻力以及侧力系数拉偏增益依次设置为1.3 倍和 1.6 倍,仿真结果如图 9-18 所示。

通过图 9-18(a)、(b)可知,当对组合体进行气动系数拉偏后,组合体依旧可以准确地跟踪水平规划轨迹。然而,气动系数的拉偏会使得组合体高度产生

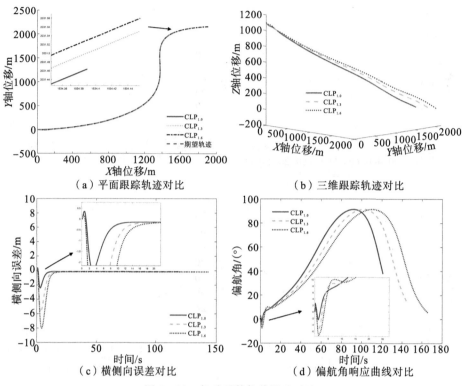

图 9 - 18　气动系数拉偏跟踪对比

明显变化,因此不同气动拉偏增益下的组合体落点会有明显变化,增益为 1,最终落点为(1523 m,2026 m,0 m);增益为 1.3,最终落点为(1739 m,2124 m,0 m);增益为 1.6,最终落点为(1904 m,2152 m,0 m);对应的落点偏差分别为 34 m、269 m 以及 431 m。图 9 - 18(c)表明,不同气动拉偏增益下,组合体收敛趋势不尽相同。气动拉偏增益越大,横侧向误差超调越大,收敛速度越慢。分析图 9 - 18(d)可见,气动参数拉偏带来的高度变化使得组合体归航时间发生变化,且最终落点偏航角亦有明显区别,增益为 1,组合体归航时间为 121 s,落点偏航角为 37.9°;增益为 1.3,组合体归航时间为 144 s,落点偏航角为 14.9°;增益为 1,组合体归航时间为 165 s,落点偏航角为 5.6°。由此可知,当跟踪水平面期望轨迹结束后,若组合体高度仍未归零,组合体继续逆风着陆,这会使得组合体落点偏航角与期望落点偏航角偏差增大。

　　当组合体着陆点位于第 7 章中所描述的峰林地带时,终端航迹规划采用的是拼接贝塞尔曲线。当初始偏航角为 35°时,组合体跟踪轨迹如图 9 - 19 所示。

从图可以看出,组合体仍能较好地跟踪上期望轨迹,由于跟踪过程中高度上的偏差,组合体最终落点为(2963 m,1941 m,0 m),偏差为 69 m。

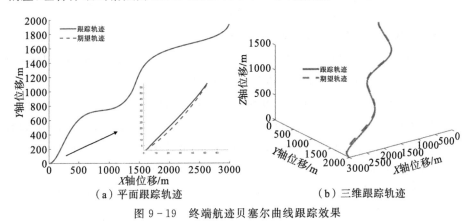

（a）平面跟踪轨迹　　　　　　　　　　　　　（b）三维跟踪轨迹

图 9 - 19　终端航迹贝塞尔曲线跟踪效果

## 9.3　本章小结

本章主要完成了一子级-翼伞组合体的航迹跟踪控制设计。首先根据一子级回收任务的特点将航迹跟踪问题转换为制导问题;然后根据矢量场理论分别设计了直线与圆盘航迹制导策略,并通过不同风场和参数拉偏下的仿真实验验证了其有效性;再将 SF 坐标系与视线制导律相结合,设计了可实现任意轨迹跟踪的制导律,进一步地,针对组合体在归航过程中存在侧滑角导致跟踪精度降低的问题,设计了一种含时变侧滑角估计和补偿的制导律,并对不同形状航迹、不同归航阶段以及初始位置偏差、气动系数偏差等多种情形进行了仿真,从而验证了所设计制导方案的可行性和有效性。

## 参考文献

［1］ BEARD R W, MCLAIN T W. Small unmanned aircraft：theory and practice［M］. Princeton University Press，2012.

［2］ NELSON D, BARBER D, MCLAIN T, et al. Vector - field path following for miniature air vehicles ［J］. IEEE Transactions on Robotics，2007，23(3)：519 - 529.

［3］ 聂君. 欠驱动水面船路径跟踪鲁棒控制研究 ［D］. 哈尔滨：哈尔滨工程大

学，2019.

[4] FOSSEN T I. Handbook of marine craft hydrodynamics and motion control [M]. John Wiley & Sons，2011.

[5] SAMSON C. Path following and time – varying feedback stabilization of a wheeled mobile robot[C]. Proceedings of the International Conference on Control，Automation，Robotics and Vision，1992.

[6] FOSSEN T I，PETTERSEN K Y，GALEAZZI R. Line – of – sight path following for dubins paths with adaptive sideslip compensation of drift forces [J]. IEEE Transactions on Control Systems Technology，2014，23(2)：820 – 827.

[7] KHALIL H K. Nonlinear control [M]. Pearson New York，2015.

[8] LIU L，WANG D，PENG Z. ESO – based line – of – sight guidance law for path following of underactuated marine surface vehicles with exact sideslip compensation [J]. IEEE Journal of Oceanic Engineering，2016，42(2)：477 – 487.

[9] 赵志豪. 翼伞动力学建模与归航控制技术研究[D]. 西安：西北工业大学，2017.

[10] 杨晟萱. 四旋翼飞行器自抗扰控制方法研究[D]. 西安：西北工业大学，2015.

[11] 冯磊. 火箭一子级翼伞回收自主归航控制研究[D]. 西安：西北工业大学，2023.

# 第 10 章　一子级伞降回收实验验证

前面的章节已经完成了一子级-翼伞气动仿真、建模、航迹规划、航迹跟踪、姿态控制等工作。为进一步验证上述方法的有效性及可行性,探索航天器伞降回收实际应用价值,本章重点开展自主归航控制中火箭一子级-翼伞蒙特卡洛打靶数字仿真实验、伞降回收全流程数字仿真实验、一子级-翼伞自主归航半物理实验和缩比翼伞飞行实验等研究。

## 10.1　一子级-翼伞蒙特卡洛随机落点仿真实验

一子级-翼伞组合体自主归航控制过程会受到翼伞开伞初始位置误差、气动参数误差等随机因素影响,导致一子级落点出现随机偏差。为研究随机偏差对一子级最终落点散布的影响,本节采用蒙特卡洛仿真(Monte Carlo simulation)对翼伞自主归航控制的一子级落点散布进行数值模拟仿真实验。

蒙特卡洛仿真是一种以概率统计为基础的随机模拟方法,早期由于计算机条件的限制并没有得到广泛应用。随着计算机技术的发展,该方法逐渐成为随机仿真的重要手段之一,并且常用于翼伞空投等类似系统的落点分析中。蒙特卡洛方法的思想就是通过大量模拟试验得到某一事件的发生概率,或者得到某一观察值的平均值。在蒙特卡洛仿真中,常取随机变量服从正态分布,其概率密度函数为

$$f(x) = \frac{1}{\sqrt{2\pi}\sigma} e^{-\frac{(x-\mu)^2}{2\sigma^2}} \qquad -\infty < x < +\infty \qquad (10-1)$$

式中,$\sigma$、$\mu$ 分别为标准差和数学期望。

本节主要采用蒙特卡洛法对翼伞开伞初始位置偏差和气动力偏差展开落点随机仿真研究。其中,翼伞开伞初始位置偏差及气动参数偏差均取式(10-1)所示的正态分布,仿真基本步骤如下。

1)以 4.3 节的 9 自由度作为组合体模型、5.2 节设计的分段航迹为期望航迹,并采用 8.2.1 节的 ADRC 姿态控制方法和 9.1 节的航迹跟踪控制方法,建

立组合体归航跟踪仿真系统,见图 10-1。

2)对一子级-翼伞组合体归航过程中的主要偏差因素进行概率分布选择,并生成多组随机数。

3)将每组随机数代入到一子级-翼伞归航控制模型中,得出每组数据对应的落点。

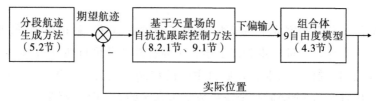

图 10-1　蒙特卡洛随机落点仿真系统图

一子级落点蒙特卡洛仿真流程见图 10-2。

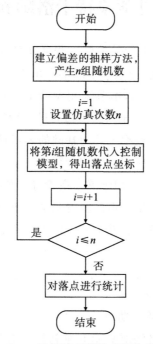

图 10-2　一子级落点蒙特卡洛仿真流程图

## 10.1.1　初始位置误差实验

因一子级-翼伞开伞初始位置误差对落点散布有重要影响,本小节对此误差进行蒙特卡洛仿真。假设一子级初始开伞位置偏差服从正态分布,即 $x \sim N(0,100^2)$,$y \sim N(0,100^2)$,则可以得出一子级的初始位置偏差频率直方图见图 10-3。

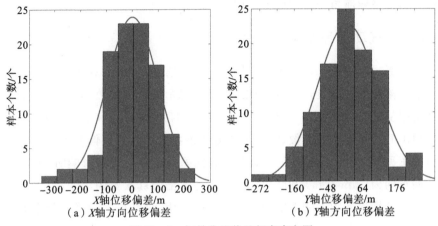

（a）$X$ 轴方向位移偏差　　　　（b）$Y$ 轴方向位移偏差

图 10-3　初始位置偏差频率直方图

假定翼伞开伞初始点的位置偏差为 300 m,蒙特卡洛仿真次数为 100 次。然后将生成的一子级-翼伞初始位置代入图 10-1 中的 9 自由度模型中,得到一子级初始位置分布与落点位置分布分别见图 10-4 和图 10-5。

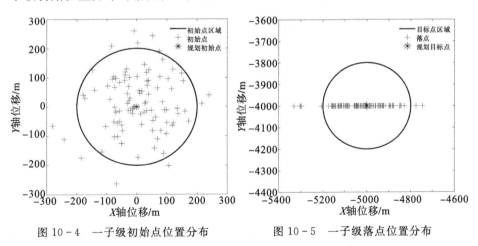

图 10-4　一子级初始点位置分布　　　　图 10-5　一子级落点位置分布

由图 10-4 可以看出,一子级随机初始位置集中分布在以规划初始位置为圆心、半径为 200 m 的圆内,少量的初始点分布在半径以外,分布散点图符合正态分布。由图 10-5 可以看出,目标离散落点集中分布在以规划目标点为圆心、半径为 200 m 的圆区域内，满足落区范围要求。其中，规划的目标点（−5000 m，−4000 m，0 m）附近分布最为密集，并且最终的离散点近似呈现出一条直线，由于在跟踪规划的分段航迹时，最后一段跟踪的航迹为一条 $y = -4000$ m 的直线，可以看出最终偏航角控制发挥了作用。

## 10.1.2 气动力系数偏差实验

一子级-翼伞的气动参数可能存在一定的偏差，本小节对气动力系数偏差对一子级落点的影响展开分析，假设一子级-翼伞的升力系数、阻力系数及侧力系数均服从正态分布，$C_L \sim N(1, 0.03^2)$，$C_D \sim N(1, 0.03^2)$，$C_Y \sim N(1, 0.03^2)$，可以得出升力参数偏差系数、阻力参数偏差系数及侧力参数偏差系数的频率分布直方图见图 10-6。在研究气动力系数偏差对落点位置的影响时，保证航迹的初始点均为（0 m，0 m，7000 m）不变，蒙特卡洛仿真次数为 100 次，将多组气动力系数分别代入图 10-1 中的 9 自由度模型中，最终得到的落点分布图见图 10-6，气动力系数偏差落点分布见图 10-7。

由图 10-7 可以看出，气动力系数偏差对于一子级落点分布影响较大，落点大多分布在以规划目标点（−5000 m，−4000 m，0 m）为圆心、半径为 1000 m 的圆周内，落点范围相比于初始点偏差下的范围更加扩散，并且有一部分落点并未分布在 $y = -4000$ m 的直线航迹上。

对一子级的落点相关参数进行统计分析，一子级落点的数学期望及标准差为

$$\bar{x} = \sum_{i=1}^{100} \frac{x_i}{100} \tag{10-2}$$

$$\bar{y} = \sum_{i=1}^{100} \frac{y_i}{100} \tag{10-3}$$

$$\sigma_x = \sqrt{\sum_{i=1}^{100} (x_i - \bar{x})^2 / 100} \tag{10-4}$$

$$\sigma_y = \sqrt{\sum_{i=1}^{100} (y_i - \bar{y})^2 / 100} \tag{10-5}$$

以平均中心为圆心、$CEP_{95}$ 为半径，点落入概率为 95% 的圆概率误差计算公式为

$$CEP_{95} = 1.2272(\sigma_x + \sigma_y) \tag{10-6}$$

一子级落点的数学期望、标准差及 $CEP_{95}$ 的统计值见表 10-1。一子级落

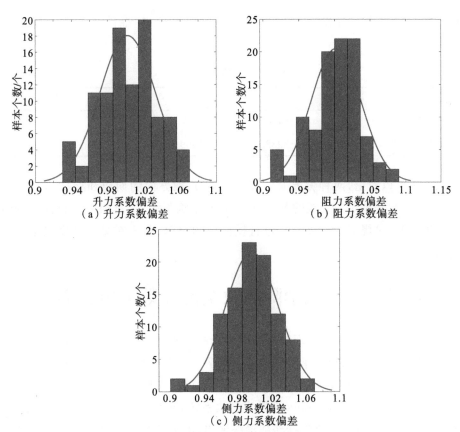

（a）升力系数偏差

（b）阻力系数偏差

（c）侧力系数偏差

图 10 - 6　气动力系数偏差频率分布直方图

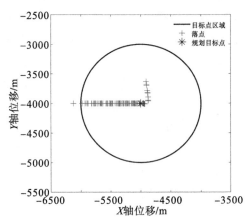

图 10 - 7　气动力系数偏差落点分布

点的数学期望表示为落点偏离目标点的平均距离,标准差表示落点的离散程度。

**表 10 - 1　落点统计值**

| 偏差 | $\bar{x}$ | $\bar{y}$ | $\sigma_x$ | $\sigma_y$ | $CEP_{95}$ |
|---|---|---|---|---|---|
| 初始位置偏差 | −5031.9 | −4000 | 112.485 | 0.0009 | 138.04 |
| 气动系数偏差 | −5316.9 | −3982.5 | 315.0309 | 65.9439 | 467.53 |

由表可以看出,两种偏差对一子级落点 $Y$ 轴方向的期望和标准差相差较小,气动系数偏差对一子级的落点 $X$ 轴方向影响很大,这是因为组合体的升阻比发生改变,对规划的航迹只是进行横侧向的跟踪,并未对纵向高度跟踪进行控制。

## 10.2　一子级伞降回收全流程数字仿真实验

如前所述,一子级伞降回收包括阻力伞减速和翼伞控制两个阶段。本节将这两个阶段综合起来进行伞降回收的全流程数字仿真验证。为此,根据前面获得的一子级-阻力伞减速模型、一子级-翼伞模型、规划航迹、姿态控制、跟踪控制等建立 MATLAB/Simulink 全数字仿真系统,基本结构如图 10 - 8。其中,阻力伞初始状态来自上一级的栅格舵最终输出,阻力伞减速段终值为翼伞控制阶段的初始值,然后输入翼伞自主归航控制段,最终完成一子级的精确落区控制和回收。仿真实验中,阻力伞及翼伞的切换指令选用位置切换指令,即当高度达到 7000 m 时,直接使一子级-翼伞的控制程序启动。为此,设置阻力伞减速段的介入坐标为(1000 m,0 m,10590 m),则一子级完整的落点航迹见图 10 - 9。

由图 10 - 9(a)可以看出,一子级的落点为(−4647 m,4000 m,−0.1064 m),距离目标落点偏差为 353 m,阻力伞的介入点为(86.2867 m,−49.64 m,7000 m),距离设定的规划航迹起点偏差为 99.54 m。由图 10 - 9(b)可知,阻力伞减速阶段结束后的一子级位置与所规划好的起始点位置存在偏差,需要调整一子级方向跟踪稳定滑翔段,此时一子级-翼伞组合体的状态初始值与阻力伞减速阶段结束时的状态值相吻合,从而成功实现了阻力伞与翼伞的过渡对接仿真。

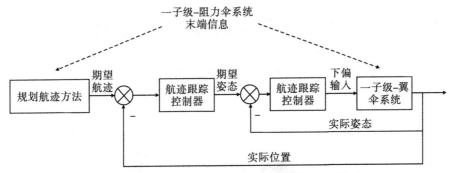

图 10-8　基于 MATLAB/Simulink 平台的全数字仿真系统

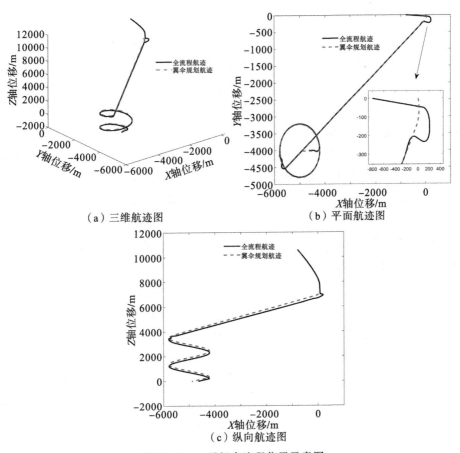

（a）三维航迹图　　　　　　　（b）平面航迹图

（c）纵向航迹图

图 10-9　一子级全流程位置示意图

# 10.3　一子级-翼伞自主归航控制半物理仿真实验

为进一步验证一子级-翼伞自主归航控制的性能,本节设计半物理仿真实验平台见图 10-10。

图 10-10　半物理仿真实验平台结构

该平台在 MATLAB/Simulink 全数字仿真基础上将航迹跟踪、姿态控制算法植入嵌入式控制器,并将执行机构加入仿真闭环,通过 UDP 通信方式实现模型仿真计算机和嵌入式控制器的数据传输。由图 10-10 可见,半物理仿真实验平台组成包括以下几种。

1)模型仿真计算机:在数字仿真环境 Simulink 中实时运行如第 4 章建立的一子级-翼伞组合体 9 自由度模型,并将模型输出的运动状态数据通过 UDP 打包发送至嵌入式控制器,并将嵌入式控制器输出的下偏控制量数据通过 UDP 接收并解包作为 9 自由度模型输入。

2)嵌入式控制器:选用的嵌入式控制器型号为 STM32F103C8T6,将航迹跟踪、姿态控制算法移植到其中,以组合体运动状态作为输入,计算出下偏控制量并转换为不同脉宽的 PWM 信号输出控制执行机构(数字舵机)。通过 STM32 的 ADC 功能测量执行机构反馈的模拟电压信号,将其转换为实际的下偏控制量通过 UDP 发送至模型仿真计算机。

3)执行机构+拉力负载:选用带角度反馈的数字舵机作为半物理仿真的执行机构,数字舵机由不同脉宽的 PWM 信号控制转动不同角度。将数字舵机固定并连接操纵杆,工作时带动操纵杆拉动负载重物模拟实际控制过程,同时输出模拟电压作为操纵杆角度反馈信号至嵌入式控制器。

## 10.3.1　半物理仿真平台硬件设计

根据上述对半物理仿真平台结构和工作流程的描述,可总结出对除模型仿真计算机外的硬件部分有如下设计需求：

1）实现嵌入式控制器与模型仿真计算机之间的实时通信；

2）执行机构能够输出角度反馈信号；

3）嵌入式控制器能够输出 PWM 信号控制执行机构；

4）嵌入式控制器能够对执行机构输出角度反馈信号进行测量。

根据以上设计需求，本小节对半物理仿真平台硬件选型和设计如下。

**1. 数字舵机**

根据半物理仿真平台硬件设计需求，需要获得操纵杆实时的角度换算成实际下偏控制量反馈至模型形成仿真闭环。这里选择 FEETECH 推出的 FB5116M 数字舵机作为执行机构，该舵机可输出角度反馈信号，不需要增加额外传感器测量操纵杆角度，简化了系统硬件设计。FB5116M 数字舵机性能参数见表 10 - 2。

表 10 - 2　FB5116M 数字舵机性能参数

| 参数 | 值 | 参数 | 值 |
| --- | --- | --- | --- |
| 工作电压/V | 4.8 | 堵转扭矩/(kg · cm) | 13 |
| 空载转速/$\left[ s \cdot \left( \dfrac{\pi}{3} \right)^{-1} \right]$ | 0.25 | 脉冲宽度范围/μs | 500～2500 |
| 空载电流/mA | 130 | 旋转角度范围/(°) | 0～300 |
| 堵转电流/mA | 1500 | 反馈电压范围/V | 0.1～3.2(0～300°) |

**2. STM32 控制器**

综合考虑半物理仿真要实现的各个功能以及处理器本身的运算能力，选用 STM32F103C8T6 作为半物理仿真平台的嵌入式控制器。STM32F103 系列基于 ARM Cortex - M3 内核，具有低功耗、高性能、低成本和开发方便等优点。除此之外，STM32F103C8T6 用于解决舵机控制信号输出和角度反馈信号测量问题具有以下优势。

STM32F103C8T6 的四个通用定时器的 PWM 模式支持 16 路 PWM 信号同时输出，在该模式下，通过程序配置定时器的相关寄存器可使相应的 I/O 口输出脉宽和频率可调的 PWM 波，可直接用于数字舵机控制。相较于直接定时控制 I/O 口输出信号反转产生 PWM 波，这种方式不需要进入定时器中断，不影响其他中断的处理进程，减小 CPU 的资源消耗，并且拥有更高的输出精度。

STM32F103C8T6 片上自带 12 位模拟数字转换器（Analog to Digital Converter，ADC），测量精度高，它有多达 18 个通道，可测量 16 个外部和 2 个内部信号源，支持的输入电压范围为 0～3.3 V，与数字舵机角度反馈信号的电压范围相匹配，不需要外加信号处理电路。此外，该 ADC 支持直接存储器访问（Direct Memory Access，DMA）功能，从 ADC 的寄存器中提取测量结果时可不经过 CPU 处理，在持续的模拟信号到数字量转换过程中，可减小 CPU 的资源消耗，提高电压信号测量效率。

STM32F103C8T6 与数字舵机硬件连接见图 10-11，STM32 定时器 TIM2 的 CH1、CH2 通道输出两路 PWM 信号控制两个数字舵机，数字舵机的角度反馈信号通过 ADC12 采集通道 IN4、IN5 输入。

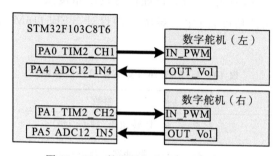

图 10-11　数字舵机硬件连接示意图

### 3. W5500 网络通信模块

用户数据报协议（User Datagram Protocol，UDP）是一种传输层的协议，在数据传输时不需要先建立连接，没有各种重传机制、拥塞控制和流量控制，传输速度很快，消耗很低，延迟小，数据传输效率高，适用于本节中的半物理仿真系统。

为实现嵌入式控制器与模拟仿真机之间的 UDP 通信，本节选择基于 W5500 的网络通信模块。W5500 是 WIZnet 推出的高性能以太网接口芯片，使用硬件逻辑门电路实现 TCP/IP 协议栈的传输层及网络层，支持 TCP、UDP、PPPoE 等协议，并集成了数据链路层，物理层，以及 32k 字节片上 RAM 作为数据收发缓存。W5500 提供了串行外设接口（Serial Peripheral Interface，SPI）可与 STM32 中集成的 SPI 通信外设连接进行数据传输。

W5500 通信模块硬件连接关系见图 10-12，W5500 通信模块与模型仿真计算机之间通过网线连接，STM32 的外设 SPI2 与 W5500 的 SPI 接口连接，其中 SCSn 为 W5500 片选信号引脚，由 I/O 口 PB12 输出电平控制，低电平有效；

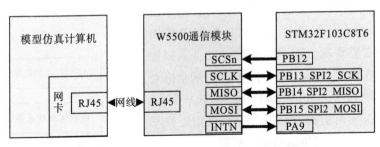

图 10 - 12　W5500 通信模块硬件连接示意图

SCLK 是 SPI 接口时钟信号引脚；MISO 是 SPI 接口主输入从输出引脚；MOSI 是 SPI 接口主输出从输入引脚；INTN 是中断引脚，由 I/O 口 PA9 接收信号，低电平使能。半物理仿真平台 UDP 通信连接见图 10 - 13。

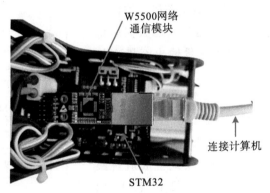

图 10 - 13　半物理仿真平台 UDP 通信连接实物图

## 10.3.2　半物理仿真平台软件设计

本节对半物理仿真平台的软件设计见图 10 - 14。

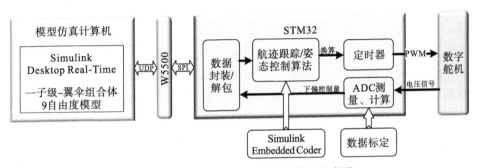

图 10 - 14　半物理仿真平台软件结构示意图

与基于 Simulink 的数字仿真不同,在半物理仿真中组合体运动模型和运动控制器独立运行,两者需要基于同一时间尺度进行数据传输,因此在模型仿真计算机中一子级-翼伞组合体模型需在 Simulink Desktop Real - Time(Simulink 实时仿真)模式下运行,以固定频率输出与真实时间同步运动状态数据。

嵌入式控制器 STM32 在接收到模型运动状态数据后将数据解包代入控制算法,将计算出的下偏控制量换算为 PWM 波的脉宽,通过配置相应的定时器的寄存器实现 PWM 的输出。此外,STM32 一直执行数字舵机反馈信号的测量,在每次接收到模型运动状态数据后将当前测量值换算为下偏控制量输出至模型仿真计算机。

在软件设计时,为了使换算结果更准确,对 ADC 测量值与实际下偏控制量进行数据标定。此外,为方便代码编写,利用 Simulink Embedded Coder(Simulink 嵌入式编码)模式生成航迹跟踪/姿态控制器的 C 语言代码移植到 STM32 中。

半物理仿真平台软件流程图见图 10 - 15。

## 10.3.3　半物理仿真航迹跟踪控制

本节设计的组合体跟踪控制结构分为两部分,外环为 9.2.2 节设计的改进 LOS 导引律的航迹跟踪控制器,输出组合体期望偏航角

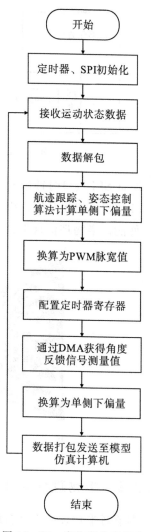

图 10 - 15　半物理仿真平台 STM32 软件流程图

$\psi_p$,内环为 8.2 节设计的 ADRC 姿态控制器,以期望偏航角 $\psi_p$ 和组合体实际偏航角 $\psi$ 的差值作为输出,输出单侧下偏控制量 $\delta_a$。一子级-翼伞组合体航迹跟踪控制结构见图 10 - 16。

图 10 - 16　一子级-翼伞组合体航迹跟踪控制结构

## 10.3.4　半物理仿真实验及分析

### 1. 软/硬件方案验证

本节设计实验对上述半物理实验平台的软/硬件方案进行验证。

首先验证 STM32 与模型仿真计算机之间的 UDP 通信功能。通过程序配置 W5500 以太网通信模块 IP 地址为"169.254.136.197",端口号为"8081";设置模型仿真计算机 IP 地址为"169.254.226.208",端口号为"8081"。STM32 向计算机发送字符串,并成功接收到数据,见图 10 - 17,验证了 UDP 通信方案可行性。

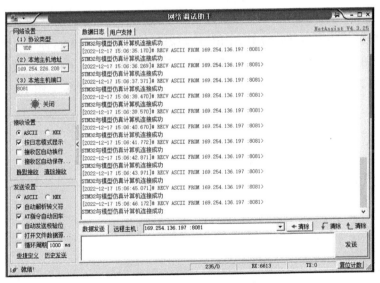

图 10 - 17　UDP 通信功能验证

在通信方案可行的基础上验证数字舵机控制与反馈信号测量功能,SMT32 分别输出阶跃和正弦变化的下偏控制量并采集测量反馈信号,结果见图10 - 18。

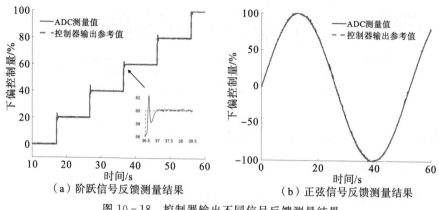

（a）阶跃信号反馈测量结果　　　　（b）正弦信号反馈测量结果

图 10-18　控制器输出不同信号反馈测量结果

可以看出 ADC 采集测量数字舵机角度反馈信号实时性和精度较高。测量结果在参考值附近存在小幅度波动，这是由模型电路存在电压漂移及操纵杆振动引起的，属于正常现象。上述结果验证了引入数字舵机构成闭环仿真的可行性。

**2. 姿态控制实验**

为验证半物理仿真实验中 ADRC 控制器对一子级-翼伞组合体偏航角的控制性能，分别使偏航角跟踪正弦信号和阶跃信号。其中正弦信号幅值设置为 3 rad，频率设置为 0.1 rad/s，阶跃信号幅值设置为 0.15 rad，仿真结果见图 10-19。

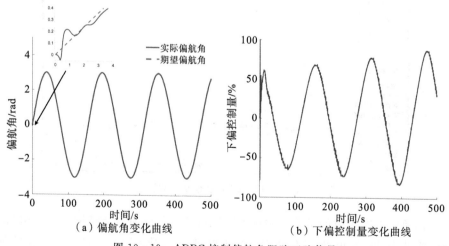

（a）偏航角变化曲线　　　　（b）下偏控制量变化曲线

图 10-19　ADRC 控制偏航角跟踪正弦信号

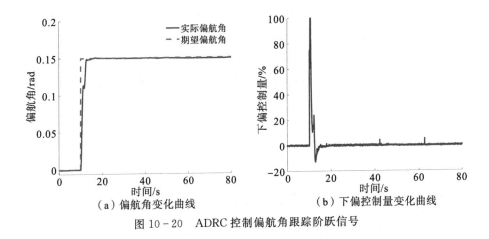

（a）偏航角变化曲线    （b）下偏控制量变化曲线

图 10-20 ADRC 控制偏航角跟踪阶跃信号

可以看出 ADRC 控制器对一子级-翼伞组合体偏航角具有良好的控制性能，跟踪正弦信号时收敛时间为 2.8 s，跟踪阶跃信号时收敛时间为 3.2 s。该实验结果表明 ADRC 控制器可以在验证航迹可行性时作为一子级-翼伞组合体姿态控制器。

### 3. 航迹跟踪控制实验

在时变风场环境下对在线规划出的航迹的跟踪结果见图 10-21。

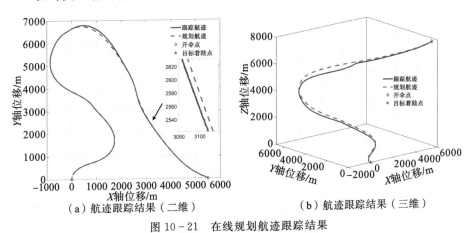

（a）航迹跟踪结果（二维）    （b）航迹跟踪结果（三维）

图 10-21 在线规划航迹跟踪结果

一子级-翼伞组合体着陆点为（21.65 m,150.71 m,0 m），着陆航向为 4.424 rad，位置误差为 152.26 m，航向误差为 0.29 rad。从图 10-21（a）中可以看出在水平方向上的航迹跟踪效果良好，验证了将改进 LOS 导引律和 ADRC 控制器应用至翼伞自主归航控制的可行性。从图 10-21（b）中可以看出组合体的实际航迹与规划航迹在垂直方向上存在一定误差,这是由于在航迹规划时将组合体的垂直下降速度视为定值,而实际归航过程中组合体的垂直速度会随空气密度和单侧下偏量而改变,在航迹规划时根据开伞点和落点之间空气密度的变化选取合适的垂直速度使规划时间与实际飞行时间相近,可减少由垂直速度变化带来的落点误差。

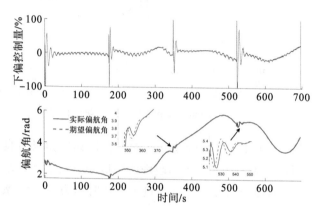

图 10 - 22　　在线规划航迹跟踪控制量与偏航角变化曲线

　　可以看出在跟踪航迹时偏航角在初始时刻经微小波动后快速收敛,偏航角跟踪效果良好。下偏控制量在航迹点切换处出现短暂跳变,这是由于 MPSP 算法生成航迹只迭代一次并优先考虑了终端约束,没有对控制量连续性进行约束。

　　对复杂障碍环境下的终端航迹跟踪结果见图 10 - 23。

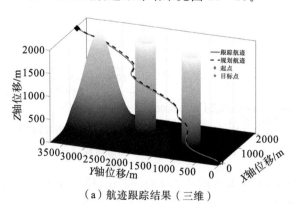

（a）航迹跟踪结果（三维）

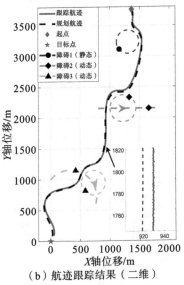

（b）航迹跟踪结果（二维）

图 10 - 23　终端航迹跟踪结果

一子级-翼伞组合体着陆点为 $(57.57\ \mathrm{m}, 95.68\ \mathrm{m}, 0\ \mathrm{m})$，着陆航向为 $4.473$ rad，位置误差为 $111.66\ \mathrm{m}$，航向误差为 $0.28$ rad。造成误差的原因为终端航迹中组合体在避障时的转弯半径小，对应的单侧下偏量大，由前面组合体单侧下偏运动特性分析可知，单侧下偏会使组合体水平速度减小，在航迹规划中设定组合体水平空速为定值，因此组合体在小半径转弯时会出现水平方向的位置偏差，见图 10 - 24。同时由于空气密度导致的速度变化也会使着陆误差增大。

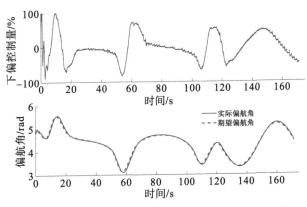

图 10 - 24　终端航迹跟踪控制量与偏航角变化曲线

可以看出,跟踪终端航迹时下偏控制量在偏航角控制收敛后便连续变化。由实际与期望的偏航角变化曲线对比可以看出,终端规划航迹整体的可跟踪性较好。

## 10.4　缩比翼伞飞行实验

完成半物理仿真验证后,本节将进一步构建缩比翼伞飞行实验平台来验证一子级翼伞回收的可行性,平台结构见图 10-25。

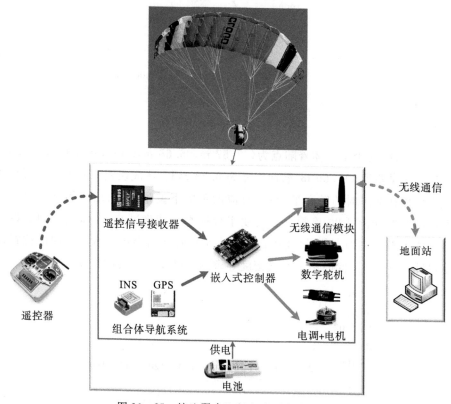

图 10-25　缩比翼伞飞行实验平台结构图

缩比翼伞飞行实验平台在半物理仿真实验平台的基础上,将模型仿真计算机替换为缩比翼伞实物。缩比翼伞实物由翼伞和伞车两部分构成,伞车上搭载了 STM32 嵌入式控制器、组合体导航系统、数字舵机、电调＋电机、无线通信模块、遥控信号接收器、电池。伞车实物图见图 10-26。

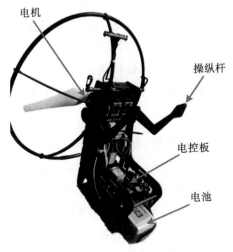

图 10-26　伞车实物图

在实验开始时,翼伞处于手动控制模式下,由遥控器控制电机带动旋翼使翼伞飞至高空指定位置,后电机停止工作,由地面站通过无线通信模块向翼伞发送模式切换指令,翼伞进入自动归航模式。在自动归航模式下,由组合体导航系统测量翼伞的位置与姿态输入至 STM32,STM32 输出 PWM 信号控制数字舵机带动操纵杆下拉伞绳实现单侧下偏操作。在翼伞飞行过程中通过无线通信模块将翼伞位置、姿态数据传输至地面站用于显示和数据记录。缩比翼伞实物参数表见表 10-3。

表 10-3　缩比翼伞实物参数表

| 参数 | 数值 | 参数 | 数值 |
|---|---|---|---|
| 翼伞展长 $b$/m | 2.8 | 悬挂伞绳长度 $l_{p1}$/m | 1.67 |
| 翼伞弦长 $c$/m | 0.64 | 操纵伞绳长度 $l_{p2}$/m | 1.75 |
| 安装角 $\mu$/(°) | 12 | 翼伞质量 $m_p$/kg | 0.097 |
| 展向角 $\sigma$/rad | 0.349 | 伞车质量 $m_c$/kg | 1.2 |
| 翼伞有效面积 $S_p$/m² | 1.792 | 伞车长度 $h_c$/m | 0.35 |
| 厚度 $e$/m | 0.06 | 系统滑翔比 | 1.7 |

## 10.4.1　缩比翼伞飞行实验平台硬件设计

根据上述对缩比翼伞飞行实验平台结构和工作流程的描述,其硬件设计需求基于已有的半物理仿真实验平台做出以下扩展：

1）增加组合导航系统对翼伞位置、姿态的测量，将测量结果输出至 STM32；

2）将遥控器信号接收器连接至 STM32；

3）STM32 与地面站通过无线通信模块传输数据。

根据以上设计需求，缩比翼伞飞行实验平台硬件选型和设计如下。

**1. 组合体导航系统**

根据飞行实验中测量翼伞位置、姿态的设计要求，采用惯性导航系统（INS）＋全球导航卫星系统（GNSS）的组合导航测量方案。其中 INS 部分选择 SBG 公司的 Ellipse 2 Micro 系列 MEMS 惯性导航模块，该模块具有体积小、重量轻、响应快、可靠性高等优点，内置 3 轴陀螺仪、3 轴加速度计、3 轴磁力计和扩展卡尔曼滤波器，可以和外部 GNSS 接收机连接实现组合导航功能并输出融合定位结果。该模块共有两个串行通信接口 PORTE、PORTA，PORTE 接口用于连接外部 GNSS 接收器，PORTA 接口用于输出融合定位结果，两个接口均为 RS232 电平。

GNSS 部分选择 E108－GN02D 多模卫星定位导航模块，该模块具有体积小、重量轻、功耗低等优点，支持全球定位系统（Global Positioning System，GPS）、北斗卫星导航系统（Beidou Navigation Satellite System，BDS）和格洛纳斯卫星导航系统（Global Navigation Satellite System，GLONASS），输出格式为 NMEA0183，固定更新频率可达 10 Hz。该模块通过一个 UART 串行通信接口输出 GNSS 定位结果，支持 TTL 电平。

本节设计使用 STM32 串口 USART3 接收组合体导航系统输出的融合定位结果，USART3 与 GNSS 模块接口均为 TTL 电平，在与惯导模块连接时需要 TTL 电平与 RS232 电平之间的相互转换，这里采用 MAX232 芯片的两路电平转换通道实现组合体导航模块硬件连接中的电平转换，硬件连接示意图见图 10－27。

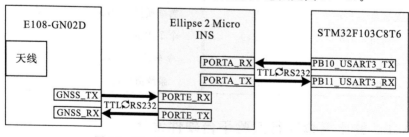

图 10－27 组合体导航模块硬件连接示意图

**2. 遥控器信号接收器**

为实现飞行实验时手动遥控飞行和自动控制归航模式的切换,需要 STM32 读取遥控指令并配置定时器输出相应脉宽的 PWM 波。本节选择天地飞 RD201W 接收器,该接收器支持 WBUS 模式,该模式下接收器通过 UART 串行通信向外输出多路遥控器指令,STM32 通过 USART2 串口接收遥控器指令,硬件连接见图 10 - 28。

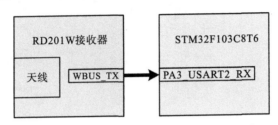

图 10 - 28　遥控信号接收器硬件连接示意图

**3. 无线通信模块**

为将飞行过程中翼伞的位置、姿态传输至地面站,选用 E34 - 2G4D20D 全双工无线串口模块实现翼伞与地面站之间的无线通信,该模块工作频段为 2400～2518 MHz,在空旷环境下通信距离可达 2 km,通过一个 UART 串口与 STM32 串口 USART1 连接,见图 10 - 29。

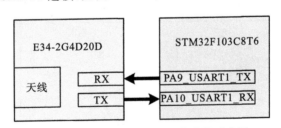

图 10 - 29　无线通信模块硬件连接示意图

缩比翼伞飞行实验平台硬件电路部分原理图及实物图见图 10 - 30、图 10 - 31。

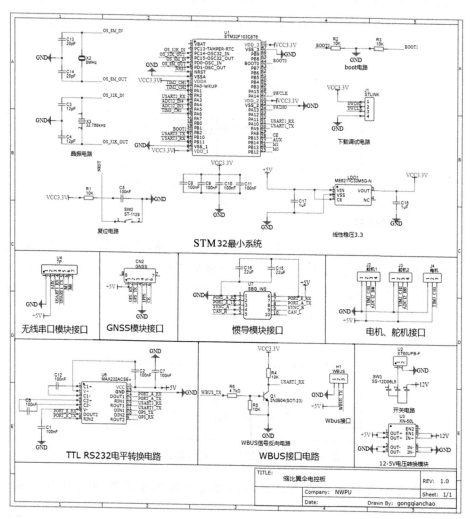

图 10-30　缩比翼伞飞行实验平台硬件电路原理图

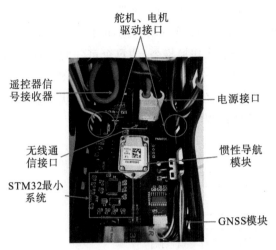

图 10-31 缩比翼伞飞行实验平台硬件电路实物图

## 10.4.2 缩比翼伞飞行实验平台软件设计

根据缩比翼伞实验平台工作流程和硬件设计,其软件设计结构图见图10-32。

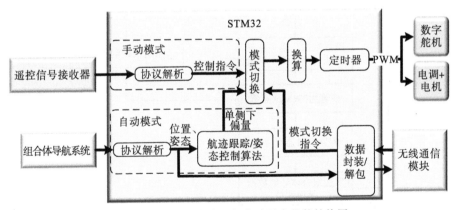

图 10-32 缩比翼伞飞行实验平台软件结构图

缩比翼伞飞行的控制分为手动和自动模式。在手动模式下 STM32 接收地面遥控器信号解析出控制指令换算为 PWM 脉宽,配置定时器输出 PWM 控制数字舵机或电机,改变翼伞运动状态;在自动模式下,STM32 实时解析组合导航系统输出的融合定位结果,将其作为航迹跟踪、姿态控制算法的输入,将算法输出的单侧下偏量换算为 PWM 脉宽,配置定时器的输出 PWM 控制数字舵机或电机,改变翼伞运动状态,形成自动控制闭环。在实验过程中地面站通过无线通信模块向翼伞发送模式切换指令,使翼伞可随时实现自动控制和手动控制的切换,保证翼伞的飞行安全。在翼伞飞行过程中 STM32 将融合定位结果数据封装,通过无线通信模块发送至地面站实现飞行状态显示和数据储存。缩比翼伞飞行实验平台软件流程图见图 10 - 33。

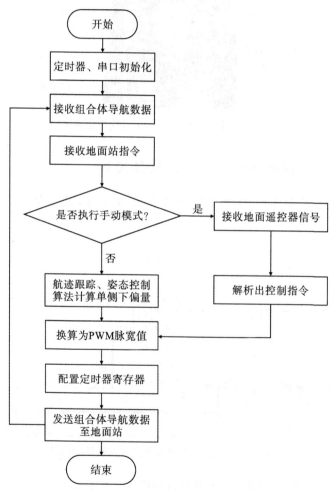

图 10 - 33　缩比翼伞飞行实验平台 STM32 软件流程图

# 10.5 本章小结

本章主要开展了火箭一子级伞降回收的实验验证。首先完成了一子级-翼伞自主归航控制在不同初始位置和气动参数偏差情况下的蒙特卡洛打靶数字仿真实验、MATLAB/Simulink 全流程数字仿真实验,充分验证了伞降回收建模、航迹规划、航迹控制和姿态控制的可行性;然后据此实现了一子级-翼伞自主归航半物理仿真软硬件平台的设计、搭建和实验,进一步验证了本书设计的航迹规划、航迹跟踪控制的有效性;最后,在半物理仿真平台的基础上设计搭建了缩比翼伞飞行实验平台,并给出了相应的软硬件设计方案。

# 参考文献

[1] 李丰浩. 火箭一子级落区伞控方法研究 [D]. 西安:西北工业大学,2021.

[2] 宫千超. 复杂环境下火箭一子级翼伞回收航迹规划研究[D]. 西安:西北工业大学,2023.